Dieter Münk, Eckart Severing (Hrsg.)

Theorie und Praxis der Kompetenzfeststellung im Betrieb – Status quo und Entwicklungsbedarf

Schriften zur Berufsbildungsforschung der Arbeitsgemeinschaft Berufsbildungsforschungsnetz (AG BFN)

Berichte zur beruflichen Bildung

Schriftenreihe
des Bundesinstituts
für Berufsbildung
Bonn

Bundesinstitut
für Berufsbildung BIBB

▶ Forschen
▶ Beraten
▶ Zukunft gestalten

Bibliografische Information der Deutschen Nationalbibliothek
Die Deutsche Nationalbibliothek verzeichnet diese Publikation in der Deutschen Nationalbibliografie; detaillierte bibliografische Daten sind im Internet über http://dnb.ddb.de abrufbar.

ISBN 978-3-7639-1130-1

Vertriebsadresse:
W. Bertelsmann Verlag GmbH & Co. KG
Postfach 10 06 33
33506 Bielefeld
Internet: www.wbv.de
E-Mail: service@wbv.de
Telefon: (05 21) 9 11 01-11
Telefax: (05 21) 9 11 01-19
Bestell-Nr.: 111.028

Herausgeber: Bundesinstitut für Berufsbildung
Gründungsmitglied der AG BFN in Zusammenarbeit mit der AG BFN
53142 Bonn
Internet: www.bibb.de
E-Mail: zentrale@bibb.de

Umschlag: Christiane Zay, Bielefeld
Satz: Christiane Zay, Bielefeld
Druck und Verlag: W. Bertelsmann Verlag, Bielefeld
Printed in Germany

ISBN 978-3-7639-1130-1

Inhalt

Dieter Münk, Thomas Reglin

Theorie und Praxis der Kompetenzfeststellung im Betrieb – Status quo und Entwicklungsbedarf

Der Begriff der Kompetenz ist nach Jahrzehnten einer lebhaft geführten Diskussion immer noch alles andere als klar. Ein wissenschaftlicher Konsens, der sich auf Definition und Anwendungsbereich des Terminus ebenso bezieht wie auf die Methodik von Feststellungsverfahren, scheint in weiter Ferne zu sein und ist vielleicht auch gar nicht erreichbar. „Wer auf die Kompetenzdefinition hofft, hofft", einer oft zitierten und nach wie vor aktuellen Formulierung von Erpenbeck zufolge, „vergeblich" (Erpenbeck 1996).

Unterschiedliche Kompetenzbegriffe sind insbesondere in den verschiedenen Subsystemen des Bildungswesens anzutreffen. So dominiert in Theorie und Praxis des allgemeinbildenden Bereichs – auch in den großen Vergleichsstudien der OECD – eher ein Kompetenzverständnis, das auf die Mikro- oder Mesoebene fokussiert ist (Stichwort: „Lesekompetenz"), während zumindest in der deutschen Berufsbildungsdiskussion Ansätze im Vordergrund stehen, die sich am für die dualen Ausbildungsberufe maßgeblichen Konzept einer umfassenden beruflichen Handlungsfähigkeit orientieren. Was in Kompetenzfeststellungsverfahren schulischer Provenienz als „Kompetenz" figuriert, stellt sich dann eher als „Fähigkeit" oder „Fertigkeit" dar, ohne die Kompetenzen nicht entwickelt werden können, die aber mit ihnen keineswegs identisch sind. Diese Differenz der Sichtweisen spiegelt sich in Programmatik und Anlage zweier umfangreicher Forschungsprogramme, die für die deutsche Kompetenzforschung von herausragender Bedeutung sind.

Ebenso verzweigte wie fruchtbare Diskussionen sind im *Forschungs- und Entwicklungsprogramm „Lernkultur Kompetenzentwicklung"* aus (organisations-)psychologischer, soziologischer, wirtschaftswissenschaftlicher, (berufs-)pädagogischer und arbeitswissenschaftlicher Perspektive geführt worden. Das Programm umfasste neben der Grundlagenforschung die Bereiche „Lernen im sozialen Umfeld", „Lernen in der Arbeit", „Lernen in Weiterbildungseinrichtungen" und „Lernen im Netz und mit Multimedia" und verwies schon durch diese Untergliederung auf die große Bedeutung, die dem Lernen außerhalb formalisierter Bildungsgänge für die Kompetenzentwicklung zukommt. Die Arbeit im laufenden *DFG-Schwerpunktprogramm „Kompetenzmodelle zur Erfassung individueller Lernergebnisse und zur Bilanzierung von Bildungsprozessen"* scheint demgegenüber eher am Paradigma organisierten schulischen Lernens orientiert zu sein. Die Erfordernisse der Leistungsmessung, die sich in diesem Kontext stellen, spielen eine zentrale Rolle.

Die Diskussion wird dadurch zusätzlich erschwert, dass auch international – und ebenfalls innerhalb Europas – unterschiedlichste Kompetenzbegriffe anzutreffen sind (Bohlinger/Münk 2008), die als implizite handlungsleitende Konzepte institutionelle Realität des Bildungswesens und wissenschaftliche Diskussion gleichermaßen bestimmen. Die extreme Heterogenität der internationalen Berufsbildungslandschaft bildet sich auch auf der Ebene der Kompetenzdefinition ab, sodass eine große Bandbreite der Verständnisse zu konstatieren ist: ein Changieren des Begriffs zwischen einem „tayloristischen", einem eher theoriebetonten und einem „ganzheitlichen" Verständnis, das eine große Nähe zum Konzept der in Deutschland in den Siebzigerjahren in die Diskussion eingeführten Schlüsselqualifikationen aufweist.

„Kompetenz", wie immer gefasst, stellt sich dar als *Ziel* des Lernens innerhalb und außerhalb der Systeme formalisierter Berufsbildung, als *Mittel* des Einzelnen in seiner Bewährung auf dem Arbeitsmarkt und als von den Unternehmen einerseits *nachgefragte,* andererseits im Organisationskontext (weiter-)*entwickelte Ressource.* Das wachsende Interesse an Fragen der Kompetenzentwicklung und -feststellung ist insofern alles andere als akademischer Natur. Organisiertes Lernen wird verstärkt darauf befragt, inwiefern seine Ergebnisse handlungswirksam werden („was ein Lernender nach Abschluss eines Lernprozesses weiß, versteht und in der Lage ist zu tun", Europäische Kommission 2008, S. 3). Eher selbstreferenzielle Formen der Leistungsfeststellung in den etablierten Bildungsinstitutionen werden mit der Forderung kompetenzorientierten Lehrens und Prüfens konfrontiert – aus Gründen der Bildungsökonomie ebenso wie des verantwortlichen Umgangs mit individuellen Zeitressourcen. Kompetenz als die „Fähigkeit zur Anwendung von Kenntnissen, Know-how und Fähigkeiten in einem gewohnten oder neuen Zusammenhang" (Tissot 2004, S. 48) ist auf Performanz bezogen.

Dass wichtige Anstöße für die neuere Kompetenzdiskussion aus *Europa* kommen, ist kein Zufall. Bei einer Befassung mit den Bildungssystemen, die durch das Interesse an deren Vergleichbarkeit motiviert ist, stehen zunächst *Lernergebnisse „learning outcomes")* im Vordergrund – im Unterschied zu den *Berechtigungen,* die durch bestimmte Zertifikate *innerhalb* der Systeme erworben werden. Unter Gesichtspunkten der arbeitsmarktlichen Relevanz von Lernergebnissen rücken dann *Kompetenzen* (in ihrer Eigenschaft als Handlungsdispositionen) ins Blickfeld. Der Kompetenzbegriff des im Frühjahr 2008 verabschiedeten Europäischen Qualifikationsrahmens ist freilich außerordentlich eng gefasst – er bezieht im Unterschied zum Konsultationspapier von 2005 (Kommission der Europäischen Gemeinschaften 2005) lediglich die Aspekte „Übernahme von Verantwortung und Selbstständigkeit" ein (Europäische Kommission 2008, S. 13) und stellt insofern eher so etwas wie einen kleinsten gemeinsamen Nenner der europaweit erreichbaren Verständigung dar.

Die laufenden Vorbereitungen für einen *Deutschen Qualifikationsrahmen* sind nicht nur reaktiv – im Sinne der Erfüllung einer durch Europa auferlegten „Pflicht“ – zu sehen. Sie zielen darauf, durch eine outcome-orientierte Beschreibung von Bildungsergebnissen Gleichwertigkeiten sichtbar zu machen und so die Durchlässigkeit im Bildungssystem zu unterstützen. Diskussionen um eine Fassung des Kompetenzbegriffs, die die Lernergebnisse in *allen* Bereichen des deutschen Bildungssystems angemessen abbildet, spielen in den mit der Vorbereitung des DQR befassten Gremien eine entscheidende Rolle. Bei der Schaffung von Übergangs- und Anrechnungsmöglichkeiten zwischen Beruf und Hochschule kann der Kompetenzbegriff als *tertium comparationis* fungieren. Der vollständige Name des an dieser Schnittstelle angesiedelten ANKOM-Programms des BMBF lautet „Anrechnung beruflicher Kompetenzen auf Hochschulstudiengänge“. Die Ende 2007 – ebenfalls im Rahmen eines BMBF-Programms – gestarteten Projekte zur Verbesserung von Anrechnungsmöglichkeiten *innerhalb* der beruflichen Bildung greifen auf das Instrumentarium des ECVET zurück: Auch hier hat das Interesse, Transfermöglichkeiten zu schaffen, den Rückgriff auf die „learning outcomes“ und speziell auf die Kategorie der Kompetenz nahegelegt.

Fokussiert man die Diskussion auf die Kompetenzfeststellung im Betrieb, so zeigt sich eine erstaunliche Diskrepanz zwischen dem nachdrücklich angemeldeten Bedarf und einem eher defizitären Forschungsstand, besonders was empirisch gesicherte Forschungserträge angeht. Generell ist festzustellen, dass in der *betrieblichen Praxis* Verfahren der Kompetenzfeststellung jenseits der traditionellen Verfahren von Prüfung und Zertifizierung verstärkt nachgefragt werden. Betriebe sind als Akteure in der beruflichen Bildung an der Feststellung von Kompetenzen maßgeblich beteiligt. Als Nachfrager auf dem Arbeitsmarkt sind sie auf die Zuverlässigkeit und Aussagefähigkeit von Kompetenzfeststellungen in besonderer Weise angewiesen. Es geht um Transparenz von verfügbarer Kompetenz, von Kompetenzentwicklung und -entwicklungsbedarf Solche Transparenz erweist sich in mehrfacher Hinsicht als relevant:

- *Für Personalrekrutierung und -einsatz:* Die Aussagekraft schulischer Zertifikate verliert angesichts sich rasch wandelnder Anforderungen an das Qualifikationsniveau der Mitarbeiter und damit an die betriebliche Qualifikationsstruktur an Bedeutung. Verlässliche Dokumentationen des lebensbegleitenden Lernens in Arbeit, sozialem Umfeld und Weiterbildungseinrichtungen sind gefragt.
- *Für Organisation und Qualitätskontrolle von Aus- und Weiterbildung:* Eine Stärkung der Kompetenzorientierung von Curricula und Prüfungsverfahren, wie sie gegenwärtig Gegenstand eines Forschungsprojekts im BIBB ist (Hensge u. a. 2008), vermag wesentliche Beiträge zur Qualitätssicherung der Bildungsarbeit zu leisten. Zum entscheidenden Kriterium wird, was die Lernenden nach Durch-

laufen eines Bildungsgangs *zu tun in der Lage sind.* Prüfungen werden daran gemessen, inwieweit sie die Leistungen feststellen, auf die es in der beruflichen Praxis tatsächlich ankommt, ob sie lediglich ein „Lernen für die Prüfung" stimulieren oder Kompetenzentwicklung formativ begleiten.

- *Für Fragen der Organisationsentwicklung:* Verfahren, die es erlauben, Kompetenzen auf Gruppen-, Abteilungs- und Organisationsebene verlässlich zu bilanzieren, werden zu einer entscheidenden Erfolgsbedingung von Unternehmen in der Wettbewerbssituation einer Wissensgesellschaft.

Angesichts unabweisbarer praktischer Interessen, die mit den Fragen der Kompetenzmessung verknüpft sind, scheint ein unverbindliches Nebeneinander unterschiedlichster Definitionen und Verfahren unbefriedigend. Die Pluralität der Ansätze mag unhintergehbar sein. Die Frage, wie die Ergebnisse unterschiedlicher Forschungsrichtungen zueinander in Beziehung stehen – oder sich in Beziehung setzen lassen – bleibt virulent. Klarheit darüber, *was* Kompetenzfeststellungstests tatsächlich feststellen, ist unerlässlich. Auch nach fruchtbaren Jahrzehnten einer aus unterschiedlichsten Quellen gespeisten Diskussion um Kompetenzbegriff und Kompetenzfeststellung bleiben so vielfältige Forschungsdesiderate zu konstatieren.

Fragen der Validität, Reliabilität und Objektivität von Kompetenzfeststellungen wurden vor allem dort nicht abschließend gelöst, wo es um abstraktere Konzepte geht. Gerade die praktisch hochrelevanten „key competences" sind schwer operationalisierbar. Zu klären ist, in welchem Verhältnis sie zu Messungen auf der Mikroebene – z. B. im Rahmen von betrieblichen/beruflichen Arbeitsaufgaben – stehen. Überfachliche Handlungsdispositionen, die zur Bewährung in gestaltungsoffenen Situationen befähigen, können doch nur *in* fachlichen Kontexten, d. h.: in der Auseinandersetzung mit konkreten Aufgaben- und Problemstellungen, erworben werden. Die Schnittstelle zwischen den sogenannten „harten" und „weichen" Faktoren ist weitgehend unerforscht. Für eine angemessene Einschätzung der Leistungen des Berufsprinzips im deutschen dualen System ist diese Thematik von entscheidender Bedeutung.

Ein Kompetenzverständnis, das die Handlungsfähigkeit in den Vordergrund stellt, legt die Präferenz für praxisnahe Prüfungsformen nahe. Das sind – je nach Feststellungskontext und -interesse – Arbeitsproben, begleitende Dokumentationen von Ausbildungsverläufen, betriebliche Aufträge, Assessments oder Simulationsaufgaben. Aus Gründen der Prüfungsökonomie wird jedoch auch auf Paper-pencil-Tests nicht verzichtet werden können. Eine integrative Betrachtung der zur Verfügung stehenden Verfahren verspricht größere Klarheit über deren Leistungen und Grenzen ebenso wie über mögliche Kombinationsformen.

Bei den überfachlichen – personalen und sozialen – Kompetenzen handelt es sich um Handlungsdispositionen, die mit Persönlichkeitsstruktur und individuellen Einstellungen untrennbar verknüpft sind. Ihre weitreichende Erfassung durch psychometrische Tests scheint durchaus problematisch, vor allem aber in einem recht grundsätzlichen Sinne sachfremd. Objektivierende Verfahren stoßen hier an ihre Grenzen – es gilt, dem Einzelnen im Wechselspiel von Selbst- und Fremdeinschätzung eine Bestandsaufnahme zu ermöglichen, die Entwicklungsmöglichkeiten erkennbar werden lässt. Hierfür werden Verfahren benötigt, die subjektive Beliebigkeit ebenso vermeiden wie objektivierende Zuschreibungen.

Das Interesse, individuelle Entwicklungsprozesse formativ zu unterstützen, legt es nahe, zielgruppenbezogene Methoden der Kompetenzfeststellung zu entwickeln. Dies ist in den letzten Jahren in einer Vielzahl von Kompetenzpassprojekten geschehen. Neben Angeboten, die Gender-Aspekte berücksichtigen, stehen solche für Jugendliche ohne Berufserfahrung, für ältere Arbeitslose und solche für Menschen mit Migrationshintergrund. Die Ergebnisse sind nicht immer frei von Zufälligkeiten des Entstehungszusammenhangs. Ein Rückbezug auf Ergebnisse der Grundlagenforschung scheint geboten, soll die wünschenswerte Berücksichtigung von Gruppenspezifika nicht in ein potenziell stigmatisierendes Labeling umschlagen. Das bekannte Handbuch Kompetenzmessung von Erpenbeck und von Rosenstiel hat es sich zum Anliegen gemacht, den rasch wachsenden Markt unterschiedlichster Instrumente überschaubar zu machen und synoptisch darzustellen. Solche systematisierenden Angebote dürften in Zukunft verstärkt nachgefragt werden. Sie sollten mit der Entwicklung wissenschaftlich fundierter Standards für Kompetenzfeststellungsverfahren verbunden werden, auch wenn sie diese keinesfalls ersetzen können (und wollen).

Sollen ihre Forschungsergebnisse praxisrelevant werden, muss sich die Berufsbildungsforschung auf jenes *Spannungsfeld von Verlässlichkeit und Praktikabilität* einlassen, in dem sich Kompetenzfeststellung in der betrieblichen Praxis bewegt. Neben den Erfordernissen der Validität, Reliabilität und Objektivität stehen die vielfältigen Fragen nach der Handhabbarkeit der Verfahren: Sind sie mit betrieblichen Abläufen kompatibel? Ist der erforderliche Zeitaufwand betriebswirtschaftlich tragbar? Können die benötigten Daten von wissenschaftlichen Laien erhoben und interpretiert werden? Eine breite gesellschaftliche Praxis der Kompetenzfeststellung wird sich nur etablieren können, wenn vermehrt Instrumente bereitgestellt werden, die auch diesen Ansprüchen genügen.

Kompetenzfeststellungen beschränken sich längst nicht mehr auf die Akteursebene. Übergeordnete soziale Gebilde und Konfigurationen wie etwa die Gruppen, Organisation und Netzwerke sind in den Fokus des Interesses gerückt. Kompetenzbilanzierungen auf Organisationsebene dienen der Bestandsaufnahme verfügbaren „Wissenskapitals" und bilden die Grundlage für Maßnahmen der Personal- und der Organisationsentwicklung. Benötigt werden Methoden der Kompetenzbilanzierung, die verlässliche Vergleiche auf allen Ebenen erlauben, ohne der Pseudoobjektivität kurzschlüssiger Quantifizierungen zu verfallen. In dem Maße, in dem Kompetenzfeststellung als Dienstleistung und betrieblicher Funktionsbereich an Bedeutung gewinnt, sollten auch Bedingungen und Hindernisse von deren Gelingen wissenschaftlich erforscht werden.

Schaut man vor diesem Hintergrund bilanzierend auf den Forschungsstand und hier besonders auf die Wirkungen einschließlich der nicht intendierten Nebenwirkungen der in den letzten Jahren stark wachsenden Debatte um Modellierungsansätze zur Kompetenzfeststellung sowie auf die Menge der bislang vorliegenden Verfahren (vgl. etwa Kaufhold 2007), so werden angesichts der vorstehenden Ausführungen einige Probleme deutlich, die im Kontext des Diskurses zur Kompetenzfeststellung auftreten. So artikuliert etwa Rützel (2007) unter der Überschrift „Kompetenz – Popanz oder Leitprinzip?" den „Verdacht", „dass mit der Kompetenzdiskussion ein Popanz aufgebaut wird, der Reformen suggerieren soll, die nicht stattfinden, die Bedeutung von Kompetenz überbewertet und der im schulischen bzw. beruflichen Alltag die Orientierung und Handlungsfähigkeit erschwert." Zwar weist Rützel (2007, S. 2) zu Recht die von ihm selbst formulierte provokative These zurück, weil sich das Ende der 60er-Jahre vom Deutschen Bildungsrat eingeführte Leitprinzip der Kompetenz „inzwischen auf allen Ebenen des Bildungssystems", besonders auch in der internationalen und europäischen Berufsbildungsforschung als Leitprinzip „sukzessive durchgesetzt" hat und inzwischen zur Basis „für Bildungsstandards, Curricula, Lernprozesse" sowie von „Prüfungen" und der „pädagogischen Diagnostik" geworden ist. Zumindest aber bleibt vor dem Hintergrund der in den letzten Jahren die berufs- und wirtschaftspädagogische Diskussion dominierenden Kompetenzdebatte zu fragen, ob nicht wesentliche Aspekte und Elemente, etwa im Kontext der neueren Forschungsarbeiten im Bereich der pädagogischen Diagnostik, von dem derzeit dominanten Forschungsmainstream überlagert werden und die systematische Rückbindung an eine originär pädagogische Dimension mindestens erschweren.

Dies gilt insbesondere für den Bereich der Methoden der Kompetenzmessung, die sich aufgrund ihrer vornehmlich psychologischen Provenienz von pädagogischen Fragestellungen immer weiter zu entfernen drohen. Kein Zweifel, der Kompetenzbegriff ist die Basis jeglicher pädagogischer Diagnose. Aber es ist durchaus fraglich, ob diese pädagogisch zu begründende Verklammerung im Dschungel der konkurrierenden Kompetenzdefinitionen, Messverfahren Modellierungsansätze nicht zusehends verloren geht. Die bekannte Formulierung aus dem Bereich der primären Alltagserfahrung – „Wer misst, misst Mist" – kann allzu leicht den Blick dafür verstellen, wo eigentlich diese pädagogischen Perspektiven verankert sind und wozu der Kompetenzbegriff als theoriegeleitetes Basiskonzept pädagogischer Prozesse überhaupt nützlich und notwendig ist.

Eine weitere ebenfalls eher nicht intendierte Nebenwirkung der Hausse der Kompetenzfeststellungsverfahren besteht in der Gefahr, dass sich der ehedem zentrale pädagogische Begriff der Bildung zunehmend verflüchtigt und konsequent ersetzt wird durch eine sehr weitreichende Ökonomisierung pädagogischer Prozesse, durch den Einsatz von nicht hinreichend validierten benchmarking-Prozessen, durch immer ausdifferenziertere Modellierungs- und Meßmethoden (s. o.), durch die Fokussierung auf „outcomes" sowie auf möglichst genau messbare outputs und dergleichen mehr – im Effekt könnte der ehedem zentrale Bildungsbegriff als theoretisches Bezugssystem im Zuge allgemein um sich greifender Ökonomisierungstendenzen zumindest in den Hintergrund der Debatte rücken.

In diesem Zusammenhang ist ferner mindestens bedenklich, dass der Beitrag explizit berufs- und wirtschaftspädagogisch definierter Zugänge unter quantitativen wie qualitativen Aspekten durchaus ausgeweitet werden kann. Denn die durch PISA, TIMMS und andere methodisch vergleichbare Untersuchungen noch immer durch quantitative Methodensets beherrschte Debatte wird erkennbar von anderen sozialwissenschaftlichen Disziplinen, allen voran von der Psychologie, dominiert. Auch dies birgt mindestens potenziell die Gefahr des Verlusts der pädagogischen Dimension im Forschungsdiskurs, obwohl manches dafür spricht, dass entwickelter und theoriegeleiteter berufs- und wirtschaftspädagogischer Sachverstand bei dieser Debatte um den Kompetenzbegriff und die damit zusammenhängenden Verfahren zur Kompetenzfeststellung in mehrfacher Hinsicht hilfreich wäre – und zwar ausdrücklich auch im Hinblick auf die in der Berufs- und Wirtschaftspädagogik disziplinär hervorragend positionierte Forschungs-„kompetenz" im Bereich betrieblicher Bildungsprozesse im Kontext von Arbeit, Bildung und Beruf. Dies ist eine Aufforderung zu verstärkter Beteiligung an der Kompetenzdebatte aus der disziplinären Perspektive der Berufs- und Wirtschaftspädagogik, weil hier der Wirkungszusammenhang von Bildung und Beruf als pädagogischer Prozess aus der Perspektive des Theorie-Praxis-Problems in besonderer Weise beforscht wird. Ferner hat die Berufs- und Wirtschaftspädagogik insofern einen gewissen komparativen Wettbewerbsvorteil gegenüber anderen Disziplinen, weil hier die von Erpenbeck im vorliegenden Band herausgearbeiteten „Forschungsrichtungen" in der Kompetenzforschung, nämlich die von ihm sogenannte „Kognitionsrichtung" und die von ihm sogenannte „Performanzrichtung", gleichermaßen vertreten sind. Arbeiten wie etwa die in diesem Band dokumentierte von Gschwendtner, Knöll und Nickolaus, die in Bezug auf Methoden und Erkenntnisinteressen enge Anschlüsse an das DFG-Schwerpunktprogramm 1293, aber auch an PISA, TIMMS etc. vorweisen, dokumentieren sehr deutlich das neuere Bemühen der Berufs- und Wirtschaftspädagogik um quantitative Zugänge mit starker Kognitionsorientierung (vgl. etwa auch: Hartig/Klieme 2007). Andererseits betont Erpenbeck zu Recht, dass wir in der Disziplin seit sehr langer Zeit über einen ausgearbeiteten handlungsorientierten Kompetenzbegriff verfügen, der sich sehr grundlegend von der von ihm in seinem Beitrag sogenannten „Kognitionsrichtung“ unterscheidet. Hier wird es in Zukunft darum gehen müssen, diese theoretisch, strukturell und konzeptionell sehr unterschiedlichen Zugänge weiter auszubauen – zu integrieren sind sie indes vermutlich eher nicht. Dabei ist klar, dass ein solcher Ausbau ohne die oben erwähnte konsequente Berücksichtigung des Verhältnisses von Theorie und Praxis sinnvoll kaum umzusetzen sein wird.Keineswegs zufällig lautet daher auch der Titel des vorliegende Bandes der AG BFN „Theorie und Praxis der Kompetenzfeststellung im Betrieb – Status quo und Entwicklungsbedarf“. Denn genau dies, die Verbindung von Theorie und Praxis sowie die Erprobung wissenschaftlich generierter Ergebnisse im Praxisfeld, ist Kern des Anliegens der AG BFN. Dies spiegelt sich im Aufbau des Gesamtbandes deutlich wider: Der Gesamtrahmen des Themas wird abgesteckt durch zwei einleitende grundsätzliche Beiträge von Erpenbeck („Kompetente Kompetenzerfassung in Beruf und Betrieb“) und Severing („Zertifizierung informell erworbener beruflicher Kompetenzen“). Diese beiden Beiträge führen in sehr grundsätzlicher Weise in das Thema ein. Die Facetten des Forschungsstandes werden insbesondere im Hinblick auf die vorliegenden und sehr unterschiedlichen Konzepte von Kompetenz und die damit verbundenen Analyse- und Meßmethoden systematisiert. Vor allem aber wird das Forschungsfeld strukturiert.

Bei der Systematisierung der folgenden Einzelbeiträge haben sich die Herausgeber für eine Dreiteilung entschieden, in welcher erstens „Methoden der Kompetenzfeststellung“ unter den Aspekten der Validität, der Reliabilität und der Objektivität, zweitens der Themenblock „Kompetenzfeststellung in Organisationen“ und drittens der Problemzusammenhang von „Kompetenz und Lernort Betrieb“ untersucht wird.

Die in dieser Weise strukturierten Beiträge erweisen sich dabei trotz der eingegrenzten Fragestellung des Workshops als disziplinär außerordentlich gemischt. Auch wenn Multidisziplinarität eine andere Qualität als echte Interdisziplinarität bedeutet, ist allein dieser multidisziplinäre Zugang der Einzelbeiträge für die Erschließung des weiten Forschungs- und Praxisfeldes außerordentlich interessant und fruchtbar, weil hierdurch neue Forschungsfragen und letztlich natürlich auch eine andere Qualität von Forschungsergebnissen generiert werden können.

Die Autorinnen und Autoren verfügen über unterschiedliche disziplinäre Hintergründe, die im Einzelnen verteilt sind auf die Psychologie (Haase), auf die Wirtschafts- und Sozialpsychologie (Geithner/Moser, ferner auch Stein), auf die Arbeitswissenschaft (Wilkens/Gröschke), auf den Bereich der Managementlehre und der Personalführung (Barthel/Mattes/Zawacki-Richter) sowie eben auch auf die Berufs-, Wirtschafts- und Arbeitspädagogik (Gillen, Elsholz/Gottwald, Burger/Saniter sowie Westhoff/Viez).

Ein weiterer, zur Frage der disziplinären Orientierung eher querstehender Aspekt, nämlich die Frage der Entwicklungs- und Praxisorientierung, spiegelt sich ebenfalls in der Zusammensetzung der Einzelbeiträge sehr deutlich wider: Bei immerhin fünf Beiträgen (Geithner/Moser, Stein, Elsholz/Gottwald, Burger/Saniter sowie Westhoff/Fietz) steht genau dieses für die AG BFN ausgesprochen zentrale Anliegen der Verbindung von Wissenschaft und Praxis sowie der praxisorientierten Entwicklung und Erprobung im Vordergrund. Dieser doppelte Charakter des vorliegenden AG BFN Bandes als einer Dokumentation, die Wissenschaft und Praxis auf der einen Seite und unterschiedliche disziplinäre Sichtweisen, die durch das gemeinsame Interesse am Fortgang der Berufsbildungsforschung gebündelt sind, auf der anderen Seite zu vereinen wünscht, führt zwar zu einer gewissen thematischen Vielfalt, die zwischen den verschiedenen Beiträgen nicht immer vollständig integrierbar ist; sie macht aber anderseits gerade auch den Reiz eines solchen Publikationsforums, wie es die AG BFN zur Verfügung stellt, aus.

Sieht man sich die in mehrfacher Hinsicht unterschiedlichen Beiträge zu dem gemeinsamen Rahmenthema unter diesem Aspekt der Differenz an, so kann man vor dem Hintergrund des Selbstverständnisses der AG BFN und ihrer Mitlieder daraus mindestens zweierlei für die weitere Forschung in diesem zentralen Bereich der Kompetenzforschung und -messung ableiten:

Erstens ist es in Anbetracht der vielfältigen Zugänge mit jeweils spezialisierten Erkenntnisinteressen für die Fortentwicklung des Forschungsstands auf dem Gebiet der (betrieblichen) Kompetenzfeststellung sehr wünschenswert und hilfreich, den bisher dominierenden multidisziplinären Forschungszugang um echte interdisziplinäre Ansätze zu erweitern, um die theoretisch wie empirisch orientierten Ergebnisse in angemessener Weise integrieren zu können.

Dies gilt zweitens insbesondere für jenen Bereich im Forschungsfeld, bei dem die betriebliche Praxis im Vordergrund steht und der deshalb stärker auf (meist modellhafte und an Best-Practice-Konzepten orientierte) Entwicklungsaufgaben zielt als auf die Generierung von primär theoriegeleiteten Forschungsarbeiten im Sinne einer disziplinär je eigenständig zu definierenden wissenschaftlichen „Grundlagenforschung“. Auch hier gilt, ähnlich wie bei der vorstehenden Forderung nach einer verstärkten Orientierung an interdisziplinären Forschungsarbeiten, dass das Spannungsverhältnis zwischen theoriegeleiteter wissenschaftlicher Forschung, forschungsbasierter Arbeit im Kontext von Entwicklungsaufgaben wie etwa der Generierung von modellhaften Best-Practice-Ansätzen und der gesamte Bereich der (betrieblichen) Praxis möglichst stark verzahnt werden sollten, weil diese Strategie der Bündelung von Theorie und Praxis einen echten Mehrwert generiert – und zwar sowohl für die Wissenschaft als auch für die Praxis.

Zwar könnte man aus der Perspektive einer streng theoriegeleiteten Wissenschaft dieses starke Interesse an der Einbindung in gesellschaftliche/betriebliche Praxen monieren, weil es nicht den Kern von wissenschaftlicher Forschungsarbeit erfasst; aus der Sicht der Herausgeber aber, insbesondere natürlich auch aus der Sicht der AG BFN insgesamt, liegt indes genau in diesem schwierigen Mischungsverhältnis zwischen Theorie und Praxis eine ganz besondere Qualität von Berufsbildungsforschung, die von einem Verbund sehr unterschiedlicher Träger, wie er durch die Mitglieder der AG BFN repräsentiert wird, in besonderer Weise vorangetrieben werden und auch zu einer besonderen Qualität von Ergebnissen führen kann.

Zu diesem Plädoyer für eine verstärkte (inter-)disziplinäre und – vielleicht zukünftig sogar – institutionelle Kooperation gehört unter Berücksichtigung der oben aufgeführten Überlegungen auch, dass die Zugänge zum Feld der Kompetenzforschung zukünftig wesentlich stärker als bisher durch Stärkung der Kommunikation und des kritischen Diskurses sowie auch der konkreten Arbeitskooperation auf den drei beschriebenen Ebenen der Wissenschaft, der entwicklungsorientierten Projektarbeit sowie der konkreten betrieblichen Praxis angestrebt werden sollten: Auch mit Blick auf diese Erweiterung der Forschungs- und Entwicklungsperspektive bietet sich die AG BFN in besonderer Weise als Plattform an, da sie vor dem Hintergrund ihrer spezifischen Programmatik und ihres Selbstverständnisses diesen Diskurs kritisch und ergebnisoffen begleiten kann.

Literatur

Basel, D.; Rützel, J. (2005): Die pädagogische Diagnostik in der Berufsbildung. In: berufsbildung. Zeitschrift für Praxis und Theorie in Betrieb und Schule. 59. JG, H. 94/95, S. 34–38

Bohlinger, S.; Münk, D. (2008): Verschiedene Blickwinkel: Kompetenz, competence, compétence – ein Begriff, drei Auffassungen. In: Weiterbildung: Zeitschrift für Grundlagen, Praxis und Trends, H. 1/2008, S. 36–39

Erpenbeck, J. (1996): Kompetenz und kein Ende. In: QUEM-Bulletin 1996, H. 1, S. 9–13

Hartig, J.; Klieme, E. (Hrsg.) (2007): Möglichkeiten und Voraussetzungen technologiebasierter Kompetenzdiagnostik. Berlin

Hensge, K.; Görmar, G.; Lorig, B.; MoMolitor, H.; Schreiber, D. (2008): Kompetenzstandards in der Berufsausbildung. Zwischenbericht, Bonn 2008. Abruf im WWW unter http://www2.bibb.de/tools/fodb/pdf/zw_43201.pdf am 06.10.2008

Kaufhold, M. (2007): Analyse von Verfahren in der Kompetenzerfassung. In: berufsbildung. Zeitschrift für Praxis und Theorie in Betrieb und Schule. 61. JG, H. 103/104, S. 18–23

Kommission der Europäischen Gemeinschaften (2005): Arbeitsunterlage der Kommissionsdienststellen. Auf dem Weg zu einem Europäischen Qualifikationsrahmen für lebenslanges Lernen, Brüssel, den 8.7.2005, SEK (2005) 957

Europäische Kommission „GD Bildung und Kultur“ (2008): Der Europäische Qualifikationsrahmen für lebenslanges Lernen (EQR), Luxemburg

Rützel, J. (2007): Kompetenz – Popanz oder Leitprinzip? In: berufsbildung. Zeitschrift für Praxis und Theorie in Betrieb und Schule. 61. JG, H. 103/104, S. 2

Tissot, Ph. (2004): Terminology of vocational training policy. A multilingual glossary for an enlarged Europe, Luxemburg

Autoren

Prof. Dr. Dieter Münk
Leiter des Arbeitsbereichs Berufspädagogik
mit dem Schwerpunkt Berufsbildung in Europa
Technische Universität Darmstadt
FB 3 – Humanwissenschaften
Institut für Allgemeine Pädagogik und Berufspädagogik
Alexanderstraße 6
64283 Darmstadt
Tel.: 06151/166905
Fax: 06151/166663
muenk@bpaed.tu-darmstadt.de

Thomas Reglin
Forschungsinstitut Betriebliche Bildung (f-bb)
Obere Turnstraße 8
90429 Nürnberg
Tel.: 0911/2777944
Fax: 0911/2777950
reglin.thomas@f-bb.de

John Erpenbeck

Kompetente Kompetenzerfassung in Beruf und Betrieb

Abstract

Die Kompetenzerfassung im beruflich-betrieblichen Umfeld wird zu einer der wichtigsten Aufgaben modernen Personalmanagements. Dafür gibt es gute Gründe. Dafür gibt es die unterschiedlichsten Ansätze – theoretisch, technisch, praktisch. Einige sollen hier umrissen werden. Dazu werden zunächst (1) die beiden Richtungen der Kompetenzforschung und ihre Hintergründe gekennzeichnet. (2) Ihre Strategien – Laternensuche oder Sachsuche – werden charakterisiert. (3) Dann wird an drei Beispielen schlaglichtartig ausgeleuchtet, warum Kompetenzerfassung und Kompetenzmanagement wirtschaftlich, insbesondere für den Standort Deutschland, so entscheidend sind, und (4) warum dies fundamental mit einem neuen, sich allmählich herausbildenden Weltverständnis zusammenhängt, das Selbstorganisation und Komplexität in den Mittelpunkt rückt. (5) Von diesen theoretischen Überlegungen aus wird dargestellt, welche Kompetenzen prinzipiell erfasst werden können und (6) welche Techniken, Methoden und Verfahren dafür in Betracht kommen. (7) Gesondert wird auf die Unterschiede von quantitativer, qualitativer und hybrider Kompetenzerfassung eingegangen. (8) Schließlich wird auf praktische Aspekte der Kompetenzerfassung in Unternehmen verwiesen.

1 Richtungen der Kompetenzforschung

Es gibt in Deutschland zwei entgegengesetzte Richtungen der Kompetenzforschung. Jede dieser Richtungen definiert Kompetenz auf ihre Art mit weitreichend unterschiedlichen Schlussfolgerungen.

Folgte man operationalistischem Denken, wäre das völlig unproblematisch. Jede Richtung operationalisierte ihre Anschauungen auf unterschiedliche Weise, die Ergebnisse wären nicht vergleichbar, aber jeweils praktisch nutzbar. Die Richtungen nähmen sich kaum zur Kenntnis, würden aber beide zur Kenntnis genommen und entsprechend ihren Unterschieden in der Praxis genutzt.

Genau das geschieht gegenwärtig in der Kompetenzforschung nicht – zu Recht nicht. Denn die Definitionen greifen tief in das allgemeine Verständnis von Wissen, Lernen, Bildung und Weiterbildung ein.

Für die eine Richtung ist bei einer Begriffspräzisierung „vor allem von Interesse, welche Eigenschaften einer Kompetenzdefinition nützlich sind, wenn der Begriff im Kontext der pädagogisch-psychologischen Diagnostik verwendet werden soll und

,Kompetenz' zur Charakterisierung der Ergebnisse von Bildungsprozessen verwendet werden soll." Es geht hier also um Wissensbildung, nicht um Menschenbildung. Entsprechend werden Kompetenzen als „kontextspezifische kognitive Leistungsdefinitionen, die sich funktional auf Situationen und Anforderungen in bestimmten Domänen beziehen, definiert ... Diese Verwendung des Kompetenzbegriffs deckt sich auch mit den großen internationalen Schulleistungsstudien (PISA, TIMSS, PIRLS). Mit dieser Arbeitsdefinition werden zwei wesentliche Restriktionen vorgenommen: Zum einen sind Kompetenzen funktional bestimmt und somit bereichsspezifisch auf einen begrenzten Sektor von Kontexten bezogen. Zum anderen wird die Bedeutung des Begriffs auf den kognitiven Bereich eingeschränkt, motivationale oder affektive Voraussetzungen für erfolgreiches Handeln werden explizit nicht mit einbezogen." (KLIEME u. a. 2007, S. 5) Abgesehen davon, dass hier ein außerordentlich eingeengter Begriff von „Kognition" verwendet wird, der Emotionen und Motivationen, im Gegensatz zu anderen Ansätzen der modernen Kognitionspsychologie, einfach ausschließt (vgl. ABELSONS informative Unterscheidung von kalten und heißen Kognitionen (1963), auch MEYNHARDT 2004, REISENZEIN/SCHÜTZWOHL/MEYER 2008), hat eine solche Verwendung des Kompetenzbegriffs gravierende Folgen für die praktische Nutzbarkeit, schränkt sie auf die gut messbare, aber weniger praxisrelevante kontextbezogene Wissensvermittlung ein. Ich will sie im Folgenden die *Kognitionsrichtung* nennen – Kognition hier im engeren Sinne verstanden. Zu Recht stellen denn auch die Promotoren dieses Ansatzes fest: „Der hier verwendete Begriff von „Kompetenzen" ist daher ausdrücklich abzugrenzen von den aus der Berufspädagogik stammenden und in der Öffentlichkeit viel gebrauchten Konzepten der Sach-, Methoden-, Sozial- und Personalkompetenz." (KLIEME u. a. 2003, S. 22) Zu dieser Öffentlichkeit gehören übrigens auch die gesamten Bereiche Politik, Wirtschaft und Kultur.

Genau von solchen Konzepten geht die zweite Richtung aus. Sie betrachtet Kompetenzen als spezifische Handlungsfähigkeiten, ist auf Kompetenzen als Voraussetzungen für die Durchführung und Verwirklichung von Handlungen, also auf Performanz gerichtet. Ich will sie die *Performanzrichtung* nennen; schon bei CHOMSKY (1962) gehörten Kompetenz und Performanz ja untrennbar zusammen. Sie untersucht, welche personalen, aktivitätsbezogenen, fachlich-methodischen sowie sozial-kommunikativen Kompetenzen notwendig sind, um gerade in eng-kognitiv nicht völlig aufschließbaren, neuen, unbekannten Situationen erfolgreich und kreativ handeln zu können. Dies vor allem im Bereich beruflicher Arbeit und in modernen Unternehmen. Sie interessiert sich dafür, ob und inwieweit solche Kompetenzen von einer Domäne zur anderen übertragbar sind, also eben nicht nur domänen- und kontextspezifisch zum Einsatz kommen.

Beide Richtungen sind generös gefördert worden.

Die Kognitionsrichtung im Rahmen der genannten, hoch erfolgreichen PISA-, TIMSS- und PIRLS-Untersuchungen, neuerdings auch durch das DFG-Schwerpunktprogramm 1293 (2006). Selbst wenn man darüber hinwegsieht, dass dort plötzlich als Lese- und Rechenkompetenz firmiert, was einst schlicht als Lese- und Rechenfertigkeit bezeichnet wurde, ist ziemlich deutlich, dass hier vor allem die Wissensvoraussetzungen von Kompetenzen auf hohem methodisch-wissenschaftlichem Niveau untersucht werden. Wissen ist aber keine Kompetenz im Sinne einer Handlungsbefähigung: Es gibt keine Kompetenzen ohne Wissen und Qualifikationen – wohl aber Wissen und Qualifikationen ohne Kompetenzen. Dies lässt sich als Inklusionsbeziehung verstehen:

Abbildung 1: **Kompetenzen, Qualifikationen und Wissen als Inklusionsbeziehung**

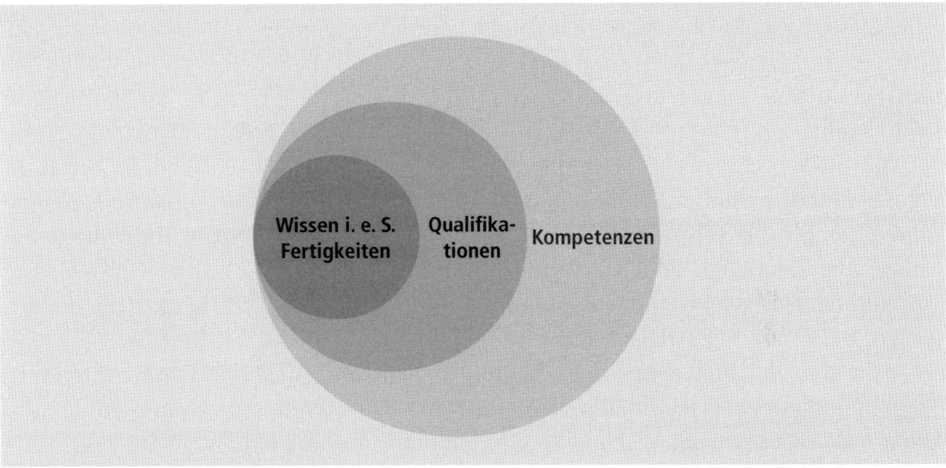

Der hochqualifizierte Inkompetente ist bekanntlich der Schrecken jeden Unternehmens. Gerade die von der Kognitionsrichtung explizit ausgeschlossenen Emotionen und Motivationen, also interiorisierte, individuell angeeignete Wertungen, erzeugen erst die Handlungsfähigkeit auf der Grundlage des vorhandenen Wissens. Erst sie befähigen darüber hinaus zum Handeln unter unvollständigem oder sogar fehlendem Wissen – dem Normalfall im modernen Arbeitsleben. Ohne diese „Motio“ vollzieht sich bestenfalls die Hirntätigkeit, und auch die nur widerwillig.

Die Performanzrichtung wurde vor allem seit der „Wende“ 1989 massiv unterstützt. Auslöser war die bald einsetzende Erkenntnis, dass die klassische Weiterbildung bei den ostdeutschen Arbeitnehmern völlig ineffektiv war. Notwendiges Sach- und Fachwissen besaßen sie in hohem Maße und holten es kurzfristig ein, wo es fehlte. Was sie nicht besaßen, waren die Fähigkeiten, im neuen Gesellschafts-

und Wirtschaftssystem mit seinen Unwägbarkeiten und schnellen Veränderungen zurechtzukommen (Sauer 2002). Sie benötigten vor allem neue personale, aktivitätsbezogene und sozialkommunikative Kompetenzen, eine eigene Art von Menschenbildung (Erpenbeck/Weinberg 2003). Diese Erkenntnis mündete schließlich in das große, vom Bundesministerium für Wissenschaft und Forschung großzügig unterstützte Programm „Lernkultur Kompetenzentwicklung", vom Qualifikations-Entwicklungs-Management (Quem) einzigartig gesteuert (Quem 2006). Bei aller Verschiedenheit der Forschungen und Fortschritte gab es doch einen Konsens darüber, dass Kompetenzen als Fähigkeiten zu einem selbstgesteuerten, sogar selbstorganisierten Handeln begriffen wurden. (Kompetenzen als Selbstorganisationsdispositionen, vgl. Erpenbeck, Heyse, 2007; Erpenbeck, von Rosenstiel 2007) Der Rekurs auf moderne Selbstorganisationstheorien, schon in den Achtzigerjahren durch konstruktivistische Ansätze begründet (zusammenfassend Arnold/Siebert 1995) wurde fortgesetzt und aufgefächert. Einen Überblick über solche handlungsorientierten Kompetenzbegriffe geben Sydow, Duschek, Möllering und Rometsch (2003). Es ist eine große Vielfalt, die sich dort auftut – aber keiner der analysierten Begriffe verbleibt im Bereich des bloß Kognitiven. Das Performative ist stets eingeschlossen (vgl. auch Schmidt 2005). Auf der Basis moderner Komplexitätstheorien hat Kappelhoff (2004) definiert: Kompetenzen sind evolutionär entstandene, generalisierte *Selbstorganisationsdispositionen* komplexer, adaptiver Systeme – insbesondere menschlicher Individuen – zu reflexivem, kreativem Problemlösungshandeln in Hinblick auf allgemeine Klassen von komplexen, selektiv bedeutsamen Situationen (Pfade). Dies könnte als generalisierte Definition der Performanzrichtung gelten.

Ein Beispiel aus unserer Forschungspraxis mag das performanzorientierte Vorgehen illustrieren (Heyse/Erpenbeck/Michel 2002): Da ist eine kleine Multimediafirma. Alle vier bis sechs Wochen kommt ein neuer Kunde, ein neuer Auftrag. „Bitte, gestalten Sie für unsere Firma einen ansprechenden, werbewirksamen Internetauftritt." – „Haben Sie irgendwelche besonderen Wünsche, Vorstellungen, Forderungen?" – „Nein, nein, das überlasse ich ganz Ihrer Kreativität. Nur: In sechs Wochen sollte der Auftritt stehen." – Was nun beginnt, kann man mit keinem besseren Begriff als dem der Selbstorganisation kennzeichnen: Vage der Weg, vage das Ziel, einzig verlässlich die Fähigkeiten der Mitarbeiter, einen innovativen Weg selbst zu finden, im Prozess des Arbeitens sich selbst kreative Ziele zu setzen – „self directed", was keineswegs „selbst gesteuert", sondern „sich selbst ausrichtend" heißt. Natürlich brauchen die Mitarbeiter auch große fachliche Qualifikationen, müssen die neuesten technischen und künstlerischen Möglichkeiten kennen. Vor allem aber brauchen sie Selbstorganisationsfähigkeiten, beispielsweise: persönliche Glaubwürdigkeit und Eigenverantwortung, Mobilität und Initiative, Planungs- und Marktkenntnis, Kommunikations- und Kooperationsfähigkeit. Solche Selbstorganisationsfähigkeiten oder

-dispositionen kann man Kompetenzen nennen. Und zählt darunter, wie das Beispiel illustriert, personale, aktivitätsbezogene, fachlich-methodische und sozialkommunikative Kompetenzen. Stellt der Chef dieser Multimediafirma neue Leute ein, wird er natürlich zunächst nach ihren Zeugnissen, Abschlüssen und Qualifikationen fragen. Was er aber eigentlich wissen möchte und muss: Haben sie die Kompetenzen, unter den Bedingungen schnell wechselnder Arbeitsaufgaben und -ziele erfolgreich zu bestehen? Was auch kommt – werden sie erfolgreich sein? Diese Fragen stehen vor immer mehr Unternehmern, immer mehr Unternehmen. Der Gewinn kompetenter Mitarbeiter wird zur Existenzfrage.

Die beiden Richtungen nehmen einander kaum wahr (vgl. den Sammelband Klieme u. a. 2007, worin nicht ein einziger der nun wirklich namhaften Vertreter der Performanzrichtung erwähnt wird). Das ist nicht verwunderlich. Die kognitiven Voraussetzungen von Kompetenzen werden für die Performanzrichtung erst dann und dort interessant, wo sie in personale, aktivitätsbezogene, sozialkommunikative oder auch fachlich-methodische Kompetenzen einfließen. Letztere interessieren nicht als Wissen, sondern als Einstellung, Erfahrung, Expertise – wozu die Kognitionsrichtung wenig beizutragen vermag. Umgekehrt sind die Kompetenzen als Dispositionen selbstorganisierten, kreativen Handelns für die Kognitionsrichtung wenig interessant, auch weil sie mit klassischen psychometrischen Mitteln schwerer messbar sind.

2 Laternensucher

Manchmal, so Lutz von Rosenstiel, fühle er sich bei den methodologisch feinziselierten Argumenten der Kognitionsrichtung an den berühmten Laternenwitz erinnert: „Ein Polizist begegnet einem Mann, der, offenbar betrunken, unter einer Laterne den Schlüssel zu seinem Haus sucht. Eine Zeit lang hilft der Polizist ihm dabei, dann fragt er ihn, ob er denn sicher wäre, dass der Schlüssel hier verloren gegangen sei. Natürlich nicht, antwortet der Mann, aber da, wo ich ihn verloren habe, ist es zu dunkel, als dass ich ihn finden könnte."

Wo lässt sich der Schlüssel zu den Kompetenzen finden?
Verlässt man das operationalistische „anything goes", lassen sich historische, fachliche und methodologische Gründe anführen, warum die Performanzrichtung in fast allen Bereichen – außer im schulischen und, in geringerem Maße, im universitären – einen Siegeszug angetreten hat (Veith 2003). Dass die Kognitionsrichtung im Schul- und Universitätsbereich reüssiert, mag darin begründet sein, dass dort, meiner Ansicht nach fälschlich, Menschenbildung als Wissensvermittlung begriffen und abgefragt wird, allen anders angelegten Schul- und Universitätsexperimenten zum Trotz (vgl. Struck 2007). Es herrscht eine makabre Allianz der Laternensucher:

Kognitiv vermittelter Stoff lässt sich klar rationieren, Lehrer und Dozenten vermitteln definierte Stoffmengen, Schüler und Studenten lernen definierte Stoffmengen, der Grad des Gelernten (definierte Operationen mit umfassend) kann beurteilt und zensiert werden. Lehrer, Dozenten, Schüler, Studenten und Eltern freuen sich über gute Zensuren, ein verlässliches Kognitionsmaß. Dass es mit der künftigen Handlungsfähigkeit nur wenig zu tun hat, wird ignoriert. Der Schlüssel bleibt im Dunkeln liegen.

Der interessanteste, lehrreichste ist der Berufsschulbereich. Hier überschneiden sich, wie der Name andeutet, schulische und berufliche Interessen. Große Teile der Wissensaneignung funktionieren immer noch nach dem Kognitionsprinzip, werden in trauter Allianz der Laternensucher vermittelt, abgeprüft, benotet, zertifiziert. Zugleich liegt aber auf diesem Bereich der Anforderungsdruck der Unternehmen, möglichst handlungsfähige Werker, Mitarbeiter, Angestellte usw. zu bekommen, was natürlich nur nach dem Performanzprinzip funktionieren kann. Ob das duale System der Weisheit letzter Schluss ist, kann nicht mein Thema sein; dass eine integrierte Dualität unumgänglich ist, wenn man Kompetenzen vermitteln will, ist offensichtlich. Gerade moderne Untersuchungen im Berufsschulbereich zeigen schlagend, dass die notwendigen Handlungsfähigkeiten nur als Kompetenzen im Sinne der Performanzrichtung erworben werden können. Erlebnislernen, situiertes Lernen, subjektivierendes Lernen, Erfahrungslernen, informelles Lernen, Expertiselernen sind hier wichtige, notwendige, unumgängliche Begriffe. (Gruber/Ziegler 1996, Gruber 1999, Bauer 2001, Bauer/Böhle/Munz 2002, Böhle/Bolte 2002, Rauner 2004, Böhle 2008) Mit ihnen ist die Bedeutung von Emotionen und Motivationen eingefangen. Denn alle diese Lernformen umfassen zugleich im engeren Sinne kognitive *und* emotional-motivationale Aspekte, sind durchweg auch als Formen der – via Problemwahrnehmung, emotionale Labilisierung, wertungsfundierte Problemlösung, erfolgreiche Handlung erfolgenden – Interiorisation von Wertungen zu eigenen Emotionen und Motivationen zu begreifen. Dass die Betonung der Emotionen und Motivationen im beruflichen Lernen und Handeln schnell zunimmt (Arnold 2005, Gieseke 2007, Arnold/Holzapfel 2008), dass aber auch die Betonung des „Bauchgefühls" in anderen Bereichen vom Anekdotischen zum Fundamentalen avanciert (Gigerenzer 2008), ist alles andere als ein Zufall. Es ist Teil des Performanzdenkens im Kompetenzverständnis.

Historisch ging es im beruflichen Bereich schon immer um perfomanzorientierte Kompetenzvermittlung. Der Handwerker lernte, schon im Mittelalter, „arbeitsintegriert". (vgl. Geldermann/Seidel/Severing 2008) Die moderne Form von kognitionszentrierter Berufsschule ist noch sehr jung und von stetigen Reformdiskussionen begleitet. Sehr früh spürten Berufspädagogen, dass neben der Vermittlung von fachlichen Qualifikationen die von fachübergreifenden Kompetenzen – im Sprachstil der Siebzigerjahre Schlüsselqualifikationen – immer wichtiger wurde. Von

Mertens (1974) – klar performanzorientierten – Schlüsselqualifikationen führt ein gerader Weg zu den heute diskutierten Kompetenzen.

Über den beruflich-betrieblichen Bereich hinaus werden jedoch Kompetenzen im Sinne der Performanzrichtung auch umfassender wirtschaftlich entscheidend. Das verdeutlichen schlaglichtartig drei Einsichten.

3 Standortentscheidende Kompetenzen

Erstens wird oft die Tatsache herangezogen, dass bei modernen Unternehmen ihr Marktwert (der tatsächlich gehandelte Preis dieses Unternehmens zu einem bestimmten Zeitpunkt) seinen Buchwert (den Wert des auf die Unternehmenseigener entfallenden Eigenkapitals) um ein Vielfaches übersteigt. Dieser Marktwert kann nur durch das zugrunde liegende intellektuelle Kapital (Wissenskapital) zustande kommen, das sich aus Humankapital, Strukturkapital und Beziehungskapital zusammensetzt. „Das Humankapital charakterisiert dabei die Kompetenzen, Fertigkeiten und Motivationen der Mitarbeiter. Das Strukturkapital umfasst alle jene Strukturen und Prozesse, welche die Mitarbeiter benötigen, um in ihrer Gesamtheit produktiv und innovativ zu sein, also all jene intelligenten Strukturen, die bestehen bleiben, wenn die Mitarbeiter nach der Arbeit die Organisation verlassen. Das Beziehungskapital stellt die Beziehungen zu Kunden und Lieferanten sowie zu sonstigen Partnern in der Öffentlichkeit dar.“ Alle drei Aspekte des Wissenskapitals lassen sich nicht auf Kognitionen im engeren Sinne reduzieren: Typische Einflussfaktoren des Humankapitals sind z. B. die Mitarbeiteraus- und -weiterbildung in Formen von Kompetenzentwicklung, die Erweiterung der Mitarbeitererfahrungen, ihrer sozialen Kompetenzen, ihrer Motivationen und ihrer Führungsstärke; typische Einflussfaktoren des Beziehungskapitals sind z. B. der Aufbau und die Pflege von Beziehungen zu Kunden und Lieferanten, soziales Engagement in Verbands- und Öffentlichkeitsarbeit, die Erhaltung und der Ausbau von Beziehungen zu Investoren und Eignern, also wiederum alles Faktoren, die mit personalen, aktivitätsbezogenen und sozialkommunikativen Kompetenzen engstens zusammenhängen (Wissensbilanz Made in Germany 2005, S. 22 ff.). Zu Recht bemerkte Reinhardt schon früh: „Kompetenz stellt deshalb die „inhaltliche Seite“ des Humankapitals dar, und legt somit fest, über welche Handlungsmöglichkeiten ein Unternehmen verfügt ... Kompetente Menschen gelten als der wichtigste Produktionsfaktor eines Unternehmens in der Wissensökonomie. War der maßgebliche Produktionsfaktor ursprünglich die Maschine, so findet sich jetzt eine zunehmende Dominanz des Menschen und seiner Kompetenzen als produktiver Ressource.“ (Reinhardt 1998)

Es ist zum einen ganz offensichtlich, dass der den Buchwert um ein Vielfaches übersteigende Marktwert von modernen Unternehmen wesentlich von den Kompetenzen der Mitarbeiter bestimmt ist. Und es ist zum anderen ebenso offensichtlich, dass es sich hier vor allem um performanzorientierte Kompetenzen, insbesondere um die von der Kognitionsrichtung so verschmähten personalen, aktivitätsbezogenen und sozialkommunikativen geht. Das notwendige fachliche und methodische Wissen wird, z. B. bei Bewerbungen und Assessment-Centern, den Zeugnissen folgend, erst einmal schlicht vorausgesetzt.

Ergo: Die Performanzrichtung handelt von genau den Kompetenzen, die in der modernen Welt, in modernen Unternehmen wirklich gebraucht werden.

Zweitens wird die Bedeutung von Kompetenzen im Sinne der Performanzrichtung in dem großen Gewicht sichtbar, das neuerdings den „Talenten", der Talentsuche und dem Talentmanagement in Unternehmen zugemessen wird. Sicher ist das auch eine Modewelle. Andererseits verbergen sich aber dahinter Ansätze, die auf die Entwicklung handlungsorientierter Kompetenzen gerichtet sind. So schreiben Volker Heyse und Stefan Ortmann (2008): „Wir verstehen das Talent als nicht formal erlernbare Fähigkeit, als Potenzial zur Entwicklung von Kompetenzen. Auffällig wird ein Talent eben als Voraussetzung zur Selbstorganisation, Anpassung, unaufgefordertem Lernen, um auf bestimmten Gebieten hohe, über dem Durchschnitt vergleichbarer Spezialisten bzw. Führungskräfte liegende Leistungen hervorzubringen. Diese können auf unterschiedlichen Gebieten liegen und erfordern unterschiedliche Kompetenzen: personale und/oder handlungsorientierte und/oder fach- und methodenorientierte und/oder sozialkommunikative Kompetenzen. Talent ist in diesem Sinn die Summe aus a) der begabungsbasierten Fähigkeit, Kompetenzen zu entwickeln, b) den konkreten lebensbiografisch bewährten Teilkompetenzen und der persönlichen Umsetzungsabsicht. So betrachtet verfügt jeder Mensch über die Fähigkeit zur Entwicklung von Kompetenzen und eine Vielzahl von lebensbestimmenden Teilkompetenzen und Stärken. Entscheidend ist jedoch, wie stark die Kompetenzen zum Ausdruck kommen, sich entfalten und weiterentwickeln können und in Bezug auf welche Anforderungsprofile sie nutzvoll eingesetzt werden können." (S. 10) Die Entfaltung und Entwicklung von Talenten, Kernaufgabe des Talentmanagements, ist also zugleich Kernaufgabe jeden Kompetenzmanagements – eben wenn man unter Kompetenzen Fähigkeiten zum selbstorganisierten Handeln, zur Umsetzung, zur Performanz und nicht nur die Erweiterung kontextabhängiger Kognitionen versteht.

Wie wichtig ein so verstandenes Talentmanagement ist, hat eine Studie der Boston Consulting Group überzeugend verdeutlicht. In dem Bericht „The Future of HR in Europe. Key Challenges Through 2015", entstanden aufgrund einer Befragung von 1.355 Human-Ressources- (HR-) und anderen Führungspersonen aus 27 europäischen Ländern, wurden fünf Themen als besonders wichtige und kritische HR-Herausforderungen für die nahe Zukunft (bis 2015) herausgearbeitet: „managing talent, managing demographics, becoming a learning organization, managing work-life balance, and managing change and cultural transformation.“ Das Talentmanagement ist dabei mit Abstand das wichtigste und kritischste europäische Problem. „Talent-Engpässe zeichnen sich schon jetzt sowohl in Europa wie in den neuen Märkten außerhalb ab; die Unternehmen müssen deshalb schon jetzt Schritte unternehmen, wenn sie diese Engpässe vermeiden – und ein Desaster verhindern wollen.“ (S. 2) Voraussetzung eines solchen Talentmanagements ist ein Kompetenzmanagement, das die künftige Handlungsfähigkeit der in Unternehmen Tätigen sichert.

Ergo: Die Performanzrichtung handelt von genau den Kompetenzen, die das künftig unumgänglich notwendige Talentmanagement sichern helfen. Ihre Ergebnisse sind zukunftsentscheidend.

Drittens spielen Kompetenzen im Sinne der Performanzrichtung eine wichtige Rolle für die Nichtimitierbarkeit von Unternehmensressourcen, die ihrerseits eine Voraussetzung für das Bestehen im globalen ökonomischen Wettbewerb ist. „Die Grundfrage der Unternehmensstrategie lautet: Wie ist es trotz Wettbewerb möglich, einen nachhaltigen, überdurchschnittlichen Unternehmenserfolg zu sichern?“ Von dieser ebenso elementaren wie fundamentalen Frage geht Margit Osterloh aus, um zu analysieren, warum es einigen Unternehmen möglich ist, trotz Wettbewerbs am Markt überdurchschnittliche Erfolge zu erzielen. Die Antwort findet sie in unternehmensspezifischen Ressourcen, die sich als Kernkompetenzen kennzeichnen lassen. Für besonders wichtig hält sie dabei die Nichtimitierbarkeit, also die Tatsache, dass die dem Unternehmen zur Verfügung stehenden Ressourcenbündel nicht ohne Weiteres durch ein anderes Unternehmen kopierbar sind. „Die Nichtimitierbarkeit nimmt dabei die wichtigste Rolle ein. Nicht oder nur schwer imitierbar sind vor allem solche Ressourcen, die nicht gekauft, sondern in langwierigen Prozessen im Unternehmen selbst erzeugt werden.“ (Osterloh 2001, S. 44) Zu diesen Ressourcen zählt vor allem das Humankapital, verkörpert in den einzelnen Arbeitspersonen. Im Gegensatz zum organisatorischen Kapital ist das Humankapital, sind Personen mit ihrem Sach- und Wertwissen zwar abzuwerben. Aber sie sind doch zugleich in das organisatorische Kapital eingebunden und verlieren Teile ihres Humankapitalwerts eben durch den Fortgang. Das implizite Wissen eines Unternehmens existiert in den Köpfen und Kompetenzen der Menschen, die es beherrschen, und ist auch nur durch diese Menschen im Rahmen der Organisation übertragbar. Es wird in komplizierten Prozessen der Wissensübertragung – nach Nonaka und Takeuchi (1997) Sozialisation, Externalisierung, Kombination und Internalisierung – produziert und reproduziert. Außerhalb dieser Prozesse ist es weniger wert. Insofern wird die Nichtimitierbarkeit eines Unternehmens durch die Nichtimitierbarkeit des Wissens seiner Mitarbeiter konstituiert und reproduziert. Wissen heißt hier nicht in erster Linie Sachwissen (das im Prinzip für jeden zu erwerben ist). Wissen umfasst hier vor allem Fertigkeiten, Fähigkeiten, Können, individuelle Emotionen, Motivationen und Willensanstrengungen – kurz: die Kompetenzen der Mitarbeiter – ihre Fähigkeiten, in dynamischen, komplexen Arbeitssituationen selbstorganisiert und kreativ zu handeln. Insbesondere die intrinsischen Motivationen spielen hier eine entscheidende Rolle: Ob es sich um Freude und Genuss an der eigenen Arbeit und am Erreichen von Zielen, um das Wohlfühlen in Fairness und Teamgeist oder auch um die Identifizierung mit ethischen und unternehmenspolitischen Normen und Werten der eigenen Firma handelt. Die Nichtimitierbarkeit von Unternehmensressourcen – und damit die einzige längerfristige Standortsicherung von Unternehmen – beruht maßgeblich auf Mitarbeiterkompetenzen. Berufliche und betriebliche Bildung, die es sich zum Ziel setzt, Nichtimitierbarkeit und Standortsicherung mit zu befördern, muss folglich dazu beitragen, generelle und detaillierte Mitarbeiterkompetenzen weiterzuentwickeln (vgl. Osterloh/Wübker 1999).

Ergo: Die Performanzrichtung handelt von genau den Kompetenzen, die für eine längerfristige Sicherung des Standorts von Unternehmen und letztlich des Unternehmensstandorts Deutschland maßgeblich sind. Ihre Ergebnisse sind im globalen Wettbewerb mit zukunftsentscheidend.

4 Kompetenzen im neuen Weltverständnis

Alle drei Argumente – das Marktwertargument, das Talentargument, das Nichtimitierbarkeitsargument – zeigen schlaglichtartig, dass die Entscheidung für die Kognitionsrichtung oder die Performanzrichtung der Kompetenzforschung nicht beliebig ist. Will man sich nur im engen Bereich eines Kompetenzverständnisses bewegen, das auf eine Weiterentwicklung der pädagogisch-psychologischen Diagnostik aus ist und die Ergebnisse von kognitionszentrierten Bildungsprozessen charakterisieren will, mag die Kognitionsrichtung hinreichend sein. Will man die zukunftsentscheidenden Fähigkeiten des Menschen charakterisieren, selbstorganisiert und kreativ in einer zunehmend komplexen, immer weniger eng-kognitiv beherrschbaren Welt erfolgreich zu handeln – und will man diese Fähigkeiten gezielt weiterentwickeln – kann man sich wohl nur für die Performanzrichtung entscheiden.

Hinter allen drei Argumenten liegt ein neues Weltverständnis, dessen wir uns nur sehr langsam wirklich bewusst werden. Es ist durch Selbstorganisation und Komplexität geprägt und wird durch die modernen Selbstorganisationstheorien (Synergetik, Autopoiesetheorie, Konstruktivismus, systemische Ansätze) und Komplexitätstheorien beschrieben. Uns wird immer klarer, dass Bildungsprozesse eben nicht in der Weitergabe von Kognitionen, sondern in der Ermöglichung selbstorganisierten Kompetenzerwerbs bestehen (Ermöglichungsdidaktik, vgl. Arnold 2007); Sieberts genialer Aphorismus „Erwachsene sind lernfähig aber unbelehrbar" (Siebert 1994, S. 46) konzentriert diese Sicht auf den entscheidenden Punkt. Uns wird immer klarer, dass die komplexen Zusammenhänge von Kompetenzentwicklung auf den unterschiedlichen Strukturebenen – Individuum, Team, Unternehmen/Organisation, Netzwerk – nur komplexitätstheoretisch erfasst werden können (Wilkens/Gröschke 2007). Der schöne Buchtitel „Komplexitäten. Warum wir erst anfangen, die Welt zu verstehen" (Mitchell 2008) hat weit mehr als nur symbolische Bedeutung – auch für die Kompetenzforschung.

Wir müssen angesichts zunehmender Selbstorganisation und Komplexität in Politik, Wirtschaft, Kultur und sozialem Leben, angesichts zunehmender Zukunftsunsicherheit handeln. Entsprechend bedarf es eines besonderen Begriffs, um Selbstorganisations- und Handlungsfähigkeit, um ein ins Zukunftsoffene hinein kreatives Handeln in dieser zunehmend selbstorganisativen, komplexen, unsicheren Umgebung (Risikogesellschaft) zu charakterisieren. Ob wir dafür die Wortmarken Kompetenzen, Talente, soft skills, Schlüsselqualifikationen oder andere verwenden, ist zunächst zweitranging. Nur sollte man keinen dieser Begriffe auf das bloß Kognitive reduzieren und die Performanz-, die Handlungsaspekte vernachlässigen.

5 Welche Kompetenzen sind zu erfassen?

Von solchen Überlegungen ausgehend entstand die definitorische Kurzform: Kompetenzen sind Selbstorganisationsdispositionen des Individuums – also Fähigkeiten, angesichts offener, „algorithmisch" nicht zu bewältigender Problemsituationen selbstorganisiert und kreativ zu handeln. (Erpenbeck/Heyse 1998 und 2007, S. 158 f.) Die bereits zitierte, umfassendere Begriffsbestimmung von Peter Kappelhoff (2004) weist zusätzlich darauf hin, (i) dass diese Fähigkeiten auch anderen „komplexen, adaptiven Systemen", eben Teams, Unternehmen, Märkten, Netzwerken usw. zugeschrieben werden können; (ii) dass sie evolutionär – phylogenetisch, ontogenetisch – entstanden sind und sich weiterhin – aktualgenetisch – entwickeln; und (iii) dass sie schließlich nicht völlig beliebig sind, sondern auf bedeutsame Lösungspfade konzentriert.

Überlegt man nun, welche Handlungen das Individuum selbstorganisiert vollziehen kann, so sind dies

- Handlungen in Bezug auf sich selbst (reflexive Handlungen), die personale Kompetenzen voraussetzen. *Personale Kompetenzen* sind Fähigkeiten, sich sich selbst gegenüber klug und kritisch zu verhalten, produktive Einstellungen, Motive, Werthaltungen und Ideale zu entwickeln.
- Handlungen mit starken Willensabsichten und hohen Umsetzungsabsichten (aktivitätsbetonte Handlungen), die aktivitäts- und umsetzungsbezogene Kompetenzen voraussetzen. *Aktivitäts- und Umsetzungs- bzw. Handlungskompetenzen* sind Fähigkeiten, alles Wissen und Können, alle Ergebnisse sozialer Kommunikation, alle persönlichen Werte und Ideale willensstark und aktiv einzubringen.

- Handlungen in Bezug auf Sachverhalte, Arbeitsprobleme, Produktionsaufgaben (geistig-instrumentelle Handlungen), die fachlich-methodische Kompetenzen voraussetzen. *Fach- und Methodenkompetenzen* sind Fähigkeiten, schier unlösbare Probleme schöpferisch zu bewältigen, selbstständig neues Wissen zu gewinnen und Lösungsprozesse methodisch fruchtbar zu gestalten.
- Handlungen in Bezug auf andere Personen, in Gesprächen, im Verkauf (kommunikative Handlungen) die sozialkommunikative Kompetenzen voraussetzen. *Sozialkommunikative Kompetenzen* sind Fähigkeiten, sich aus eigenem Antrieb mit anderen zusammen- und auseinanderzusetzen, kreativ zu kooperieren und zu kommunizieren.

Interessanterweise tauchen diese Grundkompetenzen oder Schlüsselkompetenzen bei fast allen Forschern der Performanzrichtung auf – mit zwei leicht zu harmonisierenden Abweichungen. Die meisten trennen fachliche und methodische Kompetenzen. Dafür gibt es gute Gründe. Wer methodisch vorgeht, tut dies oft in ganz verschiedenen fachlichen Zusammenhängen. Andererseits gibt es keine Methode ohne Fachlichkeit und keine Fachlichkeit ohne Methode. Ob man hier von einer Grundkompetenz oder von zwei Grundkompetenzen ausgeht, ist also kein grundlegendes, sondern eher ein forschungspraktisches Problem. Etwas anders liegt der Fall bei den aktivitäts- und umsetzungsbezogenen bzw. handlungsbezogenen Kompetenzen. Meist wird formuliert, dass sich die Handlungskompetenz aus dem Zusammenwirken von personaler- (Selbst-), fachlicher-, methodischer- und sozialer Kompetenz ergäbe. Das ist einfach falsch, wie wir bei der Analyse unterschiedlichster Unternehmerpersönlichkeiten herausfanden (Erpenbeck/Heyse 2007, Heyse/Erpenbeck/Michel 2002). Es gibt Unternehmer, die weder von ihren personalen, noch von ihren sozialkommunikativen Kompetenzen besonders bemerkenswert sind, die auch fachlich-methodisch oft weniger können als ihre hochspezialisierten Mitarbeiter. Was sie aber, sofern sie erfolgreich sind, durchgehend haben, ist eine hohe Aktivität, eine „Durchreißer“-Mentalität, einen unabänderlichen Willen, zu den selbstgesetzten Zielen zu gelangen, eine hohe Umsetzungsabsicht als Antrieb und Ziel. Wunderer (2000) spricht zu Recht von Umsetzungskompetenz, welche die selbstorganisative Fähigkeit zur Umsetzung von Ideen in die Praxis charakterisiert. Die Größe der Aktivitäts- und Umsetzungskompetenz, beispielsweise mit dem KODE®-Instrument gemessen, ist ein untrüglicher Indikator für die Tauglichkeit zum Unternehmensgründer.

(P) Personale-, (A) aktivitätsbezogene-, (F) fachlich-methodische- und (S) sozialkommunikative Kompetenz bilden als Schlüsselkompetenzen ein Grundraster, mit dessen Hilfe sich einerseits die Vielfalt existierender Kompetenzbegriffe ordnen und auf das Wesentliche reduzieren lässt und das andererseits die Vielfalt der Verfahren,

Kompetenzen zu messen und zu erfassen, zu systematisieren gestattet. Beides ist eine unabdingbare Voraussetzung, um zu einer kompetenten Kompetenzerfassung im beruflich-betrieblichen Bereich zu gelangen.

Abbildung 2: **Kompetenzatlas des KODE®X-Verfahrens (Heyse/Erpenbeck 2007)**

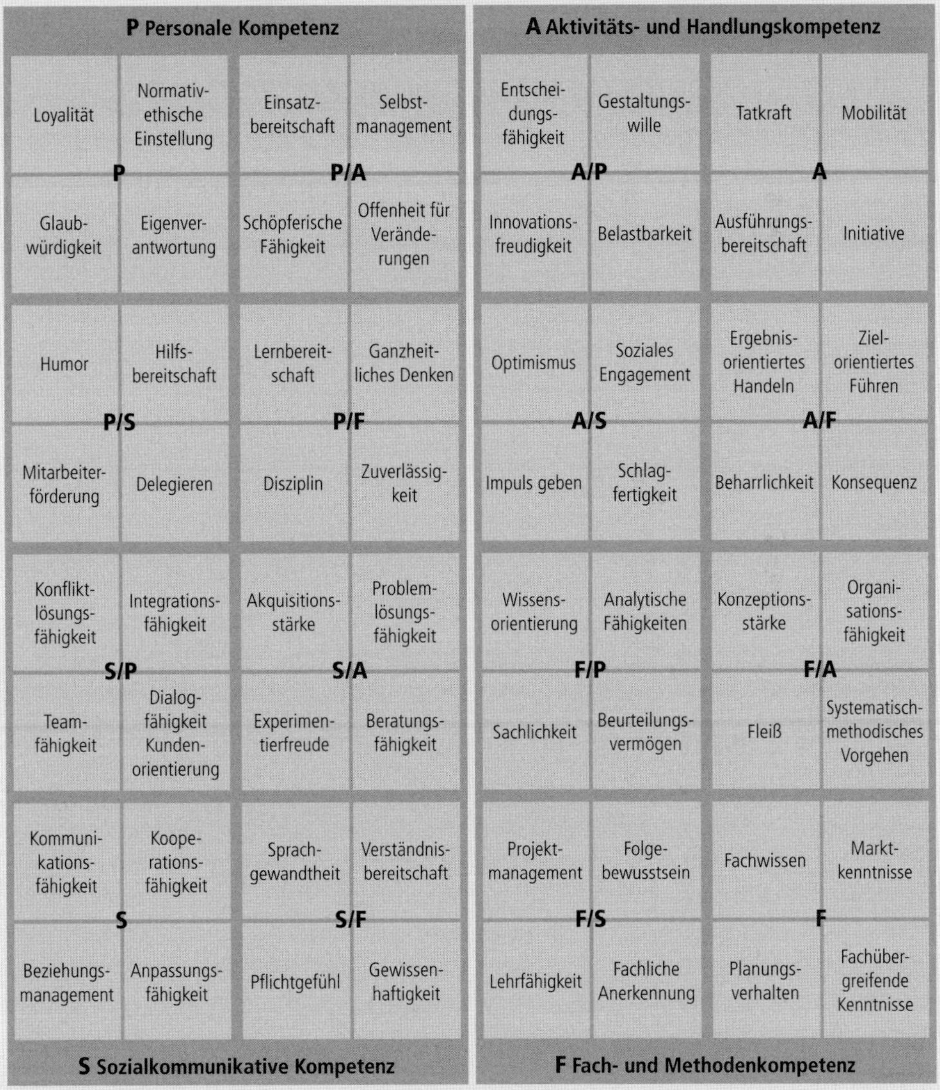

Quelle: Heyse, Erpenbeck 2004

Voraussetzung und Grundlage dieser Schlüsselkompetenzen sind generelle Fähigkeiten, *überhaupt* selbstorganisiert handeln zu können. Zu diesen Fähigkeiten gehören beispielsweise Selbsterkenntnis, Selbstdistanz, Selbstrelativierung, Empathie Situationsidentifikation, Interventions- und Problemlösungsvermögen. Man kann hier von *Metakompetenzen* sprechen, in Analogie zu den Metakognitionen. (Bergmann/Daub/Meurer 2002)

Die *Schlüsselkompetenzen* stellen, wie gezeigt, die darauf aufbauende fundamentalste Kompetenzdifferenzierung dar.

Den Schlüsselkompetenzen und aus ihnen gebildeten Kombinationen lassen sich die meisten der betrieblich und pädagogisch gängigen Kompetenzbegriffe zuordnen. Wir haben 280 Begriffe entsprechend ausgewertet. Das KODE®X –Verfahren versucht, die Fülle von Hunderten „herumgeisternden" abgeleiteten Kompetenzbegriffen auf ein überschaubares Gitter von 64 Begriffen zu reduzieren, das sich allerdings bei Bedarf durch ein praktikables Synonymlexikon erweitern lässt. Man kann hier von *abgeleiteten Kompetenzen* sprechen. Das wird im Kompetenzatlas des KODE®X – Verfahrens verdeutlicht (Heyse/Erpenbeck 2007):

Schließlich gibt es übergreifende Kompetenzen, die Anteile von allen Schlüsselkompetenzen und vielen abgeleiteten Kompetenzen umfassen. Man kann hier von *Querschnittskompetenzen* (z. B. interkulturelle Kompetenzen, Führungskompetenzen, Medienkompetenzen ...) sprechen.

Metakompetenzen, Schlüsselkompetenzen, abgeleitete Kompetenzen und Querschnittskompetenzen realisieren eine oft sehr komplizierte Kompetenzarchitektur.

Dabei bilden die Schlüsselkompetenzen ein Grundraster, mit dessen Hilfe sich nicht nur die Vielfalt existierender Kompetenzbegriffe einordnen lässt. Dieses Raster gestattet zugleich, die Vielfalt der Verfahren, Kompetenzen zu messen und zu erfassen, systematisch zu ordnen.

6 Kompetenzmess- und -erfassungsverfahren

Metakompetenzen, Schlüsselkompetenzen, abgeleitete Kompetenzen und Querschnittskompetenzen lassen sich messen, erfassen. Das wird auf nationaler wie internationaler Ebene versucht. Lutz von Rosenstiel und ich haben im „Handbuch Kompetenzmessung" (2007), das zu einem Standardwerk der Performanzrichtung geworden ist, eine Vielzahl von Verfahren des deutschsprachigen Raums in einem systematischen Vergleich zusammengetragen.

Ein solcher Vergleich sollte danach zumindest folgende Aspekte umfassen:

1. Kompetenztypen: Je nachdem ob es um Selbststeuerungsprozesse (zielorientiert) oder Selbstorganisationsprozesse (zukunftsoffen) des Handelns geht, lassen sich zwei Kompetenztypen unterscheiden: solche, die für Selbststeuerungs-

strategien (Gradientenstrategien) unter – unscharfer – Zielkenntnis, und solche, die für Selbstorganisationsstrategien im engeren Sinne (Evolutionsstrategien) unter Zieloffenheit notwendig sind.

2. Kompetenzklassen: Je nachdem, ob sich das selbstorganisierte Handeln reflexiv auf die handelnde Person, auf ihre Aktivitäts- und Willenskomponenten, auf die fachlich-methodische Erfassung und Veränderung der gegenständlichen Umwelt (in der auch andere Menschen als Forschungsgegenstände aufgefasst werden) oder auf die soziale Umwelt des Handelnden (andere Menschen oder Menschengruppen) (S) bezieht, lassen sich Kompetenzklassen gemäß den umrissenen Schlüsselkompetenzen – (P) personale, (A) aktivitäts- und umsetzungsorientierte, (F) fachlich-methodische und (S) sozialkommunikative Kompetenz – bilden.
3. Kompetenzgruppen: Diese beiden grundlegenden Klassifizierungen lassen sich um methodologische erweitern. So lassen sich grundlegende Kompetenzgruppen ausmachen, bei denen: (p) Kompetenzen als Persönlichkeitseigenschaften (methodologische Basis: Motivations- und Persönlichkeitspsychologie), (a) Kompetenzen als Arbeits- und Tätigkeitsdispositionen (methodologische Basis: Tätigkeitspsychologie, Arbeitspsychologie), (f) Kompetenzen als fachbetonte Allgemeinqualifikationen (methodologische Basis: kognitive Psychologie, pädagogische Qualifikationsvermittlung und Zertifizierung) und (s) Kompetenzen als soziale Kommunikationsvoraussetzungen (methodologische Basis: Sozial- und Kommunikationspsychologie) aufgefasst werden.
4. Kompetenzentwicklung: Zusätzlich ist es stets möglich, einen Augenblicksstatus der Kompetenzen aufzunehmen oder ihre zeitliche Entwicklung in Form von Zeitreihen zu analysieren, die sehr unterschiedliche Zeitspannen umfassen können – von Tages- oder Wochenspannen über Monats- und Jahresspannen bis hin zu Mehrjahres- und Lebensspannen.
5. Kompetenzbeobachtung: Wie in allen Human- und Sozialwissenschaften spielt weiterhin das Beobachtungs- (Beobachter-) Problem eine entscheidende Rolle für das Kompetenzverständnis und die Kompetenzmessung. Kompetenzbeobachtung kann entweder als objektives Messverfahren oder als subjektives Einschätzungsverfahren oder in Mischformen gestaltet werden.
6. Kompetenzforschung: Verfahren können schließlich nicht nur objektiv oder subjektiv sein, sondern hochstrukturiert oder unstrukturiert, standardisiert, halbstandardisiert oder unstandardisiert, kulturgebunden oder kulturfrei, statistisch oder hermeneutisch interpretierbar usw. Insbesondere kann man zwischen quantitativer Kompetenzforschung und qualitativer Kompetenzforschung unterscheiden. Sowohl quantitative wie qualitative Messmethoden spielen für die moderne Kompetenzforschung eine eigene, unersetzliche Rolle.

Kompetenzmess- und -erfassungsverfahren können demnach in die umrissene Systematik eingeordnet werden. Sie ist in einem weiten Sinne zu verstehen: Wo wir Kompetenzen nicht ausmessen können, sind wir doch oft gezwungen, Handlungen und Handelnden Kompetenzen zuzumessen. Deshalb sind sehr unterschiedliche Verfahren als Kompetenzmess- und -erfassungsverfahren zu betrachten, nämlich

- quantitative Messungen (Kompetenztest),
- qualitative Charakterisierungen (Kompetenzpass),
- komparative Beschreibungen (Kompetenzbiografie),
- simulative Abbildungen (Kompetenzsimulation),
- beobachtende Erfassungen (Kompetenzsituation).

Nicht die exaktesten, sondern die angemessensten, in kurzer Zeit bestmögliche Entscheidungshilfen liefernden Kompetenzmess- und Erfassungsverfahren haben sich in der beruflich-betrieblichen Praxis durchgesetzt.

Eine wichtige methodische Frage von Kompetenzmessungen ist, wie weit sie nach den klassischen, für Persönlichkeits- oder Eignungstests entwickelten Maßstäben Objektivität, Reliabilität und Validität beurteilt werden können. Die Arbeitsdefinition von Kompetenzen als Selbstorganisationsdispositionen verdeckt, dass die Handlungen, in denen die Dispositionen eingesetzt werden, stets einem Entwicklungsprozess entstammen, sich in einem Entwicklungsprozess befinden (also niemals feste, sehr stabile Eigenschaften sein können), obendrein nur in einem „Pfad" von Wirkungsmöglichkeiten eingesetzt werden, wobei Kompetenzen in diesem ganz anderen Verständnis kontextabhängig sind – die Metakompetenzen am wenigsten, die Querschnittskompetenzen am meisten.

Ich will die Brüchigkeit traditioneller Testkriterien angesichts der Einbettung von Kompetenzen in Selbstorganisation, Evolution und Komplexität jedoch nicht allgemein thematisieren, sondern nur darauf hinweisen, dass man auch für rein qualitative Verfahren ganz eigene Zuordnungen von Objektivität, Reliabilität und Validität finden kann. (Meyring 2003)

7 Quantitative, qualitative, hybride Kompetenzerfassung

Die Verwendung von quantitativen, qualitativen oder hybriden Methoden der Kompetenzerfassung, besonders im beruflich-betrieblichen Bereich, ist eine Grundsatzentscheidung. Für alle drei gibt es gute Argumente.

Quantitative Verfahren, insbesondere Tests sind nur eine der verschiedenen Möglichkeiten der Kompetenzerfassung. Sie haben den Vorteil, dass man oft die hoch differenzierten Methoden moderner Mess- und Testtheorien darauf anwenden kann. Doch je größer der testtheoretische Aufwand, desto kleiner ist zuweilen der

Aussagebereich und desto schwieriger die Kommunikation der Ergebnisse. Genaueste Reliabilitäts- und Validitätsbestimmungen können die Vertrauenswürdigkeit von Messungen untermauern, aber auch die Irrelevanz einer wissenschaftlichen Fragestellung maskieren. Was im Forschungssektor sinnvoll und fruchtbar sein mag, muss dies im Bereich der Personalwirtschaft oder des nationalen oder internationalen Vergleichs von Ergebnissen der Kompetenzentwicklung keineswegs sein. Der größte Vorteil für den beruflich-betrieblichen Bereich liegt in einer gezielten Ausschaltung der Subjektivität von Beurteilern und einer entsprechenden Objektivierung, in einer Verkürzung des für die Erfassung notwendigen Zeitaufwandes auf die Größenordnung von Minuten bis ganz wenigen Stunden und in der Möglichkeit, große Mengen von Erfassungen durchzuführen, etwa bei umfangreichen Einstellungen oder der Umorganisation von Belegschaften.

Es lässt sich aber mit Sicherheit voraussagen, dass es wohl kein quantitatives Instrument schaffen wird, im europäischen oder auch nur im nationalen Rahmen verbindlich zu werden. Dazu muss man sich vor Augen halten, dass bis heute im Unternehmensbereich überhaupt nur bei 20 Prozent von Personalentscheidungen irgendwelche systematischen Erfassungsverfahren eingesetzt werden, 80 Prozent der Entscheidungen hingegen „aus dem Bauch" erfolgen. Wirkliche Verfahren der Kompetenzerfassung werden noch seltener verwendet, schon gar nicht im international vergleichenden Sinne. Im Ausland erworbene Kompetenzen lassen sich schwer für den deutschen Arbeitsmarkt „übersetzen". Bisher ist nur der Europass eine vielversprechende Vergleichsperspektive, eine Form von Kompetenzbilanzierung. Er ist umfassend bekannt, wird aber noch zu wenig genutzt.

Qualitative Verfahren, etwa Kompetenzbilanzen, legen das Schwergewicht auf qualitative und komparative Erfassungsformen. Die Kernbilanz hat stets einen verbalen Darstellungscharakter.

Das hat entscheidende Vorteile gegenüber anderen Erfassungsmöglichkeiten:

- Kompetenzbilanzen sind national und, vom Übersetzungsaufwand abgesehen, auch international einfach kommunizierbar.
- Sie sind von Personalverantwortlichen leicht verwertbar, diese verstehen die dargelegten Kompetenzzusammenhänge auch ohne komplizierte (test-)theoretische Voraussetzungen.
- Sie sind auch von Laien lesbar, dienen damit der bilanzierten Person ohne große Erläuterungen und werden von ihr als bereichernd empfunden.
- Sie berücksichtigen formell, nonformell und informell erworbene Kompetenzen gleichermaßen.
- Sie können das Erfassen, das Beurteilen und das Entwickeln von Kompetenzen vereinen und sind damit ideale Coachinginstrumente.
- (www.cekom-deutschland.de)

Inzwischen gibt es eine Fülle von Verfahren der Kompetenzbilanzierung. Ausgewählte europäische Kompetenzbilanzierungsinstrumente wurden hinsichtlich ihrer Bewertungskriterien und ihrer Grundcharakteristika untersucht. Ihre Übertragbarkeit auf die deutschen Rahmenbedingungen wurde diskutiert, allen voran für die „Mutter" europäischer Kompetenzbilanzierungen, das französische Instrument „bilan de compéteces", dann für das Schweizer Qualifikationshandbuch „CH-Q" und das norwegische „Realkompetanse"-Projekt. (Haasler/Schnitger/Rauner 2006, S. 23–108) Strebt man eine größere Vollständigkeit an, können weitere europäische Ansätze in der Schweiz, in Frankreich, in Luxemburg, im Mittelmeerraum (Griechenland, Italien, Spanien, Portugal), im nordischen Raum (Finnland, Norwegen, Schweden, Dänemark), im Vereinigten Königreich, Irland, den Niederlanden und Belgien berücksichtigt werden (vgl. Garcia 2002). Das Monitoring „Grundlagenforschung Kompetenzmessung" hat weitere internationale Bilanzierungsverfahren zusammengetragen (vgl. Haase 2000–2006).

In Deutschland sind einige wichtige Ansätze namhaft zu machen, so die in Vorreiterrolle im Deutschen Jugendinstitut München entwickelte Kompetenzbilanz oder der von der Freudenberg Stiftung Weinheim entwickelte Qualipass (vgl. in Erpenbeck, von Rosenstiel 2007). Neu hinzugekommen sind seit ca. 2003 die nicht nur in Vorstudien, sondern bei wirklichen Entwicklungsaufgaben in Unternehmen oder Arbeitsverwaltungen eingesetzten Instrumente der Kompetenzenbilanzen und des ProfilPASSes.

Die Kompetenzenbilanz, eine Methode der kompetenzorientierten Laufbahnberatung, hat ihre Praxistauglichkeit bewiesen (vgl. Lang von Wins/Triebel 2006). Ziel des Verfahrens ist es, Stärken und Entwicklungspotenziale der Bilanzierten zu erkennen, ihr Selbstwertgefühl und Selbstbewusstsein zu erhöhen, Arbeitszufriedenheit, Motivation, Karrierechancen und Flexibilität zu steigern. Die Beratung erfolgt unabhängig von augenblicklichen oder zukünftigen Beschäftigungsverhältnissen und richtet sich potenziell an breite Bevölkerungsschichten. Es handelt sich um ein strukturiertes Coachingverfahren, das einem klar vorgegebenen Ablauf von Einführung, Eigenarbeit, Coaching, Nacharbeit und Abschlussgespräch bis hin zur Erstellung des Endgutachtens folgt. Fertigkeiten, Kompetenzen und Werte werden in ihrem Zusammenhang herausgearbeitet und bilanziert. Vor allem Teilnehmer, die sich ihrer eigenen Stärken bewusst werden und sich Entwicklungsziele setzen wollen, profitieren von den Kompetenzenbilanzen. Sie werden auch genutzt, um sich auf Bewerbungsgespräche vorzubereiten. Darüber hinaus ergeben sich veränderte Sichten des Alltags, positive Bekräftigungen bisheriger Arbeits- und Lebensformen, aber auch Veränderungsaktivitäten aus klar werdenden Negativeinschätzungen. Neben dem persönlichen Gewinn lässt sich aber auch ein Nutzen in Bezug auf operative Prozesse in Unternehmen und Organisationen nachweisen. Die starke positive

Auswirkung von Kompetenzbilanzen selbst bei Arbeitslosen – besonders wichtig für Wiedereingliederungsaufgaben – weist ANT (2004) nach.

Einen deutlichen Schritt in Richtung einer breit einführbaren, qualitativ operierenden Kompetenzbilanz geht der mit großer materieller und politischer Unterstützung vorangetriebene ProfilPASS, der ausgehend von einer außerordentlich umfassenden Machbarkeitsstudie entstand, die über 50 in Deutschland bis 2003 eingesetzte qualitative Weiterbildungspässe analysiert (vgl. PROJEKTTEAM 2004). Er stellt ein umfangreiches Instrument zur Unterstützung lebensbegleitenden Lernens dar und zielt wiederum vorrangig auf die Stärkung des Einzelnen, was natürlich mittelbar auch Unternehmen zugutekommen kann. Der ProfilPASS ist eingebunden in ein System von Portfolio, Beratung und Qualifizierung. Die Beratung zielt darauf ab, die individuelle Selbstorganisationsfähigkeit zu fördern und informell oder nonformell erworbene Kompetenzen stärker zu beachten. Die Beschäftigung mit dem ProfilPASS trägt zur Stärkung von Eigeninitiative, Selbstvertrauen und Selbstverantwortung bei. Ob sich auch für Unternehmen ein direkter Nutzen für Personalauswahl und Personalentwicklung ergeben wird, muss weiter abgeklärt werden. Zumindest wird die Übereinstimmung zwischen subjektiven Kompetenzen und Arbeitsplatzanforderungen erhöht (vgl. GNAHS 2007). Einen analogen Schritt mit anderen methodischen Mitteln geht der demnächst breiter einzusetzende Talentkompass aus NRW, der auf eine Bestandsaufnahme von Persönlichkeitsmerkmalen, Fähigkeiten, Kenntnissen und Interessen von Beschäftigten ausgerichtet ist (vgl. LANDESINSTITUT FÜR QUALIFIZIERUNG NRW, 2006). Er will neue Kombinationsmöglichkeiten von Fähigkeiten und Interessen aufzeigen und die persönliche Veränderungsbereitschaft von Beschäftigten stärken.

Hybride Verfahren sind seltener anzutreffen, obwohl ihnen meiner Meinung nach die Zukunft gehört. Als ein Vorreiter mag hier das von Volker Heyse und mir auf den Weg gebrachte Cekom-Verfahren angesehen werden, das inzwischen von je eigenständigen Zentren für Kompetenzbilanzierung in Mecklenburg-Vorpommern, Nordrhein-Westfalen, Sachsen, Berlin, Hessen und Baden-Württemberg vor allem im Unternehmensbereich eingesetzt wird. Es benutzt eine eigenständige Kombination aus qualitativen Instrumenten (Kompetenzbiografie analog der Europäischen Biografie, selbstfokussierte Kompetenzinterviews), unter Hinzunahme eigener quantitativer Verfahren (KODE®, KODE®X, PAS). Es stützt sich auf langjährige, international anerkannte wissenschaftliche Erfahrungen. Es ist auf die Ermittlung der Stärken der Bilanzierten gerichtet und versteht sich als Teil eines gezielten Stärkenmanagements. Die regionalen Zentren arbeiten in Deutschland in einem Qualitätsverbund zusammen. Der Nutzen für Arbeitgeber (vorausschauende, kompetenzorientierte Beschäftigungspolitik, individualisierte PE-Systeme, Erkennen von high potentials), für Arbeitnehmer (berufliche Weiterentwicklung, Laufbahngestaltung, Selbstmanagement und

Persönlichkeitsentfaltung) sowie für die Agenturen für Arbeit, für Bildungsanbieter u. a. ist inzwischen vielfach belegt. (vgl. Heyse/Erpenbeck 2007). Das Verfahren ist durch eine ausgefeilte Onlinesoftwarelösung gestützt (Buhr/Ortmann 2004 ff.).

Als ein weiterer Ansatz in dieser Richtung ist die ab 2008 laufende Kooperation von KODE® mit CH-Q (Calonder Gerster 2007) zu betrachten. Hier wird das KODE®-Verfahren, unter Hinzuziehung eines KODE®X-„Hintergrunds" (Berechnung einer Brücke zwischen KODE® und KODE®X, Auswahl von Kompetenzen und Kompetenzdefinitionen in den Einsatzunternehmen), benutzt. CH-Q bringt methodisch seine bewährten, nun aber zeitlich und thematisch durch KODE® fokussierten Techniken der Selbstbeurteilung, Selbsteinschätzung und Selbstreflexivität, des Empowerments durch Stärkung von Selbstbewusstsein, Selbstvertrauen und Selbstverantwortung ein. Damit lassen sich Aufgaben des Laufbahneinstiegs, der Laufbahngestaltung oder der Bewerbung auf neue Weise unterstützen und lösen.

Bei hybriden Verfahren muss die Dichotomie zwischen Exaktheit und Tiefe sorgfältig beachtet werden: Tests sind exakt, definiert, eindeutig, die Gütekriterien abschätzbar. Zugleich sind sich rasch ändernde Verhaltensweisen, tiefergehende Emotionen und Motive, selbstorganisative und kreative Verhaltensänderungen und innovative Leistungen aus der Analyse ausgeschlossen. Diese sind wiederum in qualitativen, biografischen, simulativen und beobachtenden Zugangsweisen viel eher und viel tiefer zu erfassen. Die über hundertjährige Dichotomie zwischen erklärender (nomothetischer, gesetzeswissenschaftlich vorgehender) und verstehender (idiografischer, beschreibender) Psychologie (Schmidt 1995) wird in der hybriden Kompetenzerfassung methodologisch aufgehoben. Es handelt sich um eine „Patchworkmethodologie" mit den typischen Charakteristika

- einer Einbeziehung des analysierten Subjekts,
- eines wissenschaftstheoretischen Pluralismus,
- einer multimethodalen Forschungsstrategie,
- einer Vielfalt der Untersuchungsteilnehmer,
- einer Einbeziehung von Veränderungsmessungen über die Zeit,
- eines Beachtens von kulturellen und anderen Kontextualisierungen sowie
- einer starken Berücksichtigung der Selbstreflexion.

Nicht die exaktesten und nicht die umfassendsten, am tiefsten lotenden, sondern die angemessensten, in kurzer Zeit bestmögliche Entscheidungshilfen liefernden Kompetenzerfassungsverfahren haben sich in der betrieblichen und pädagogischen Praxis durchgesetzt. Davon gehen hybride Kompetenzerfassungsverfahren aus.

Die großen Vorteile hybrider Verfahren sind: (i) die qualitative Erfassung bekommt ein quantitatives, objektivierendes Gerüst, (ii) die durch wenige Begriffe und Maßzahlen repräsentierte quantitative Erfassung bekommt durch die qualitative „Hinterlegung“ biografische Konkretheit und macht konkrete Veränderungsmöglichkeiten sichtbar, (iii) durch das Zusammenwirken der zeitlich meist kurzen quantitativen Verfahren und der sich meist über Tage hinstreckenden qualitativen Verfahren kommt ein für die Bilanzierten wie für die Bilanzierenden nützlicher Kompromiss zustande: Die Verfahrensdauer kann unter ca. drei, vier Stunden gedrückt werden, in diesem Zeitraum können reale Lebens- und Arbeitsumstände der Bilanzierten weitgehend berücksichtigt werden, zugleich ist er für die Bilanzierenden ökonomisch akzeptierbar und selbst in kleinen und mittleren Unternehmen zu verkraften, (iv) damit bleiben die Vorteile beider Verfahrenstypen erhalten, die Objektivität einerseits, die veränderte Sicht des Alltags, die positive Bekräftigung bisheriger Arbeits- und Lebensformen, aber auch notwendiger Veränderungsaktivitäten andererseits, (v) beide Teile hybrider Verfahren, der quantitative und der qualitative, können variabel miteinander kombiniert werden, sodass man die erfolgreichsten quantitativen mit den erfolgreichsten qualitativen Kompetenzmess- und Erfassungsmethoden kombinieren kann. Genau das ist die Grundlage der erwähnten Zusammenarbeit von KODE® und CH-Q.

8 Kompetenzerfassung im Unternehmen

Beruflich-betriebliche Kompetenzen werden für und in Unternehmen erfasst. Nach dem bisher Umrissenen ist kaum verwunderlich, dass die kompetente Kompetenzerfassung und das Management von Kompetenzen im Bereich moderner Unternehmen eine schnell zunehmende Rolle spielen. Das Erkennen, Verstehen, Messen und Managen von Kompetenzen wird zu einem immer wichtigeren Teil des betrieblichen Personalmanagements. Dieses wiederum fungiert als entscheidender Promotor und Motor modernen Kompetenzmanagements (Probst/Deussen/Eppler/Raub 2000; Grote/Kauffeld/Frieling 2006). Selbstorganisierte Kompetenzentwicklung wird zum Kern beruflicher Weiterentwicklung, gleichermaßen wichtig für die persönliche wie für die Unternehmensentwicklung insgesamt (Mertins/Döring-Katerkamp 2004).

Eine kompetene Kompetenzerfassung spielt aber auch deshalb eine schnell zunehmende Rolle, weil sie für die Bewertung der immateriellen Vermögenswerte in modernen Unternehmen immer wichtiger wird (Hasebrook/Zawacki-Richter/Erpenbeck 2004; Barthel/Erpenbeck/Hasebrook/Zawacki-Richter 2007). Vor allem international konkurrierende Unternehmen brauchen zukünftig Handlungsrichtlinien, mit deren Hilfe die Erfassung und Bewertung von Kompetenzen als wesentlichen Teilen der immateriellen Vermögenswerte in Wettbewerbsvorteile umgemünzt werden können. Die immateriellen Vermögenswerte bzw. das Wissenskapital beinhalten „das Wissen aller Organisationsmitglieder und die Fähigkeit des Unternehmens, dieses Wissen für die nachhaltige Befriedigung der Kundenerwartungen einzusetzen. Wissenskapital beinhaltet somit alle Wertschöpfungskomponenten, die durch die Maschen klassischer Rechnungslegungs- und Buchführungsvorschriften fallen und somit – bislang – unsichtbar sind." (REINHARDT 1998). Dieser steigenden Bedeutung von Kompetenzen tragen moderne Ansätze zur Bewertung von Unternehmen zunehmend Rechnung. Das International Accounting Standard Committee (IASC) hat einen Kompetenzen berücksichtigenden „International Accounting Standard on Intangible Assets" für die Kapitalbewertung börsennotierter Unternehmen verbindlich gemacht (IASB 2003). Ab 2005 übernahm die EU den IAS als verbindliche Form der Rechnungslegung für alle börsennotierten Unternehmen, nach deutschem Recht für sogenannte kapitalmarktorientierte Unternehmen (ZAWACKI-RICHTER/HASEBROOK/BARTHEL 2004). Folgerichtig prognostizierten führende amerikanische Ökonomen des COUNCIL OF COMPETITIVENESS, dass die Entwicklung der Kompetenzen von Arbeitnehmern zum wichtigsten Wettbewerbsfaktor der nächsten Jahre würde und in einem „skills race" mündet (COUNCIL OF COMPETITIVNESS 1998). Das steht in völliger Übereinstimmung mit dem bereits erwähnten Ergebnis der Boston Consulting Group, das die Wichtigkeit des Talentmanagements für den Zeitraum bis 2015 an die erste Stelle rückt.

Die Erfassung von Kompetenzen und ihrer lernkulturellen Voraussetzungen in Unternehmen – und nicht nur in Schulen und Universitäten – ist somit kein Randthema der gegenwärtigen Kompetenzdiskussionen, sondern stößt ins Zentrum künftiger innovativer Arbeitsgestaltung in Deutschland vor. Um diese Kompetenzerfassung im betrieblich-beruflichen Bereich zu gewährleisten, ist es notwendig, sich klarzumachen, wie Unternehmenskultur, Lernkultur und Kompetenzentwicklung miteinander zusammenhängen (SONNTAG/SCHAPER 2006 entwickelten dazu ein „Lernkulturinventar"). Weiterhin ist zu fragen, wie die Kompetenzen und die entsprechenden Kompetenzerfassungsinstrumente etwa auf den Ebenen Individuum, Gruppe, Organisation und Netzwerk verflochten sind und wie man daraus eine kompetente Kompetenzerfassung für den beruflich-betrieblichen Bereich ableiten kann (PAWLOWSKY/MENZEL/WILKENS 2005). Besonders moderne Assessments sind auf ihre „Kompetenzhaltigkeit" hin abzuklopfen (WOLF 1995; Wildenmann Consulting 2005). Schließlich sind daraus sehr praktische Analysen- und Trainingsmethoden abzuleiten (NORTH/FRIEDRICH/LANTZ 2005).

Auf eine ganz andere Weise grundlegend ist ein von Thomas LANG-VON WINS, Ursula Gisela BARTH, Andrea SANDOR und Claas TRIEBEL formulierter Ansatz. Sie spürten den „impliziten Theorien von Kompetenzen messenden Praktikern" nach: Nicht um billig nachzuweisen, dass Praktiker Fehler machen, sondern um deren implizite Theorien aufzufinden, sie hinterfragbar und überprüfbar zu machen. Dem Glauben an die Objektivität, Reliabilität und Validität von Kompetenzmessungen, der klassischen Eignungsdiagnostik entlehnt, wird damit ein kräftiger Dämpfer verpasst. Aber nicht um diese Forderungen für sinnlos zu erklären, sondern um zu verstehen, was Personalpraktiker unter realen Bedingungen, in realen Unternehmen, unter realer Zeitnot wirklich betreiben, wenn sie Kompetenzdiagnosen zu stellen veranlasst sind. Ziel der Untersuchungen war es, eine „lernende Kompetenzbeurteilung“ im Unternehmen zu entwickeln, die in einem intensiven Dialog der Personalpraktiker deren Beurteilungskompetenz erhöht, ohne ihre bisherigen Erfahrungen und Intentionen geringzuschätzen. Gelungen ist es den Autoren und Autorinnen, Möglichkeiten zu finden, um implizite Kompetenzkonstrukte von Personalpraktikern einer bewussten Reflexion zugänglich zu machen, zugleich aber die Qualitätskriterien für ein Kompetenzbeurteilungsverfahren aus Sicht dieser Personalpraktiker zu erfassen. Das ist eine wichtige Vorbedingung zum operativen Einsatz jeglicher Kompetenzmess- und Zertifizierungsverfahren – auch im beruflich-betrieblichen Bereich.

Als Fazit ergibt sich:

- Man kann deutlich eine Kognitionsrichtung und eine Performanzrichtung der Kompetenzforschung unterscheiden. Für den beruflich-betrieblichen Bereich sind die Forschungsergebnisse der Performanzrichtung wesentlich, die der Kognitionsrichtung eher Voraussetzungs- und Ergänzungsmaterial.
- Die Suchstrategie der Performanzrichtung ist, bei allen Schwierigkeiten, die dies mit sich bringt, auf eine Sachsuche gerichtet, der „Allianz der Laternensucher“ steht man eher skeptisch gegenüber.
- Drei Argumente – das Marktwertargument, das Talentargument, das Nichtimitierbarkeitsargument – zeigen, dass die Entscheidung für die Performanzrichtung beträchtliche bildungspolitische, politische und ökonomische Folgen hat und dem Standort Deutschland guttut.
- Zudem erweist sich, dass die Betonung des Performanzaspekts eng mit fundamentalen Änderungen unseres Weltverständnisses, dem zunehmenden Verständnis von Selbstorganisation und Komplexität und dem endgültigen Abschied von mechanistischem Denken zusammenhängt.
- Von diesen theoretischen Überlegungen aus lässt sich zusammentragen, welche Kompetenzen prinzipiell zu erfassen sind und mit welchen Techniken, Methoden und Verfahren sich dies bewältigen lässt.
- Eine besondere Rolle spielt die Unterscheidung quantitativer, qualitativer und hybrider Kompetenzerfassungsmethoden, wobei Letztere durch die sie tragende Dichotomie von methodischer Exaktheit und lebensweltlicher Tiefe und durch die dadurch ermöglichte wirtschaftlich akzeptable Kürze der Verfahren besonders aussichtsreich erscheinen.
- Perspektivisch erscheint es wichtig, die umrissenen Forschungsergebnisse, die angedeuteten Kompetenzmess- und -erfassungsmethoden, insbesondere die neu entwickelten hybriden, in Unternehmen und Organisationen ebenso wie im Bereich der beruflich-betrieblichen Kompetenzentwicklung verstärkt einzusetzen.

Will Deutschland als Wirtschaftsstandort weiterhin eine führende Rolle spielen, will es helfen, das Ziel der Lissabonner Beschlüsse (2000) zu realisieren, wonach die Europäische Union bis zum Jahr 2010 zum dynamischsten und wettbewerbsfähigsten Wirtschaftsraum der Welt werden soll, muss es sich von einer Wissensgesellschaft zu einer Kompetenzgesellschaft wandeln (vgl. Mittelstrass 1999). Dazu bedarf es unter anderem einer fundierten Kompetenzmessung und -erfassung im beruflich-betrieblichen Bereich.

Literatur

Abelson, R. P.: Computer simulation of "hot" cognition. In: Tomkins, Silvan S.; Messick, Samuel (Hrsg.), Computer Simulation of Personality. New York 1963

Ant, Marc: Die Auswirkung von Kompetenzbilanzen auf das Selbstwertgefühl von Arbeitslosen. Luxemburg 2004

Arnold, Rolf: Die emotionale Konstruktion der Wirklichkeit. Beiträge zu einer emotionspädagogischen Erwachsenenbildung. Hohengehren 2005

Arnold, Rolf: Ich lerne, also bin ich. Eine systemisch-konstruktivistische Didaktik. Heidelberg 2007

Arnold, Rolf; Holzapfel, Günter (Hrsg.): Emotionen und Lernen. Die vergessenen Gefühle in der (Erwachsenen-)Pädagogik. Hohengehren 2008

Arnold, Rolf; Siebert, H.: Konstruktivistische Erwachsenenbildung. Hohengehren 1995

Barthel, Erich; Erpenbeck, John; Hasebrook, Joachim; Zawacki-Richter, Olaf (Hrsg.): Kompetenzkapital heute. Wege zum Integrierten Kompetenzmanagement. Frankfurt am Main 2007

Bauer, Hans G.: Erlebnis- und Abenteuerpädagogik. Eine Entwicklungsskizze. 6. Auflage München, Mering 2001

Bauer, Hans G.; Böhle, Fritz; Munz, Claudia u. a.: Hightech-Gespür. Erfahrungsgeleitetes Arbeiten und Lernen in hoch technisierten Arbeitsbereichen. Bonn 2002

Bergmann, Gustav; Daub, Jürgen; Meurer, Gerd: Die absolute Kompetenz. Von der Kompetenz zur Metakompetenz. Siegen 2003

Böhle, Fritz; Bolte, Annegret: Die Entdeckung des Informellen. Der schwierige Umgang mit Kooperation im Arbeitsalltag. Frankfurt am Main/New York 2002

Böhle, Fritz; Weihrich, Margit (Hrsg.): Handeln unter Unsicherheit. Wiesbaden 2008

Buhr, Steffen; Ortmann, Stefan: KomBilanz – Software zur Kompetenzbilanzierung. In: Heyse, Volker; Erpenbeck, John; Max, Horst (Hrsg.): Kompetenzen erkennen, entwickeln, bilanzieren. Münster 2004

Calonder Gerster, Anita E.: Das CH-Q Kompetenz-Management-Modell. In: Erpenbeck, John, Rosenstiel, Lutz von (Hrsg.): Handbuch Kompetenzmessung. Erkennen, verstehen und bewerten von Kompetenzen in der betrieblichen, pädagogischen und psychologischen Praxis. Stuttgart 2007, S. 719–736

Chomsky, Noam: Explanatory Models in Linguistics. In: Nagel, Ernest; Suppes, Patrick; Tarski, Alfred (Hrsg.): Logic, Methodology and Philosophy of Science. Stanford, Calif. 1962

Chomsky, Noam: Aspekte der Syntaxtheorie, Frankfurt am Main. 1971

Council of Competitivness: Winning the Skills Race. Washington 1998

DFG Schwerpunktprogramm 1293 „Kompetenzmodelle zur Erfassung individueller Lernergebnisse und zur Bilanzierung von Bildungsprozessen"

Erpenbeck, John; Rosenstiel, Lutz von (Hrsg.): Handbuch Kompetenzmessung. Erkennen, verstehen und bewerten von Kompetenzen in der betrieblichen, pädagogischen und psychologischen Praxis. Stuttgart 2003, ²2007

Erpenbeck, John; Heyse, Volker: Die Kompetenzbiografie. Wege der Kompetenzentwicklung. Münster/New York/München/Berlin 1999, ²2007

Erpenbeck, John; Weinberg, Johannes: Menschenbild und Menschenbildung. Bildungstheoretische Konsequenzen der unterschiedlichen Menschenbilder in der ehemaligen DDR und in der heutigen Bundesrepublik. Beiträge zur Entwicklung effektiver Qualifikationsstrukturen. Münster/New York 1993

Garcia, Susana: Kompetenzbilanzierung. Diplomarbeit, Zürich 2002

Geldermann, Brigitte; Seidel, Sabine; Severing, Eckart: Rahmenbedingungen zur Anerkennung informell erworbener Kompetenzen in der Berufsbildung. Nürnberg/Hannover 2008

Gieseke, Wiltrud: Lebenslanges Lernen und Emotionen: Wirkungen von Emotionen auf Bildungsprozesse aus beziehungstheoretischer Perspektive. Bielefeld 2007

Gigerenzer, Gerd: Bauchentscheidungen. Die Intelligenz des Unbewussten und die Macht der Intuition. München 2008

Gnahs, Dieter: Kompetenzen – Erwerb, Erfassung, Instrumente. Bielefeld 2007

Gnahs, Dieter; Ness, Harry; Schrader, J. (Hrsg.): Machbarkeitsstudie im Rahmen des BLK-Verbundprojektes „Weiterbildungspass mit Zertifizierung informellen Lernens". Frankfurt am Main 2003

Grote, Sven; Kauffeld, Simone; Frieling, Ekkehart: Kompetenzmanagement. Grundlagen und Praxisbeispiele. Stuttgart 2006

Gruber, Hans: Erfahrung als Grundlage kompetenten Handelns. Bern 1999

Gruber, Hans; Ziegler, Albert: Expertiseforschung. Wiesbaden 1996

Haase, Klaudia: Statusberichte Monitoring Grundlagenforschung Kompetenzmessung, Berlin lfd. 2000–2006 – URL: www.abwf.de (Stand: 02.03.2009)

Haasler, Bernd; Schnitger, Meike; Rauner, Felix: Kompetenzbilanzen. Europäische Ansätze – eine Untersuchung aus dem Anwendungsfeld der Vermittlung Arbeitssuchender. In: Quem, edition (Hrsg.): Kompetenzen bilanzieren. Auf dem Weg zu einer europaweiten Kompetenzerfassung. Münster/New York/München/Berlin 2006

Hasebrook, Joachim; Zawacki-Richter, Olaf; Erpenbeck, John (Hrsg.): Kompetenzkapital. Verbindungen zwischen Kompetenzbilanzen und Humankapital. Frankfurt am Main 2004

Heyse, Volker; Ortmann, Stefan: TalentManagement in der Praxis – Mit Arbeitsblättern, Checklisten, Softwarelösungen, Münster/New York/München/Berlin 2008

Heyse, Volker; Erpenbeck, John (Hrsg.): Kompetenzmanagement. Methoden, Vorgehen, KODE® und KODE®X im Praxistest. Münster/New York/München/Berlin 2007

HEYSE, Volker; ERPENBECK, John: Kompetenztraining. 64 Informations- und Trainingsprogramme. Stuttgart 2004

HEYSE, Volker; ERPENBECK, John; MICHEL, Lutz: Kompetenzprofiling. Weiterbildungsbedarf und Lernformen in Zukunftsbranchen. Münster/New York/München/Berlin 2002

IASB (Hrsg.): Abbreviated International Financial Reporting Standards 2003 (IAS 1 to IAS 41). London 2003

KAPPELHOFF, Peter: Kompetenzentwicklung in Netzwerken. Die Sicht der Komplexitäts- und allgemeinen Evolutionstheorie. Berlin 2004

KAUFFELD, Simone: Kompetenzen messen, bewerten, entwickeln: Ein prozessanalytischer Ansatz für Gruppen. Stuttgart 2006

KLIEME, Eckhard u. a.: Möglichkeiten und Voraussetzungen technologiebasierter Kompetenzdiagnostik. Bonn/Berlin 2007

KOMMISSION DER EUROPÄISCHEN GEMEINSCHAFTEN: Auf dem Weg zu einem europäischen Qualifikationsrahmen für lebenslanges Lernen. Arbeitsunterlage der Kommissionsdienststellen, Brüssel 2005

LANDESINSTITUT FÜR QUALIFIZIERUNG NRW: Talentkompass, Hagen 2006

LANG-VON WINS, Thomas; BARTH, Ursula Gisela; SANDOR, Andrea; TRIEBEL, Claas: Grundlagen einer lernenden Kompetenzbeurteilung in Unternehmen. In: QUEM (Hrsg.): Kompetenzmessung in Unternehmen. Münster/New York/München/Berlin 2005, S. 453–600

LANG-VON WINS, Thomas; TRIEBEL, Claas: Kompetenzorientierte Laufbahnberatung, Heidelberg 2006

MAYRING, Philipp: Qualitative Inhaltsanalyse. Grundlagen und Techniken. Weinheim/Basel ^{8}2003

MERTENS, Dieter: Schlüsselqualifikationen. Thesen zur Schulung für eine moderne Gesellschaft. In: Institut für Arbeitsmarkt- und Berufsforschung (Hrsg.): Mitteilungen aus der Arbeitsmarkt- und Berufsforschung, 7 (1974) 1 Nürnberg

MERTINS, Kai; DÖRING-KATERKAMP, Uwe (Hrsg.): Kompetenzmanagement – Der Faktor Mensch entscheidet! Eine gemeinsame Studie des Fraunhofer IPK und des Instituts für angewandtes Wissen iaw. Berlin/Köln 2004

MITCHELL, Sandra: Komplexitäten. Warum wir erst anfangen, die Welt zu verstehen. Frankfurt am Main 2008

MITTELSTRASS, Jürgen: Lernkultur – Kultur des Lernens. In: Kompetenz für Europa: Wandel durch Lernen – Lernen im Wandel. Referate auf dem internationalen Fachkongress Berlin. QUEM-report 60, Berlin 1999, S. 49–63

NONAKA, Ikujiro; TAKEUCHI, Hirotaka: Die Organisation des Wissens. Frankfurt am Main/New York 1997

NORTH, Klaus; FRIEDRICH, Peter; LANTZ, Annika: Kompetenzentwicklung zur Selbstorganisation. In: QUEM (Hrsg.): Kompetenzmessung in Unternehmen. Münster/New York/München/Berlin 2005, S. 601–672

OSTERLOH, Margit: Wettbewerbsfähigkeit in der Wissensgesellschaft oder: Können Organisationen lernen? In: QUEM (Hrsg.): Arbeiten und Lernen. Lernkultur Kompetenzentwicklung und Innovative Arbeitsgestaltung. Berlin 2001

OSTERLOH, Margit; WÜBKER, Sigrid: Wettbewerbsfähiger durch Prozess- und Wissensmanagement. Mit Chancengleichheit auf Erfolgskurs. Wiesbaden 1999

PAWLOWSKY, Peter; MENZEL, Daniela; WILKENS, Ulla: Wissens- und Kompetenzdiagnostik in Organisationen. In: QUEM (Hrsg.): Kompetenzmessung in Unternehmen. Münster/New York/München/Berlin 2005, S. 341–452

PROBST, Gilbert J. B.; DEUSSEN, Arne; EPPLER, Martin J.; RAUB, Steffen P.: Kompetenzmanagement. Wie Individuen und Organisationen Kompetenzen entwickeln. Wiesbaden 2000

PROJEKTTEAM: Weiterbildungspass mit Zertifizierung informellen Lernens. Machbarkeitsstudie im Rahmen des BLK-Verbundprojekts, Berlin 2004

QUEM (Hrsg.): Was kann ich wissen? Theorie und Geschichte von Lernkultur und Kompetenzentwicklung. Berlin 2003

QUEM (Hrsg.): Kompetenzmessung im Unternehmen. Lernkultur- und Kompetenzanalysen im betrieblichen Umfeld. Münster/New York/München/Berlin 2005

QUEM (Hrsg.): Kompetenzentwicklung 2006. Das Forschungs- und Entwicklungsprogramm „Lernkultur Kompetenzentwicklung" Ergebnisse – Erfahrungen – Einsichten. Münster/New York/München/Berlin 2006

QUEM (Hrsg.): Internationales Monitoring Kompetenzmessung, lfd. ab 2001 – URL: www.abwf.de (Stand: 02.03.2009)

QUEM, edition Bd.20: Kompetenzen bilanzieren. Auf dem Wege zu einer europaweiten Kompetenzerfassung. Münster/New York/München/Berlin 2006

RAUNER, Felix: Praktisches Wissen und berufliche Handlungskompetenz. ITB Forschungsberichte 14/2004

RAUNER, Felix: Qualifizierungsforschung und Curriculum. Bielefeld 2004

REINHARDT, Rüdiger: Das Management von Wissenskapital. In: PAWLOWSKY, Peter (Hrsg.): Wissensmanagement. Erfahrungen und Perspektiven. Wiesbaden 1998, S. 152–153

REISENZEIN, Rainer; SCHÜTZWOHL, Achim; MEYER, Wulf-Uwe: Einführung in die Emotionspsychologie. Bd.3, Kognitive Emotionstheorien. Bern 2008

SAUER, Johannes: Transformation beruflicher Weiterbildung – Infrastrukturen für neue Lernkulturen. Von einer Weiterbildungspolitik zur Lernkulturpolitik. In: QUEM (Hrsg.): Kompetenzentwicklung 2002. Münster/New York/München/Berlin 2002, S. 435–472

SCHMIDT, Nicole D.: Philosophie und Psychologie. Trennungsgeschichte, Dogmen und Perspektiven. Reinbek 1995

SCHMIDT, Siegfried J.: Lernen, Wissen, Kompetenz. Vorschläge zur Bestimmung von vier Unbekannten. Heidelberg 2005

SONNTAG, Karlheinz; SCHAPER, Niclas; FRIEBE, Judith: Erfassung und Bewertung von Merkmalen unternehmensbezogener Lernkulturen. In: QUEM (Hrsg.): Kompetenzmessung in Unternehmen. Münster, New York, München, Berlin 2005, S. 19–340

STRUCK, Peter: Die 15 Gebote des Lernens. Darmstadt 2007

SYDOW, Jörg; DUSCHEK, Stephan; MÖLLERING, Guido; ROMETSCH, Markus: Kompetenzentwicklung in Netzwerken. Wiesbaden 2003

THE BOSTON CONSULTING GROUP: The Future of HR in Europe. Key Challenges Trough 2015. Düsseldorf/Paris 2007

VEITH, Hermann: Kompetenzen und Lernkulturen. Zur historischen Rekonstruktion moderner Bildungsleitsemantiken. Münster/New York/München/Berlin 2003

WILDEMANN CONSULTING, Karlsbad: Die Kompetenzhaltigkeit moderner betrieblicher Assessments. In: QUEM (Hrsg.): Kompetenzmessung in Unternehmen. Münster, New York, München, Berlin 2005, S. 723–760

WILKENS, Ulla; GRÖSCHKE, Daniela: Kompetenzbeziehungen und Kompetenznutzung im Wissenschaftssystem – Theoretische Überlegungen und empirische Einblicke. In: BARTHEL, Erich; ERPENBECK, John; HASEBROOK, Joachim; ZAWACKI-RICHTER, Olaf (Hrsg.): Kompetenzkapital heute. Wege zum Integrierten Kompetenzmanagement. Frankfurt am Main 2007, S. 269–292

WISSENSBILANZ MADE IN GERMANY: Dokumentation Nr. 536 des BmfWA. Leitfaden 1.0 zur Erstellung einer Wissensbilanz. Berlin 2005

WOLF, Alison: Competence-Based Assessment (Assessing Assessment). New York 1995

WUNDERER, Rolf; BRUCH, Heike: Umsetzungskompetenz. Diagnose und Förderung in Theorie und Praxis, München 2000

ZAWACKI-RICHTER, Olaf; HASEBROOK, Joachim; BARTHEL, Erich: Kompetenzen als immaterielle Vermögenswerte in Betrieben. QUEM-Bulletin (2004) 2, S. 23 ff.

Autor

Prof. Dr. John Erpenbeck (Steinbeis-Hochschule Berlin)
Fritz-Erpenbeck-Ring 10
13156 Berlin
Tel.: 030/4772211
Fax: 030/4772541
john.erpenbeck@gmx.de

Eckart Severing

Zertifizierung informell erworbener beruflicher Kompetenzen

Abstract

Ausweitungen und Änderungen der Qualifikationsanforderungen in der Arbeitswelt haben veränderte Formen des Aufbaus und Erhalts berufsrelevanter Kompetenzen zur Folge. Erfahrungswissen, selbstorganisiertes Lernen und informell erworbene Kompetenzen gewinnen an Bedeutung. Das deutsche Zertifikats- und Anerkennungswesen jedoch trägt diesem Wandel bisher wenig Rechnung. Zur Dokumentation beruflicher Kompetenzen führen in Deutschland bisher fast ausschließlich der formelle Bildungsgang und dessen Zertifizierung. Standardisierte Zertifikate für die formale Bildung stehen zur Verfügung, sind den Akteuren des Arbeitsmarktes bekannt und ausreichend differenziert. Diese Qualifikationsnachweise beruhen auf formalisierten Bildungsgängen und Prüfungen, die jedoch angesichts sich schneller wandelnder Anforderungen in der Berufs- und Arbeitswelt als Basis für die Personalauswahl von Unternehmen allein nur begrenzte Aussagekraft haben. Lernen, das sich unterhalb der formalisierten Bildung in offenen Kontexten vollzieht, wird hingegen nur in geringem Maße dokumentiert und sehr selten zertifiziert. Eine weitergehende Zertifizierung dieses informellen Lernens im Sinne des Erwerbs von Berechtigungen im Bildungs- und Beschäftigungssystem ist in Deutschland selten. Die wenigen bestehenden Möglichkeiten werden zudem kaum wahrgenommen. Aufgrund seiner Individualität und Kontextbezogenheit lässt sich informelles Lernen nur über die Lernergebnisse, nicht jedoch über den Lernweg mit dem Lernen in formalen Bildungsgängen vergleichbar machen. Erst die berufliche Kompetenz, zu der sowohl formale wie informelle Lernprozesse beitragen, bildet die Grundlage einer vergleichenden Beurteilung und Zertifizierung von auf formalen wie informellen Wegen erworbenen beruflichen Kenntnissen und Fertigkeiten.

1 Stagnation der Beteiligung an beruflicher Weiterbildung

Das Ideal der beruflichen Erstausbildung, möglichst viel von dem Wissen und den Kompetenzen, die im Lebensberuf benötigt werden, vor dem Berufseinstieg zu vermitteln, entstammt noch einer bildungspolitischen Vorstellung der Facharbeitsgesellschaft der 60er- und 70er-Jahre; es wird in dem Maße obsolet, in dem das berufliche Wissen in schnelleren Zyklen umschlägt. Eine bildungspolitische Devise ist daher, die berufliche Erstausbildung zu straffen und sie eher auf die Vermittlung langfristig nutzbarer Kompetenzen zu konzentrieren und im Gegenzug das Lernen im gesamten Berufsverlauf auszuweiten.

Gerade bei der Beteiligung der Erwachsenen am beruflichen Lernen ist Deutschland allerdings im internationalen Vergleich deutlich zurückgefallen. Deutschland liegt bei der Stundenzahl beruflicher Weiterbildung nur noch im Mittelfeld der OECD-Staaten. In deutlichem Kontrast zu einer ungebrochen inflationären bildungspolitischen Rhetorik zum lebenslangen Lernen ging die Beteiligung an beruflicher Weiterbildung in Deutschland von 1997 bis 2003 stark zurück und stagnierte dann bis 2007. Im Detail: Einem Anstieg der Teilnahmequote an beruflicher Weiterbildung (das ist: der Anteil der Personen, die in den letzten 12 Monaten an Kursen oder anderen Veranstaltungen der beruflichen Weiterbildung teilgenommen haben) in der ersten Hälfte der 90er-Jahre folgte ein starker Rückgang im Osten (von 37 % 1997 auf 26 % 2003) und ein immer noch deutlicher Rückgang im Westen (auf ebenfalls 26 % 2003). (Kuwan/Thebis 2005, S. 22). Von 2003 bis 2007 blieb die Beteiligungsquote bei 26 % stehen (von Rosenbladt/Bilger 2008, S. 12).

Im europäischen Vergleich (EU-15) ist Deutschland damit auf den fünftletzten Platz zurückgefallen (Eurostat Arbeitskräfteerhebung 2003, zitiert nach: Konsortium 2008, S. 126). Auch die aktuelle OECD-Bildungsstudie weist aus, dass die Teilnahmequote an formaler Weiterbildung in Deutschland mit 12 % deutlich geringer ist als im OECD-Durchschnitt (18 %) (OECD 2006).

Die Weiterbildungsquote hängt zudem stark von der beruflichen Vorbildung ab: 39 % der Hochschulabsolventinnen und -absolventen, nur 18 % der Absolventinnen und Absolventen einer dualen Ausbildung oder einer Berufsfachschule und nur noch 7 % derjenigen, die keine Berufsausbildung abschlossen haben, nahmen 2003 an beruflicher Weiterbildung teil (Kuwan/Thebis 2005, S. 29; vgl. mit ähnlichen Befunden auch von Rosenbladt/Bilger 2008, S. 12). Wenn diese hohe Selektivität bestehen bleibt, werden sich in Zukunft noch gravierendere Probleme ergeben, weil Jugendliche mit schlechteren allgemeinbildenden Schulabschlüssen überwiegend vom Zugang in die Berufsausbildung ausgeschlossen sind und in besonderem Maße auf Lernchancen im weiteren Berufsleben angewiesen wären: In Warteschleifen und Ausbildungsvorbereitungsmaßnahmen münden vor allem Jugendliche ohne Hauptschulabschluss. Fast 50 % der Aspiranten auf eine duale Berufsausbildung besuchen Praktika oder Ausbildungsvorbereitungsmaßnahmen, werden ohne abgeschlossene Ausbildung arbeitslos oder als An- und Ungelernte erwerbstätig (Konsortium 2006, S. 83; Euler/Severing 2006, S. 71).

2 Berufliches Lernen und berufliche Weiterbildung

Vielfach wird aus dem Rückgang der Weiterbildungsbeteiligung in Deutschland die Forderung abgeleitet, dass die Weiterbildung zum einen besser vermarktet und besser gefördert und zum anderen strukturell nach dem Vorbild der beruflichen Erstausbildung institutionalisiert werden müsse. Diese Konsequenzen sind nur auf den ersten Blick richtig; sie vernachlässigen, dass berufliches Lernen und Weiterbildung auseinanderfallen. Durch ein einfaches Mehr an landläufigen Formen der organisierten Weiterbildung ist das Problem nicht nur wegen der begrenzten Ressourcen der staatlichen Bildungsförderung nicht zu lösen.

Die Bildungsstatistik neigt dazu, vor allem solche Formen des beruflichen Lernens zu erfassen, die messbar und zählbar sind (vgl. Grünewald u. a. 1998). Sie richtet ihren Blick daher vor allem auf das formalisierte Weiterbildungsgeschehen und weniger auf offene, informelle Varianten des beruflichen Lernens.

Während die berufliche Weiterbildung in Lehrgängen und Seminaren stagniert, weisen viele Befunde darauf hin, dass sich das informelle berufliche Lernen relativ zum formalisierten Lernen ausweitet. Der regelmäßig im Auftag des BMBF durchgeführten Erhebung zum Weiterbildungsverhalten in Deutschland (BSW-AES 2007) ist zu entnehmen, dass der Stagnation der kursförmigen beruflichen Weiterbildung ein deutlicher Zuwachs des informellen Lernens gegenübersteht. In der Erhebung werden verschiedene arbeitsplatznahe Formen der beruflichen Qualifizierung als „informelle berufliche Weiterbildung" erfasst. Der Anteil der Erwerbstätigen, die in den letzten 12 Monaten an mindestens einer dieser Formen teilgenommen haben, betrug in der aktuellen Erhebung 2007 68 % gegenüber 61 % drei Jahre zuvor. Autodidaktisch hatten 39 % der Befragten gegenüber 35 % drei Jahre zuvor gelernt (von Rosenbladt/Bilger 2008, S. 18). Die Reichweite der informellen Weiterbildung liegt damit wesentlich höher als die Teilnahmequote an Lehrgängen und Seminaren (Kuwan u. a. 2003, S. 185). Auch in der betrieblichen Bildung überwiegt das informelle Lernen gegenüber dem formellen: 78,5 % der Unternehmen setzen auf Lernen am Arbeitsplatz, Informationsveranstaltungen und mediengestütztes Lernen, 76,3 % finanzieren eigene oder externe Kurse und Seminare (Lenske/Werner 2009).

Das Zentrum des Innovationsgeschehens in der beruflichen Weiterbildung liegt heute außerhalb des institutionalisierten Bildungswesens. Im Mittelpunkt stehen selbstständigere Formen des Wissenserwerbs wie das Lernen am Arbeitsplatz oder offene Lernformen mit neuen Medien. Aus berufspädagogischer Sicht wird erwartet, dass auf diese Weise zwar weniger systematisch als in Lehrgängen und Seminaren, dafür aber authentischer, daher nachhaltiger und problemorientierter gelernt werden kann. Aus bildungsökonomischer Sicht wird erwartet, dass die in der institutionellen Weiterbildung notwendigerweise bestehende Kluft zwischen den Inhalten vorausgeplanter Curricula und den konkreten Anforderungen an komplexen Arbeitsplätzen beim selbstständigen, situativen Lernen weitgehend geschlossen werden könne und daher Fehlplanungen und teures „Lernen auf Vorrat“ vermieden werden könnten. Die selbstständigen Formen des Lernens bewegen sich in dem Spektrum von neuen arbeitsgebundenen Lernformen wie Qualitätszirkeln, Lerninseln und Onlinecommunities bis zum informellen Lernen in Arbeits- und Sozialformen wie Gruppenarbeit und Communities of Practice (Dehnbostel/Severing 2004).

In den vergangenen Jahren hatten sich Konzepte des informellen Lernens gleichsam polemisch gegen die etablierte, institutionalisierte Weiterbildung gestellt. Eine Abgrenzung zwischen „alten Bildungseinrichtungen“ und „neuen Lernkulturen“ schien berechtigt, weil die Bildungsinstitutionen bzw. ihre Verbände häufig Strategien der Konservierung des lehrgangsförmigen Normalgeschäfts und – in der Berufsausbildung – der Zementierung vorgängiger ordnungspolitischer Rahmenbedingungen verfolgten. Ihr Zertifizierungsmonopol nutzen viele Bildungseinrichtungen, um dem Modernisierungsdruck auf ihre Lehrmethoden standhalten zu können. Zur Stabilisierung überkommener Lehr- und Lernformen in der institutionalisierten Berufsbildung gegen außerinstitutionelle, dezentrale Lernformen und informelles Lernen trägt auch bei, dass die öffentlichen Subventionsgeber wie betriebliche Kostenrechner ihre Budgetierungen regelmäßig mit dem Nachweis lehrgangsbezogener Kennzahlen (Teilnehmerstundenzahlen, Seminargrößen etc.) verknüpfen. Dezentrale Lernformen und informelle, erfahrungsbezogene Lernkonzepte entwickelten sich daher weitgehend außerhalb und unabhängig von der Kulisse der Bildungsträger, Hochschulen und betriebliche Bildungsabteilungen und haben ihre Praxis nur peripher – etwa in innovativen Einrichtungen und Modellprojekten – berührt.

3 Die Zertifizierung informellen Lernens

Darüber ist eine eigenartige Dichotomie entstanden: Auf der einen Seite findet berufliches Lernen überwiegend in informellen Kontexten statt. Auf der anderen Seite besteht eine Infrastruktur, die den Erwerb beruflicher Kompetenzen förderfähig, transparent und auf den Arbeitsmärkten verwertbar macht, fast ausschließlich für die formalisierte Weiterbildung.

Damit bleiben der Umfang und die Produktivität informellen beruflichen Lernens gegenüber ihren Potenzialen deutlich beschränkt. Eine Infrastruktur für die Erfassung und Anerkennung informell erworbener Kompetenzen ist erst noch zu entwickeln. Dafür sind in der Vergangenheit vor allem zwei Konzepte vorgeschlagen worden: zum einen die Öffnung der Zugänge zur Zertifizierung formalen Lernens für Externe, zum anderen der Aufbau eigenständiger Transparenz- und Zertifizierungsinstitutionen für informelles Lernen. Beide Konzepte bringen Probleme mit sich:

- Prüfungsformen und Zertifizierungsstandards der formalen Bildung entsprechen ihren Organisations- und Vermittlungsformen: In mehr oder weniger standardisierten Curricula wird berufliches Wissen erworben, welches in Prüfungen reproduzierbar ist und dann mit standardisierten Zertifikaten nachgewiesen werden kann. Der Vorsatz, informell erworbene Kompetenzen mit Zertifikaten der formalen Bildung zu validieren, führt zwei Welten des Lernens zusammen, die sich in grundsätzlicher Weise unterscheiden. In vielerlei Hinsicht sind Zertifikate der institutionellen Bildung mit dem informellen Lernen nicht kommensurabel: Es folgt eben keinen curricularen Standards, die sich in einem fixierten Kanon zur prüfender Inhalte niederschlagen könnten. Bildungsgänge können auf den Erwerb von Prüfungswissen hin optimiert sein; das berufliche informelle Lernen ist es nicht. Es vollzieht sich in der Regel individuell und ist in seinem Verlauf nur selten planbar. Auch wenn Lernen im Arbeitsprozess berufliche Handlungskompetenz zum Ergebnis hat – auf deren Dokumentation schließlich auch die reguläre Ausbildungsprüfung oder berufsorientierte Hochschulabschlussprüfung abzielt – lässt sie sich in einer Prüfung, die in der Regel bereits aus Gründen der Prüfungsökonomie und der Vergleichbarkeit von Prüfungsleistungen weitgehend auf die Reproduktion von Fachwissen abgestellt ist, nicht immer unter Beweis stellen.
- Vielfach ist daraus der Schluss gezogen worden, dass auf in der formalen Bildung übliche Formen der Zertifizierung von informell erworbenen beruflichen Kompetenzen ganz verzichtet werden sollte und stattdessen ausschließlich auf Transparenzinstrumente gesetzt werden sollte, die Gelerntes für Dritte in offener Weise dokumentieren. Damit wird allerdings die Verwertbarkeit des informellen Lernens in grundsätzlicher Weise eingeschränkt: Weder eröffnet es weiterführende Bildungsgänge im formalen Bildungssystem, noch verbessert es Beschäftigungschancen in gleicher Weise wie die Zertifikate der formalen Bildung. Andere Vorschläge gingen dahin, neben den etablierten Strukturen von Zertifizierungsinstitutionen der beruflichen Bildung neue Einrichtungen aufzubauen, die sich in besonderer und möglicherweise angemessenerer Weise mit der Prüfung der Ergebnisse informellen Lernens befassen sollten. Eine Reihe von Initiativen und Projekten hat Verfahren einer eigenständigen Dokumentation und Zertifizierung informellen Lernens vorgelegt. Solche Verfahren sind aber nicht nachhaltig wirksam: Es fehlt ihnen an Bezug auf die im Arbeitsmarkt etablierten Standards des formalen Bildungssystems (GELDERMANN/SEIDEL/SEVERING 2009).

Dieser Beitrag folgt daher keinem dieser beiden Konzepte: An den Resultaten von Lernprozessen – an Kenntnissen, Fertigkeiten und Kompetenzen – ist die Art und Weise ihres Erwerbs nicht mehr unterscheidbar, sodass unterschiedliche Verfahren der Erfassung von Lernergebnissen sachlich nicht begründbar sind. Zudem würden Abschlüsse besonderer Einrichtungen für die Zertifizierung informellen Lernens voraussichtlich als minder wertvoll im Vergleich zu Abschlüssen der formalisierten Bildung gelten. Die Aufgabe kann also nicht darin bestehen, Zertifizierungsmöglichkeiten für informelles Lernen getrennt von den Institutionen des Bildungssystems vorzusehen. Ebenso wenig kann es allerdings darum gehen, lediglich Zugänge zu ansonsten unveränderten Zertifizierungsverfahren des formellen Lernens zu öffnen.

Die Herausforderung besteht vielmehr darin, Zugänge zu bestehenden Zertifizierungssystemen des formalen Lernens für Externe zu öffnen *und* die Gestaltung von Prüfungen und Nachweisen so zu adaptieren, dass sie für Berufspraktiker zu bewältigen sind.

Eine neue Lernkultur wird sich nicht unabhängig von den Bildungsinstitutionen entfalten, welche die „alte Lernkultur" repräsentieren, weil die Systeme des formellen Lernens weit mehr leisten als nur die Vermittlung von beruflichem Wissen und die Sicherung des Anwendungstransfers. Hochschulen, Kammern, Bildungsträger und betriebliche Bildungsabteilungen erfüllen über ihre unmittelbar lernprozessbezogenen Funktionen hinaus Funktionen der Standardisierung und Systematisierung beruflichen Wissens, Funktionen der Fortentwicklung von Berufswissen ebenso wir solche seines Schutzes gegen kurzlebige Trends, Funktionen der Herstellung der gesellschaftlichen Anerkennung ebenso wie der individuellen Zertifizierung beruflichen Wissens. Sie verkörpern in ihrer Institutionalisierung und Verrechtlichung ein Mandat für berufliches Lernen gegenüber Produktions- und Verwertungsinteressen, welche zu Zeit- und Kostenaufwendungen für das Lernen in steter Konkurrenz stehen. Die gesellschaftliche Anerkennung einer Berufsbildung, die über die Erfüllung der Anforderungen konkreter Arbeitsplätze hinaus Bestand hat, hat in der Ausdifferenzierung von eigenständigen Einrichtungen der beruflichen Bildung ihren Ausdruck gefunden.

Insbesondere die mangelhaften Möglichkeiten der Zertifizierung von beruflichen Kompetenzen, die außerhalb von Bildungseinrichtungen erworben wurden, wirken sich heute limitierend auf das informelle Lernen aus: Obwohl im Erwerbsleben relevante Kompetenzen überwiegend informell erworben werden, sind es die formalisierten nachweisbaren Abschlüsse, die sich auf Zugangsoptionen zu weiterführenden Bildungsgängen ausschließlich und auf Arbeitsmarktchancen und Karrieremöglichkeiten in Unternehmen fast ausschließlich auswirken.

Für die Gleichwertigkeit unterschiedlicher Lernformen in der Weiterbildung ist daher die Entwicklung neuer Bewertungsverfahren konstitutiv. Dies bedeutet einerseits den Abbau der Überbewertung von traditionellen Bildungszertifikaten, andererseits die Zertifizierung von beruflichen Kompetenzen unabhängig von dem Lernort, an welchem sie erworben wurden.

Solche Zertifizierungsinstrumente eignen sich grundsätzlich gleichermaßen für die Dokumentation von informell wie formell erworbenen Kompetenzen. Im zweiten Fall können sie die etablierten Zertifikate ergänzen. Sie müssen die folgenden Leistungen erbringen:

- Systematisierung von Lerninhalten;
- Feststellung, Bewertung und Anerkennung von individuellen Kompetenzen, die in Bildungseinrichtungen oder in informellen, arbeitsplatznahen oder selbstorganisierten Lernprozessen erworben wurden;
- Motivierung und Orientierung der Lernenden durch Erhöhung der Transparenz der Lernerfolge; Werbung für neue Lernformen durch eine erhöhte Verwertbarkeit.

Zur *Systematisierung*: Eine Zertifizierung von Kompetenzen muss in einem transparenten und systematisierten Konzept (z. B. Qualifizierungs- und Kompetenzpass) erfolgen, das die Vergleichbarkeit von Kompetenzen und Qualifikationen sicherstellt, damit Betriebe die Eignung von Bewerbern beurteilen und Bildungseinrichtungen Vorqualifikationen anrechnen können (Dellbrück 2000). Insbesondere im Zusammenhang mit einer zunehmenden Modularisierung von Bildungsangeboten wächst die Bedeutung eines abgestimmten Zertifizierungssystems. Für einen Kompetenz- und Qualifizierungspass muss aber erst die Akzeptanz in den Betrieben geschaffen werden, da ihnen ein solches Instrument bisher fremd ist (Koch 2000).

Zur *Feststellung*: Es müssen Wege zur Anerkennung informellen Lernens gefunden werden und entsprechende Infrastrukturen aufgebaut bzw. geöffnet werden (Dohmen 1999, S. 138). Im Sinne einer umfassenden Kompetenzentwicklung müssen Kompetenzen, die nicht in organisierten Lernprozessen erworben wurden, in Feststellungsverfahren zertifiziert werden. Diese können als Basis für die weitere Laufbahn- und Weiterbildungsplanung genutzt werden. Einige Ansätze zur Feststellung von Kompetenzen lassen sich dazu nutzen (vgl. z. B. Mathis 2000; Delbrück 2000; Cuvrey 1999; Jagenlauf 2000, S. 157 f.). Dazu gehört auch eine Veränderung der Prüfungen. Der Zertifizierung eines bestimmten Kompetenzniveaus unter betrieblichen Gesichtspunkten steht die traditionelle Prüfungsorganisation entgegen, die stark auf arbeitsplatzferne Lernprozesse und die Reproduktion kanonisierten Prüfungswissens ausgerichtet ist. Prüfungsstellen müssen deshalb Prüfungserfordernisse und betriebsspezifische Elemente in arbeitsplatznah ausgerichteten Prüfungsformen miteinander verbinden. Neue Bewertungsverfahren von Kompetenzen müssen komplexer Natur sein, das heißt, sie müssen neben traditionellen Bildungszertifikaten das Lernen in der Arbeit, das Lernen im sozialen Umfeld, das selbstorganisierte Lernen mithilfe der Informationstechnologien bei der Bewertung einschließen. Das Lernen im Prozess der Arbeit hat eine individuelle, aber auch eine organisationale und eine technische Komponente. Die Messbarkeit bzw. das Benchmarking der Lernintensität von Arbeitsplätzen muss deshalb ein wesentliches Subziel sein.

Zur *Qualifizierungsberatung*: Zertifikate können eine Bedeutung hinsichtlich der Orientierung und individuellen Bildungsplanung von Lernenden und der Steigerung ihrer Motivation haben. Gerade bei selbstorganisierten Lernformen, bei denen häufig Beratung und Rückkopplung fehlen, helfen sie, Lernerfolge transparent zu machen. Messbare Kenntnisse, das heißt Wissen, welches sich in Prüfungen wiedergeben lässt, sind bei den Lernenden in der Vergangenheit zum Inbegriff der Bildung geworden (Barz 1999, S. 68). Daher sind neue Zertifizierungsinstrumente nicht nur gegenüber den Arbeitgebern, sondern auch gegenüber den Lernenden verständlich und nachvollziehbar zu gestalten.

4 Zertifizierungsinstitutionen für informelles Lernen

Die zunehmende Aufmerksamkeit für die Notwendigkeit der Dokumentation und Anerkennung von Ergebnissen des informellen Lernens geht entscheidend auf Initiativen der Europäischen Kommission zum lebenslangen Lernen zurück. Auch der Europäische Qualifikationsrahmen (EQR) und das korrespondierende europäisch abgestimmte Leistungspunktesystem für die Berufsbildung (ECVET) gehen vom Prinzip der Erfassung von Lernergebnissen statt von Lernwegen aus. In verschiedenen Ländern Europas bereits gültige rechtliche Regelungen sehen eine Zulassung zu Prüfungen, die Erlassung von Prüfungsteilen oder sogar den Erwerb eines vollständigen beruflichen Ausbildungszertifikats aufgrund der Dokumentation relevanter Kompetenzen vor. Diese Möglichkeit existiert beispielsweise in Frankreich durch die „Validation des acquis de l'expérience". In der Schweiz sieht das 2004 reformierte Berufsbildungsgesetz eine sogenannte Gleichwertigkeitsprüfung als Anerkennungsverfahren vor.

In Deutschland sind derartige Möglichkeiten bisher nur in geringem Maß vorhanden. Dies ist unter anderem darauf zurückzuführen, dass die Nachfrage nach der Anerkennung informell erworbener Kompetenzen bislang gering war, da das formale Bildungssystem in früheren Jahrzehnten fast alle Jugendlichen integrierte. Auch eine stärkere Berücksichtigung von Erfahrungslernen schien bei einem dualen System der Berufsausbildung, das Lernen aus der Praxis bereits einschließt, nicht vordringlich. Wenn allerdings die berufliche Erstausbildung viele Jugendliche nicht mehr zu anerkannten Abschlüssen führt und wenn auf der anderen Seite Fachkräftelücken entstehen, sind Kompensationsmechanismen zu etablieren, die es erlauben, Bildungsreserven besser auszuschöpfen und Disparitäten von Angebot und Nachfrage bei den Qualifikationen gegenzusteuern. Eine ausschließliche Konzentration auf die formale Ausbildung in der Phase des Berufseinstiegs erscheint dann als Schwäche. Technologische Zyklen mit stets neuen Qualifikationsanforderungen vollziehen sich nicht mehr nur in Generationsabständen. Das Modell des Lebensberufs wird darüber in vielen Bereichen obsolet. Eine kontinuierliche Anpassung von Qualifikationen und Kompetenzen ist allein durch formale Weiterbildung nicht zu gewährleisten. Auch aus diesem Grund sind bessere Dokumentations- und Anrechnungsmöglichkeiten der Ergebnisse informellen beruflichen Lernens notwendig.

Es kann nicht darum gehen, Zertifizierungsmöglichkeiten für informelles Lernen getrennt von der Welt der Bildungsinstitutionen aufzubauen; es ist schwerlich vorstellbar, dass neben der institutionalisierten Berufsbildung konkurrierende Einrichtungen zur Kompetenzentwicklung und -messung aufgebaut würden. Es kann ebenso wenig darum gehen, Zertifizierungsverfahren des formellen Lernens für sich zu optimieren. Die Zertifizierung informellen Lernens wird durch Bildungsinstitutionen vorgenommen werden müssen. Sie kann etwa als Dienstleistung von akkreditierten Bildungsträgern angeboten werden. Essenziell ist dabei aber die Trennung ihrer Zertifizierungsleistungen von der Durchführung von Bildungsmaßnahmen, die Trennung von Bildungsgängen vom Zugang zu Prüfungen.

Wenn die Prüfung und Zertifizierung von Kompetenzen durch Bildungseinrichtungen auch unabhängig vom Besuch vorangegangener Lehrgänge ermöglicht würde, ergäben sich auch Möglichkeiten der arbeitsmarktverwertbaren Dokumentation von beruflichem Erfahrungswissen für Bildungsferne – und damit zweite und dritte Chancen für viele An- und Ungelernte, die in den vergangenen Jahren durch den Nachfrageüberhang auf dem Ausbildungsstellenmarkt produziert worden sind und die inzwischen über Arbeitserfahrungen und informell angeeignete berufliche Kompetenzen verfügen.

Es würde der Vielfalt der informell erworbenen Qualifikationen und Kompetenzen allerdings nicht gerecht, wenn sie von Zertifizierungsinstitutionen durch Prüfungsanforderungen nur auf Referenzsysteme bezogen würden, die aus der berufsbildbezogenen Erstausbildung stammen. Kompetenzen bewähren sich in Arbeitstätigkeiten, nicht in ihrer Entsprechung zu Curricula und Prüfungsstandards der gesetzlich geregelten Aus- und Weiterbildung. Die Ausweitung der Möglichkeit der „Externenprüfung" bei den zuständigen Stellen – ohne vorherigen Durchgang durch eine duale Ausbildung – oder die Öffnung des Zugangs zu Hochschulprüfungen, wie sie noch sehr begrenzt stattfindet, weisen daher die Richtung, indem sie die Zertifizierung und die Art und Weise des Kompetenzerwerbs voneinander trennen. Sie sind allerdings darin noch mangelhaft, dass sie Berufserfahrungen und Kompetenzen nur nach dem Grade ihrer Kongruenz mit Prüfungsanforderungen anerkennen, die sich auf die formalisierte Lehre beziehen. Daher reicht der einfache Bezug auf vorhandene Referenzsysteme des Bildungssystems nicht aus; es sind zusätzlich neue, tätigkeitsorientierte Referenzsysteme zu etablieren.

Der Europäische Qualifikationsrahmen (EQR) und der jüngst vorgelegte Entwurf des Deutschen Qualifikationsrahmens (DQR) können in den kommenden Jahren Reformen bei der Zertifizierung berufsrelevanten Wissens unterstützen. Zu den expliziten Zielen von EQR und DQR gehört, dass Kompetenzen unabhängig davon validiert werden können, wo und auf welche Weise sie erworben worden sind. Mit ECVET, einem europäisch verankerten Leistungspunktesystem für die berufliche Bildung, wird ein korrespondierendes Konzept der Bewertung von Lernleistungen entwickelt, das sich ebenfalls an „learning outcomes" orientiert. Die europäische Diskussion wird allerdings nur dann Veränderungsimpulse setzen können, wenn auch in einer nationalen Reformdiskussion der Bedarf an einer besseren Dokumentation und verbindlicheren Zertifizierung informellen Lernens deutlich gemacht werden kann. Andernfalls wird auch ein DQR nicht zu mehr Bildungsmobilität beitragen, sondern schließlich nur die institutionelle Segmentierung des Bildungssystems widerspiegeln, die wir heute bereits kennen.

Literatur

Barz, H.: Bildungsverständnis und Lebensstil, in: Erwachsenenbildung (1999) 2, S. 63–68

Cuvry, Andrea de: Kompetenzanalyse in der Weiterbildung: Subjektorientierte Bedarfsanalyse, in Grundlagen der Weiterbildung (1999) 5, S. 227–228

Dehnbostel, Peter; Severing, Eckart: Konzepte der nachhaltigen Verknüpfung formellen und informellen Lernens in der beruflichen Bildung. Hamburg, Nürnberg: Typoskript 2004

Dellbrück, Joachim: Feststellung und Anerkennung von beruflichen Kompetenzen und deren Zertifizierung in einem Qualifizierungspass – URL: bildungsforschung.bfz.de/bfn/de/neu (Stand: 25.8.2000)

Euler, Dieter; Severing, Eckart: Flexible Ausbildungswege in der Berufsausbildung. Nürnberg, St. Gallen: Typoskript 2006

Geldermann, Brigitte; Seidel, Sabine; Severing, Eckart: Rahmenbedingungen zur Anerkennung informell erworbener Kompetenzen. Bielefeld 2009

Grünewald, Uwe; Moraal, Dick; Draus, Franciszek; Weiss, Reinhold; Gnahs, Dieter: Formen arbeitsintegrierten Lernens – Möglichkeiten und Grenzen der Erfaßbarkeit informeller Formen der betrieblichen Weiterbildung. Quem-Report 53. Berlin 1998

Jagenlauf, M.: EREWE: Erweiterte regionale Erwachsenenbildung in Europa, in: Grundlagen der Weiterbildung H. 3 (2000), S. 156–158

Koch, Christiane: Alles eine Frage der Glaubwürdigkeit – URL: bildungsforschung.bfz.de/bfn/de/neu (Stand: 25.8.2000)

Konsortium Bildungsberichterstattung (Hrsg.): Bildung in Deutschland. Bielefeld 2006

Kuwan, Helmut: Berichtssystem Weiterbildung VII. Erste Ergebnisse der Repräsentativbefragung zur Weiterbildungssituation in den alten und neuen Bundesländern, hrsg. v. BMBF. Bonn 1999

Kuwan, Helmut; Thebis, Frauke; Gnahs, Dieter; Sandau, Elke; Seidel, Sabine: Berichtssystem Weiterbildung VIII. Integrierter Gesamtbericht zur Weiterbildungssituation in Deutschland, hrsg. v. BMBF. Bonn 2003

Kuwan, Helmut; Thebis, Frauke: Berichtssystem Weiterbildung IX, hrsg. v. BMBF. Bonn/Berlin 2005

Lenske, Werner; Werner, Dirk: Umfang, Kosten und Trends der betrieblichen Weiterbildung – Ergebnisse der IW-Weiterbildungserhebung 2008. In: IW-Trends (2009) 1

Markowitsch, Jörg; Jonach, Michaela: Anerkennung und Zertifizierung betrieblicher Aus- und Weiterbildungsleistungen im Kontext nationaler und internationaler Entwicklungen. Eine Überblicksperspektive. Wien 2006

Mathis, K.: Quali-Box. Ein Selbstinstrument der Berufs- und Bildungsberatung, in: Grundlagen der Weiterbildung (2000) 3, S. 144–148

OECD (Hrsg.): Education at a Glance. OECD Indicators. 2006 Edition. Paris: OECD 2006

Rosenbladt, Bernhard von; Bilger, Frauke: Weiterbildungsbeteiligung in Deutschland. München 2008

Autor

Prof. Dr. Eckart Severing
Forschungsinstitut Betriebliche Bildung (f-bb)
Obere Turnstraße 8
90429 Nürnberg
Tel.: 0911/2777920
Fax: 0911/2777950
E-Mail: severing.eckart@f-bb.de

I. Methoden der Kompetenzfeststellung: Validität, Reliabilität und Objektivität

Reinhold Nickolaus, Tobias Gschwendtner, Bernd Geißel

Modellierung beruflicher Fachkompetenz und ihre empirische Prüfung

Abstract

In diesem Beitrag wird zunächst das Konzept der beruflichen Handlungskompetenz kurz skizziert und problematisiert. Problematisch scheint insbesondere, dass zwar vielfältige konzeptionelle Vorstellungen entwickelt wurden, aber bisher nur ansatzweise der Versuch unternommen wurde, die generierten Kompetenzmodellierungen empirisch zu prüfen. An diesem Sachverhalt anknüpfend, wird zunächst eine Sichtung der bisherigen empirischen Validierungsversuche vorgenommen und daran anschließend ein eigener Validierungsversuch vorgestellt. Die eigenen Modellierungsergebnisse basieren auf Post-hoc-Analysen der Itemschwierigkeiten des von uns eingesetzten Instrumentariums zur Erfassung des deklarativen und prozeduralen Wissens bei Kraftfahrzeugmechatronikern, die auf die zuvor raschskalierten Daten rückgebunden werden. Mit den so generierten Kompetenzstufen lassen sich kriteriumsorientierte Aussagen zu den erzielten Leistungsständen am Ende des ersten Ausbildungsjahres treffen.

1 Vorbemerkungen

Berufliche Handlungskompetenz wurde spätestens mit den KMK-Handreichungen von 1996 zur Leitnorm in den Berufsbildungsdebatten. Ursächlich für die nahezu einhellige Akzeptanz dieser Leitnorm dürften sein: (1) die von Betrieben, Verbänden, Kultusverwaltungen und Pädagogen geteilte Überzeugung, die Auszubildenden seien in Orientierung an dieser Leitnorm auf ihre, einem beständigen Wandel unterworfenen, beruflichen Anforderungen „angemessen“ vorzubereiten, (2) die Offenheit des Begriffs, die interessensspezifische Konkretisierungen zulässt, (3) die zeitweise vorherrschende Überzeugung, es gäbe im Hinblick auf die Ausrichtung beruflicher Bildungsprozesse eine Koinzidenz von pädagogischer und ökonomischer Vernunft und (4) die Annahme, auf diese Weise sei das Problem abzuwenden, im Rahmen der Ausbildung träges Wissen aufzubauen. Wie bei allen Leitbegriffen, deren Konkretisierung nur begrenzt vorangetrieben wird und die interessensspezifische Füllungen zulassen, ohne dass dies zu Klärungen führt, unterliegt auch die neue Leitnorm der beruflichen Handlungskompetenz der Gefahr, beliebig genutzt zu werden und mangels empirischer Prüfung der Tragfähigkeit der dahinterliegenden konzeptionellen Vorstellungen eher zur Verneblung als zur Klärung des Konstrukts beizutragen. Vor diesem Hintergrund werden im Folgenden (1) einige prominente konzeptionelle Vorstellungen zur begrifflichen Fixierung beruflicher Handlungskompetenz vorgestellt und die dabei offen bleibenden Fragen ausgewiesen und (2) vorliegende Ansätze und Ergebnisse empirischer Validierungen skizziert. Bezogen auf die Ansätze und Ergebnisse empirischer Validierungen werden zunächst in Kürze Ergebnisse aus ULME vorgestellt. Den Hauptteil der Ausführungen widmen wir Ergebnissen eigener Modellierungsversuche.

2 Beispiele konzeptioneller Vorstellungen und ungeklärte Fragen

Die prominenteste Definition beruflicher Handlungskompetenz wurde zweifellos von der KMK vorgelegt, die unterstellt, Handlungskompetenz manifestiere sich in die Dimensionen Fach-, Personal- und Sozialkompetenz, deren ausgewogene Entfaltung zugleich Voraussetzung für Methoden- und Lernkompetenz sei (Sekretariat der KMK 2000, S. 9). Definiert werden die Teilkompetenzen in den KMK-Handreichungen wie folgt:

„**Fachkompetenz** bezeichnet die Bereitschaft und Fähigkeit, auf der Grundlage fachlichen Wissens und Könnens Aufgaben und Probleme zielorientiert, sachgerecht, methodengeleitet und selbstständig zu lösen und das Ergebnis zu beurteilen.

Personalkompetenz bezeichnet die Bereitschaft und Fähigkeit als individuelle Persönlichkeit die Entwicklungschancen, Anforderungen und Einschränkungen in Familie, Beruf und öffentlichem Leben zu klären, zu durchdenken und zu beurteilen, eigene Begabungen zu entfalten sowie Lebenspläne zu fassen und fortzuentwickeln. Sie umfasst personale Eigenschaften wie Selbstständigkeit, Kritikfähigkeit, Selbstvertrauen, Zuverlässigkeit, Verantwortungs- und Pflichtbewusstsein. Zu ihr gehören insbesondere auch die Entwicklung durchdachter Wertvorstellungen und die selbstbestimmte Bindung an Werte.

Sozialkompetenz bezeichnet die Bereitschaft und Fähigkeit soziale Beziehungen zu leben und zu gestalten, Zuwendungen und Spannungen zu erfassen, zu verstehen sowie sich mit anderen rational und verantwortungsbewusst auseinanderzusetzen und zu verständigen. Hierzu gehört insbesondere auch die Entwicklung sozialer Verantwortung und Solidarität." (Sekretariat der KMK 2000, S. 9)

An diesem Definitionsversuch wurde vielfältige Kritik geübt, ohne dass erkennbar wäre, dass dies zu substantiellen Korrekturen geführt hätte. So verweist Straka beispielsweise auf eine Reihe von Unklarheiten. Ungeklärt ist s. E.,

(1) ob das Merkmal der „Bereitschaft" der gleichen Dimension zuordenbar ist wie die Personenmerkmale „Fähigkeit", „Wissen" und „Können", wobei anzufügen wäre, dass sich Bereitschaften im Zeitverlauf verändern können, sodass einem

Individuum im Verlaufe eines Tages gegebenenfalls mehrmals unterschiedliche Kompetenzausprägungen zuzuordnen wären.

(2) Des Weiteren – so Straka – bleibe offen, ob und inwieweit auch Personal- und Sozialkompetenzen auf Wissen zurückgebunden seien, womit eine Frage aufgeworfen wird, die nicht per Definition sondern nur empirisch geklärt werden kann.[1]

(3) Schließlich moniert Straka, dass die Definitionen sowohl personinterne Merkmale (z. B. Wissen) als auch Aktivitäten (Verhalten/Handeln) der Personen als zentrale Definitionselemente enthalten, ohne dass deren Abhängigkeiten geklärt würden und damit, so sein abschließendes Resümee, verneble der Definitionsversuch mehr als er kläre (Straka 2005, 2007).

Czycholl zieht ergänzend die Zweckmäßigkeit der Strukturierung in Zweifel, da letztlich alle auszudifferenzierenden Teilkompetenzen personale Dimensionen menschlichen Seins seien, und unterscheidet selbst zwischen Selbstkompetenz, Sozialkompetenz, Sachkompetenz, Wertkompetenz und berufskritisch-reflektierter Kompetenz (Czycholl 2001, S. 172). Von anderen Autoren liegen vielfältige zum Teil stark voneinander abweichende Ausdifferenzierungen zu Teilkompetenzen vor (vgl. z. B. Baethge u. a. 2006; Breuer 2006; Euler 1998; Maag-Merki 2004; Schwadorf 2003; Straka/Lenz 2003).

Der Ausdifferenzierungsprozess zu Teilkompetenzen ist einerseits notwendig, um dem Anspruch der Messbarkeit von Kompetenzen näherzukommen, andererseits führt dieser Ausdifferenzierungsprozess prinzipiell zu einem Verlust an Übersichtlichkeit und konfrontiert uns mit der zentralen Frage, ob und welche Beziehungen zwischen den Teilkompetenzen bestehen (vgl. auch Breuer 2006).

Damit ist zugleich die Frage aufgeworfen, ob die in den Definitionen beruflicher Handlungskompetenz unterstellten Dimensionen auch einer empirischen Überprüfung standhalten. Gibt es z. B., wie häufig unterstellt, eine eigene Methodenkompetenz? Lassen sich Konstrukte aus der Kognitionspsychologie, wie z. B. die Unterscheidung in deklaratives und prozedurales Wissen, auch empirisch differenzieren? Und wenn ja, welche Beziehungen bestehen zwischen den einzelnen Teilkompetenzen? Zur Klärung dieser Fragen stellen zwar Plausibilitätsüberlegungen, wie sie in die Konzeptgenerierungen beruflicher Handlungskompetenz eingingen, einen ersten Schritt dar, ohne ergänzende empirische Prüfung ist der hypothetische Status solcher Annahmen jedoch nicht zu überwinden.

---

1 Realdefinitionen, in welchen der Anspruch erhoben wird, reale Sachverhalte durch definitorische Festlegungen fixieren zu können, sind letztlich unbrauchbar.

3 Versuche einer empirischen Überprüfung

Innerhalb der Berufs- und Wirtschaftspädagogik wurden Versuche einer empirischen Absicherung von Kompetenzmodellen bisher nur vereinzelt vorgenommen. Die im Rahmen des DFG-Schwerpunktprogramms „Kompetenzmodelle zur Erfassung individueller Lernergebnisse zur Bilanzierung von Bildungsprozessen" im Bereich beruflicher Bildung eingebrachten Anträge kamen ausnahmslos nicht zum Zuge. Dennoch liegen inzwischen auch Versuche einer empirisch gestützten Modellierung vor, die ich im Folgenden kurz skizzieren möchte.

3.1 Modellierungen im Rahmen von ULME

Die umfangreichsten Untersuchungen entstanden im Rahmen der Hamburger Evaluationsstudien (ULME I, II und III), im Rahmen derer Leistungen, Motivation und Einstellungen zu Beginn der beruflichen Ausbildung (ULME I) am Ende der Berufsfachschule (ULME II) und am Ende der dualen Ausbildung (ULME III) in einer Reihe von Ausbildungsberufen erhoben wurden (im Überblick Lehmann/Seeber 2007). Die Güte der dort entwickelten Testmaterialien und die Güte der daran anschließenden Kompetenzmodellierungen variieren von Ausbildungsberuf zu Ausbildungsberuf relativ stark. Generell gilt, dass noch keine befriedigende theoretische Modellierung der Niveaustufen gelungen ist und damit die Schwierigkeitsgrade letztlich auf dem raschskalierten Kontinuum illustriert werden. Im gewerblich-technischen Bereich, auf den ich mich hier beschränken möchte, wurden für die Ausbildungsberufe Anlagenmechaniker, Industriemechaniker, Fluggerätemechaniker und Tischler raschskalierte Instrumente zur Erfassung der Fachkompetenz vorgelegt, wobei durchgängig eindimensionale Modellbildungen zustande kamen (Hoffmann/Lehmann 2007, S. 159 ff.). Nicht gelungen ist dies für den Elektroinstallateur. Hoffmann und Lehmann kommen selbst zusammenfassend zum Schluss, dass in allen fünf beruflichen Fachleistungstests die Aufgaben zwar den curricularen Vorgaben entsprachen, jedoch gemessen an den Wissensarten – Faktenwissen/Konzeptwissen/prozedurales Wissen und gleichzeitig nach kognitiven Anspruchsniveaus – Reproduktion/Analyse/Verstehen/Reflexion/Kritik – die niedrigen Anforderungsstufen überrepräsentiert waren. Dennoch waren die Tests insgesamt schwieriger, als es dem durchschnittlichen Leistungsstand der Berufsschüler entsprechen würde. Mit anderen Worten, die Auszubildenden bleiben relativ weit hinter den hochgesteckten curricularen Normen zurück. Aufgaben, die ein höheres kognitives Anspruchsniveau repräsentieren, werden in der Regel nur von relativ wenigen Auszubildenden bewältigt (ebd.). Mit anderen Worten, Reproduktionsaufgaben werden in der Regel bewältigt, wenn jedoch Informationen verarbeitet bzw. neu verknüpft werden sollten, scheiterten die meisten Auszubildenden. Im Hinblick auf die relevanten Prädiktoren kommen Hoffmann/Lehmann zum Ergebnis, dass insbesondere dem mathematischen Vorwissen prädiktive Qualität zukommt, die Lesestrategien einschließlich deren metakognitiven Korrelate werden hingegen in die Erklärungsmodelle nicht einbezogen (Hoffmann/Lehmann 2007, S. 153 ff., S. 190). Als erheblich erweisen sich die klassenspezifischen Differenzen der erreichten Leistungsstände, was einerseits auf unterschiedliche Eingangsbedingungen und andererseits auf differente Prozessqualitäten zurückführbar scheint. Die Untersuchungsanlage lässt an dieser Stelle jedoch keine abgesicherten Aussagen zu.

3.2 Erste Ergebnisse zur Überprüfung eigener Kompetenzmodellierungen

3.2.1 Kompetenzmodellierung für das Fachwissen von Kfz-Mechatronikern

Im Rahmen eines gegenwärtig am Lehrstuhl Berufs-, Wirtschafts- und Technikpädagogik laufenden DFG-Projekts konnten wir für die Grundausbildung von Kfz-Mechatronikern eine Niveaumodellierung vorlegen, die uns Aufschluss gibt, welche Anforderungsmerkmale den Schwierigkeitsgrad von Aufgaben bestimmen. Des Weiteren lässt sie die Überprüfung zu, welche Fähigkeitsniveaus die Auszubildenden erreichen und im Kontext des relativ komplexen Forschungsdesigns ermöglicht sie ferner Abschätzungen vorzunehmen, welche Prädiktoren für die Kompetenzentwicklung auf den unterschiedlichen Kompetenzstufen verantwortlich sind.

Erhoben wurden im Rahmen des Projektes Leistungsdaten zum deklarativen und prozeduralen Wissen sowie zur Problemlösefähigkeit. Diese Ausdifferenzierung folgt gängigen Vorschlägen aus der Kognitionspsychologie, wie sie auch in der Berufs- und Wirtschaftspädagogik rezipiert werden (vgl. z. B. Fortmüller 1996; Nickolaus/Heinzmann/Knöll 2005; Nickolaus/Knöll/Gschwendtner 2006).

Die Kompetenzmodellierung erfolgte ex post. Dazu wurde zunächst angenommen, dass sich bezogen auf das deklarative und prozedurale Wissen für diesen Beruf bis zu 4 Kompetenzdimensionen ausdifferenzieren lassen: fahrzeugtechnisches, im weitesten Sinne mechanisches und elektrotechnisches Wissen, jeweils ausdifferenziert in deklaratives und prozedurales Wissen. Die Modellierung mithilfe von ConQuest führt allerdings zum Zeitpunkt des Abschlusstests zu einer eindimensionalen Skalierung (ausführlicher vgl. Gschwendtner 2008). Das bedeutet, dass statistisch mit dem eindimensionalen Modell eine bessere Passung erreicht wird. Eine explorative Faktorenanalyse zum Eingangstest[2], die eine stabile mehrdimensionale Struktur erbringt, deutet allerdings darauf hin, dass sich zur Zeit des Ausbildungsbeginns die Ausdifferenzierung in deklaratives und prozedurales Wissen als zweckmäßig

2 Die Modellierung für den Eingangstest steht noch aus.

erweist, jedoch im Verlauf der Ausbildung eine stärkere Vernetzung der Wissensbereiche erfolgt.

Zur Bestimmung der Schwierigkeitsgrade wurde zunächst angenommen, dass folgende Merkmale relevant sind (Gschwendtner 2008):

(1) Der Grad der Vertrautheit der Aufgabeninhalte aus dem Unterricht der Sekundarstufe I,
(2) der Grad der Vertrautheit der Aufgabeninhalte aus der beruflichen Grundbildung,
(3) die von der Aufgabe eingeforderte Elaborationstiefe im Anschluss an die Bloomsche Taxonomie,
(4) die Wissensvernetztheit (Wissen über Einzelheiten, Wissen über Strukturen, systemisches Funktions- und Konditionswissen vollständig bekannter Systeme, systemisches Funktions- und Konditionswissen in weiten Teilen bekannter Systeme),
(5) die im Anschluss an Fortmüller (1996) ausdifferenzierten Wissensdimensionen des deklarativen und prozeduralen Wissens, wobei unterstellt werden kann, dass prozedurales Wissen auf deklarativem Wissen aufbaut, jedoch nicht generell prozedurales Wissen höhere Anforderungen stellt als deklaratives Wissen und
(6) verschiedene Grade der Hilfestellung, die das zur Aufgabenbearbeitung zugelassene Tabellenbuch bereitstellte.

Empirisch erweist sich die Bloomsche Taxonomie als mit Abstand stärkster Prädiktor des Schwierigkeitsgrades (44,9 % Varianzaufklärung), gefolgt von der Wissensvernetztheit (5,3 %). Des Weiteren wurde der Vertrautheitsgrad der Aufgabeninhalte aus der Sekundarstufe I einbezogen (2,1 %). Auf dieser Basis ergaben sich 4 Niveaustufen (Gschwendtner 2008):

- **Kompetenzstufe 1: Rudimentäre Kfz-Kenntnisse**
  Diese Aufgaben erfordern eine Benennung oder Beschreibung isolierter Einzelheiten oder von Einzelheiten, die in eine gering abstrahierte Struktur (hohe Anschaulichkeit) eingebunden sind. Die lösungsrelevanten Einzelheiten sind entweder deklarativ repräsentiert (oder prozedural erschlossen) oder können aus dem Tabellenbuch durch direkte Indexierung von Schlüsselwörtern vollständig in expliziter (z.T. auch erst nach symbolischer Rekodierung) sprachlicher/grafischer Äquivalenz entnommen werden. Diese Inhalte sind durch die Sekundarstufe I und die Kfz-Grundbildung vollständig vertraut.
- **Kompetenzstufe 2: Basale Kfz-Kenntnisse**
  Diese Aufgaben erfordern häufig eine Analyse isolierter Einzelheiten oder von Einzelheiten, die in eine gering abstrahierte Struktur (hohe Anschaulichkeit) eingebunden sind. Die lösungsrelevanten Einzelheiten sind entweder deklarativ

repräsentiert (oder prozedural erschlossen) oder können aus dem Tabellenbuch durch kombinatorische Suche teilweise in meist impliziter Kodierung entnommen werden. Diese Inhalte sind zumeist erst durch die Kfz-Grundbildung vollständig abgesichert.

- **Kompetenzstufe 3: Strukturelle und systemische Kfz-Kenntnisse**
  Diese Aufgaben erfordern zumeist eine Analyse und Begründung systemischer Zusammenhänge bekannter Systeme. Die lösungsrelevanten Zusammenhänge können aus dem Tabellenbuch durch kombinatorische Suche teilweise implizit entnommen werden. Diese Inhalte sind erst durch die Kfz-Grundbildung weitgehend abgesichert.
- **Kompetenzstufe 4: Evaluative Kfz-Kenntnisse**
  Diese Aufgaben erfordern zumeist eine Begründung oder Beurteilung systemischer Zusammenhänge in nur in weiten Teilen bekannten Systemen. Die lösungsrelevanten Zusammenhänge können aus dem Tabellenbuch durch kombinatorische Suche teilweise implizit entnommen werden. Diese Inhalte sind durch die Kfz-Grundbildung in Grundzügen abgesichert, erfordern jedoch eigenständiges Inbeziehungsetzen vertrauter Inhalte.

Das heißt, wir können mit den obigen Aufgabenmerkmalen (Verortung der Aufgabe in der Bloomschen Taxonomie, Wissensvernetztheit, Vertrautheitsgrad aus der Sekundarstufe I) die Schwierigkeitsgrade relativ gut abschätzen.

3.2.2 Die tatsächlich erreichten Kompetenzstufen und kompetenzstufenbezogene Erklärungsmodelle

Im Mittel erreichen die Kfz-Mechatroniker gegen Ende des ersten Ausbildungsjahres die Kompetenzstufe 2, d. h. basale Kenntnisse. Die in den Curricula ausgewiesenen, höchst anspruchsvollen Ziele werden nicht bzw. von nur wenigen Auszubildenden erreicht. Vergleicht man die Vollzeitschüler (Handwerk; N = 144) und die in Teilzeit bei großen Kfz-Unternehmen ausgebildeten Lehrlinge (Industrie; N = 95), so zeigen sich gravierende Unterschiede (vgl. Abb. 1).

Von den Vollzeitschülern sind ca. 57 % der Schüler der Kompetenzstufe 1 zuzuordnen, ca. 41 % erreichen die Kompetenzstufe 2, lediglich 2 Schüler die Kompetenzstufe 3. Die letztlich gut ausgelesenen Teilzeitschüler erreichen zwar deutlich bessere Leistungen, der größte Teil kommt aber auch hier nicht über die Kompetenzstufe 2 hinaus (12,6 % Kompetenzstufe 1, 80 % Kompetenzstufe 2), lediglich 6,3 % erreichen die Kompetenzstufe 3 und nur ein Schüler erreicht die Kompetenzstufe 4. Dieses Ergebnis steht in Einklang mit den Befunden aus ULME III und macht einmal mehr deutlich, dass die normativen Vorgaben der Curricula, gemessen am Leistungsvermögen der Auszubildenden, völlig überzogen sind.

Abbildung 1: **Die Verortung von Voll- und Teilzeitschülern im Kompetenzspektrum**

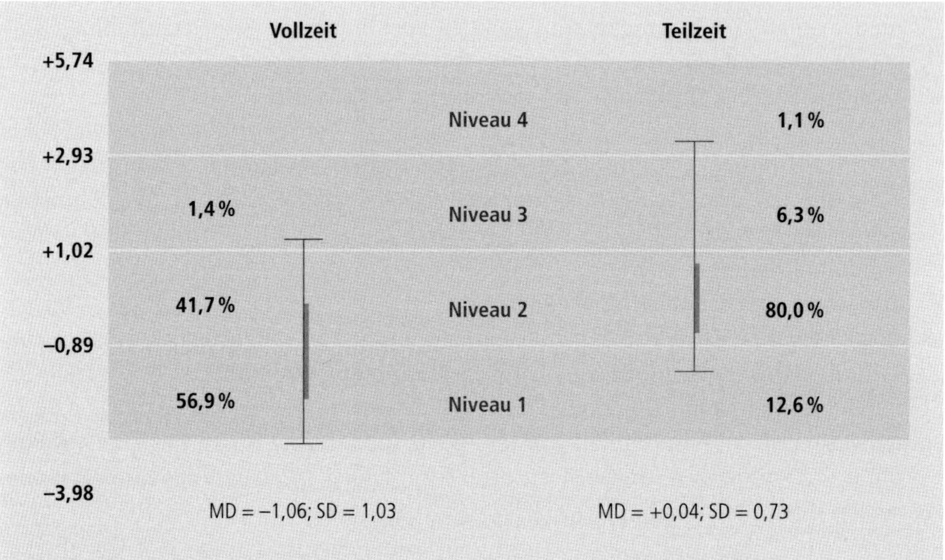

Quelle: Eigene Darstellung

In pädagogischer Perspektive stellt sich natürlich die Frage, ob Bedingungsfaktoren der Wissensentwicklung auszumachen sind, die sich zugleich pädagogisch gestalten lassen. In Regressionsanalysen gehen auf der Kompetenzstufe 1 überraschenderweise und trotz erheblicher Varianzen die Ausprägungen des Vorwissens nicht in die Modellbildung ein. Stattdessen erweist sich bei dieser schwachen Lernergruppe die Lesekompetenz mit 10,7 % als stärkster Prädiktor, hinzu kommen das wahrgenommene Interesse des Ausbilders (6,9 %), mit negativem Vorzeichen die wahrgenommene Autonomieunterstützung und die Anforderungen in der Schulwerkstatt, bzw. im Betrieb.

Wir interpretieren dies so, dass bei dieser schwächeren Klientel neben der Basiskompetenz Lesen vor allem der Beziehungsqualität zum Lehrer/Ausbilder, einer hinreichenden Führung/Unterstützung und angepassten Anforderungen Bedeutung für die Kompetenzentwicklung zukommt. Auf der Kompetenzstufe 2 gehen erwartungskonform das Vorwissen (21,6 %), Motivationsvariablen (6,4 %), die Lesekompetenz (4,1 %), sowie Anforderungsgrad/Überforderung, soziale Einbindung, Autonomie/Selbststeuerung in der Werkstatt bzw. im Unterricht mit kleineren Beiträgen ein.

Abbildung 2: **Ergebnisse von kompetenzstufenspezifischen Regressionsanalysen zur Ausprägung des Fachwissens und seinen Prädiktoren**

+5,74

+2,93

Modell	R	R-Quadrat	Änderung in R-Quadrat	
1	,465(a)	,216	,216	Modell 1: Vorwissen KFZ Pretest (+)
2	,529(b)	,280	,064	Modell 2: zusätzlich: Amotivation (–)
3	,566(c)	,321	,041	Modell 3: zusätzlich: Lesekompetenz (+)
4	,602(d)	,363	,042	Modell 4: zusätzlich: Überforderung im Unterricht (Selbststeuerung) (+)
5	,627(e)	,393	,030	Modell 5: zusätzlich: unterrichtliche Gestaltung (–)
6	,643(f)	,413	,021	Modell 6: zusätzlich: soziale Einbindung in Werkstatt (+)
7	,670(g)	,449	,036	Modell 7: zusätzlich: Autonomie in Werkstatt (–)

+1,02

–0,89

Modell	R	R-Quadrat	Änderung in R-Quadrat	
1	,327(a)	,107	,107	Modell 1: Lesekompetenz (+)
2	,419(b)	,175	,069	Modell 2: zusätzlich: Interesse d. Ausbilders (+)
3	,480(c)	,230	,055	Modell 3: zusätzlich: Autonomieunterstützung Schule (–)
4	,528(d)	,279	,048	Modell 4: zusätzlich: Anforderung i. d. Werkstatt (–)

–3,98

4 Ausblick

In weiteren Schritten wäre nun zu prüfen, ob die oben für das Fachwissen der Kfz-Mechatroniker vorgestellte Modellierung auch in anderen Kompetenzfeldern und der Fachstufe tragfähig ist. Des Weiteren ist vorgesehen, die Problemlöseleistungen in die Modellierung einzubeziehen, was vermutlich zu einer mehrdimensionalen Modellierung führt.

Neben der hier vorgestellten Kompetenzmodellierung konnten am BWT in Stuttgart in verschiedenen DFG-Projekten Erkenntnisse zur Modellierung der Fehleranalysefähigkeit in elektrotechnischen Systemen gewonnen werden. Dabei kristallisiert sich heraus, dass sich als zentrale Schwierigkeitsparameter der Problemstellungen erweisen:

(1) die Systemkomplexität;

(2) die Notwendigkeit, eigenständig Modellbildungen zur Funktionsweise von Funktionselementen oder zum Gesamtsystem vornehmen zu müssen;

(3) die Transparenz der Fehlersituation;

(4) die Anzahl der Messmöglichkeiten und die damit verbundenen Anforderungen, eine angemessene Messstrategie zu entwickeln und
(5) die Hinweisgüte in der Fehlerbeschreibung.

Aus der Fähigkeitsperspektive erweisen sich folgende Kompetenzaspekte als bedeutsam:
(1) ein Wissen über das Gesamtsystem und die Funktionsweise von Systemkomponenten und deren Zusammenspiel;
(2) die Fähigkeit, selbstständig Modelle zur Funktionsweise von Funktionselementen bzw. dem Gesamtsystem zu entwickeln oder entsprechendes Wissen zu aktualisieren;
(3) die Fähigkeit, aus externen Fehlfunktionen auf interne Zustände des Systems zu schließen;
(4) Wissen zu Messverfahren;
(5) die Fähigkeit, eine adäquate Messstrategie zu entwickeln;
(6) die Fähigkeit, Messdaten angemessen zu interpretieren.

Basis dieser Aussagen sind Fehleranalyseleistungen in elektrotechnischen Systemen unterschiedlicher Anforderungsstrukturen bei ca. 400 Auszubildenden und verschiedene Interventionsstudien, die darauf zielten, die Fehleranalyseleistung zu fördern (ausführlicher Gschwendtner/Geissel/Nickolaus 2007; Nickolaus/Heinzmann/Knöll 2005; Nickolaus/Knöll/Gschwendtner 2006). Zur Prüfung dieses Modells ist es notwendig, die Schwierigkeitsparameter systematisch zu variieren und so eine umfangreichere Batterie von Problemstellungen zu generieren, die im Anschluss zu testen wäre. Auf dieser Basis könnte sich der Versuch einer Raschskalierung anschließen, wie er oben für das deklarative und prozedurale Fachwissen der Kfz-Mechatroniker vorgenommen wurde.

Literatur

Baethge, Martin; Achtenhagen, Frank; Arends, Lena; Babic, Edvin; Baethge-Kinsky, Volker; Weber, Susanne: Berufsbildungs-PISA. Machbarkeitsstudie. Stuttgart 2006

Breuer, Klaus: Kompetenzdiagnostik in der beruflichen Bildung – eine Zwischenbilanz. In: Zeitschrift für Berufs- und Wirtschaftpädagogik (ZBW) 102 (2006) 2

Czycholl, Reinhard: Handlungsorientierung und Kompetenzentwicklung in der beruflichen Bildung. In: Bonz, Bernhard (Hrsg.): Didaktik der beruflichen Bildung (Berufsbildung konkret; Bd. 2). Hohengehren 2001, S. 170–186

Euler, Dieter: Sozialkompetenz – Leerformel oder Kernelement einer handlungsorientierten Didaktik? In: Sommer, Karl-Heinz (Hrsg.): Didaktisch-organisatorische Gestaltung vorberuflicher und beruflicher Bildung. Stuttgarter Beiträge zur Berufs- und Wirtschaftspädagogik. Esslingen 1998, S. 142–163

FORTMÜLLER, Richard: Wissenschaftsorientierung und Praxisbezug als komplementäre Prinzipien lernpsychologisch fundierter Lehr-Lern-Arrangements. In: FORTMÜLLER, Richard und AFF, Josef (Hrsg.): Wissenschaftsorientierung und Praxisbezug in der Didaktik der Ökonomie. Festschrift Wilfried Schneider. Wien 1996, S. 372–400

GSCHWENDTNER, Tobias: Raschbasierte Modellierung berufsfachlicher Kompetenz in der Grundbildung von KraftfahrzeugmechatronikerInnen (2008 – zur Veröffentlichung eingereicht)

GSCHWENDtner, Tobias; GEISSEL, Bernd; NICKOLAUS, Reinhold: Förderung und Entwicklung der Fehleranalysefähigkeit in der Grundstufe der elektrotechnischen Ausbildung. In: bwp@ (2007) 13 -- URL: http://www.bwpat.de/ausgabe13/gschwendtner_etal_bwpat13.shtml (Stand: 09.02.2009)

HOFFMANN, Ellen; LEHMANN, Rainer: Berufsspezifische Fachleistungen in gewerblich-technischen und handwerklichen Berufen am Ende der Ausbildung. In: LEHMANN, Rainer und SEEBER, Susan: Untersuchungen von Leistungen, Motivation und Einstellungen der Schülerinnen und Schüler in den Abschlussklassen der Berufsschulen (ULME III). Behörde für Bildung und Sport. Hamburg 2007, S. 159 ff.

LEHMANN, Rainer; SEEBER, Susan: Untersuchungen von Leistungen, Motivation und Einstellungen der Schülerinnen und Schüler in den Abschlussklassen der Berufsschulen (ULME III). Behörde für Bildung und Sport. Hamburg 2007

MAAG-MERKI, Katharina: Überfachliche Kompetenzen als Ziele beruflicher Bildung im betrieblichen Alltag. Zeitschrift für Pädagogik, 50 (2004) 2, S. 202–222

NICKOLAUS, Reinhold; HEINZMANN, Horst; KNÖLL. Bernd: Ergebnisse empirischer Untersuchungen zu Effekten methodischer Grundentscheidungen auf die Kompetenz- und Motivationsentwicklung in gewerblich-technischen Berufsschulen. In: Zeitschrift für Berufs- und Wirtschaftspädagogik (ZBW), 101 (2005) 1, S. 58–78

NICKOLAUS, Reinhold; KNÖLL, Bernd; GSCHWENDTNER, Tobias: Methodische Präferenzen und ihre Effekte auf die Kompetenz- und Motivationsentwicklung – Ergebnisse aus Studien in anforderungsdifferenten elektrotechnischen Ausbildungsberufen in der Grundbildung. In: Zeitschrift für Berufs- und Wirtschaftspädagogik (ZBW), 102 (2006) 4, S. 552–577

SCHWADORF, Heike: Berufliche Handlungskompetenz – eine theoretische Klärung und empirische Analyse in der dualen kaufmännischen Erstausbildung. Stuttgart 2003

SEKRETARIAT DER STÄNDIGEN KONFERENZ DER KULTUSMINISTER DER LÄNDER IN DER BUNDESREPUBLIK DEUTSCHLAND (Hrsg.): Handreichungen für die Erarbeitung von Rahmenlehrplänen der Kultusministerkonferenz (KMK) für den berufsbezogenen Unterricht in der Berufsschule und ihre Abstimmung mit Ausbildungsordnungen des Bundes für anerkannte Ausbildungsberufe. 2000

STRAKA, Gerald A.: Die KMK-Handreichungen zur Erarbeitung von Rahmenlehrplänen – eine kritische Reflexion zum zehnten Jahrestag. In: bwp@ (2005) 8 – URL: http://www.bwpat.de/ausgabe8/straka_bwpat8.shtml (Stand: 09.02.2009)

STRAKA, Gerald A.: Haben das BMBF und die KMK ihr Kompetenzkonzept auf dem Altar der EU geopfert? In: Zeitschrift für Berufs- und Wirtschaftspädagogik (ZBW), 103 (2007) 3, S. 552–577

Straka, Gerald A.; Lenz, K. Bestimmungsfaktoren fachkompetenten Handelns kaufmännischer Berufsschülerinnen und Berufsschüler. Ergebnisse einer unterrichtsbegleitenden Pilotstudie. Empirische Pädagogik, 17 (2003) 29, S. 217–235

Autoren

Prof. Dr. Reinhold Nickolaus, Abteilungsleiter
Universität Stuttgart
Institut für Erziehungswissenschaft und Psychologie
Abteilung Berufs-, Wirtschafts- und Technikpädagogik
Geschwister-Scholl-Straße 24
70174 Stuttgart
Tel.: 0711/6858-3181
Fax: 0711/6858-3130
nickolaus@bwt.uni-stuttgart.de

Dipl.-Gwl. Tobias Gschwendtner, Wissenschaftlicher Mitarbeiter
Universität Stuttgart
Institut für Erziehungswissenschaft und Psychologie
Abteilung Berufs-, Wirtschafts- und Technikpädagogik
Geschwister-Scholl-Straße 24
70174 Stuttgart
Tel.: 0711/6858-2998
Fax: 0711/6858-3130
gschwendtner@bwt.uni-stuttgart.de

Dr. phil. Bernd Geißel, Wissenschaftlicher Mitarbeiter
Universität Stuttgart
Institut für Erziehungswissenschaft und Psychologie
Abteilung Berufs-, Wirtschafts- und Technikpädagogik
Geschwister-Scholl-Straße 24
70174 Stuttgart
Tel.: 0711/6858-2997
Fax: 0711/6858-3130
geissel@bwt.uni-stuttgart.de

Eva Geithner, Klaus Moser

Die Messung von herausforderungsbasierter Berufserfahrung

Abstract

Dieser Beitrag beschreibt die Entwicklung und Überprüfung eines Messverfahrens von Berufserfahrung resultierend aus der Bewältigung herausfordernder Situationen. Berufserfahrung wird häufig als die Dauer in einer Tätigkeit, einem Beruf oder einer Organisation erfasst, obwohl es ein multidimensionales Konstrukt ist und zeitliche Maße nur ein sehr ungenaues Bild davon abgeben können, was inhaltlich im Arbeitsalltag erlebt wird und wie sich dies auf den weiteren Berufserfolg auswirkt. Es wird ein Modell zur Entwicklung von Berufserfahrung vorgestellt. Dieses bildet die Grundlage für eine Studie bei 116 Führungskräften, in der verschiedene Maße für Berufserfahrung gegenübergestellt und Zusammenhänge mit beruflichem Erfolg analysiert werden. Berufserfahrung resultierend aus der Bewältigung herausfordernder Situationen korreliert nicht mit zeitlichen Maßen der Berufserfahrung, jedoch mit verschiedenen Maßen des beruflichen Erfolgs.

Einleitung

Berufserfahrung ist eine wichtige Determinante des beruflichen Erfolgs. Sie spielt bei vielen Personalentscheidungen wie etwa in der Personalauswahl, beim Training oder bei Karriereentwicklungsmaßnahmen eine Rolle. Implizit wird dabei angenommen: Je länger eine Person in einem bestimmten Tätigkeitsbereich arbeitet, desto erfolgreicher ist sie aufgrund ihres Erfahrungsschatzes und den durch Berufserfahrung entwickelten Kompetenzen, auf die sie zurückgreifen kann. Von Bedeutung sind das spezifische Wissen, die Fähigkeiten und Fertigkeiten, die durch den Berufsalltag und die damit verbundenen Herausforderungen entwickelt wurden. Diese können jedoch mit den im Allgemeinen verwendeten zeitbasierten Maßen von Berufserfahrung nur unvollständig erfasst werden. Daraus ergibt sich die Notwendigkeit, Berufserfahrung um Aspekte der Bewältigung herausfordernder Situationen (kurz: „Messung herausforderungsbasierter Berufserfahrung") zu erweitern. Der Grundgedanke dabei ist, dass Erfahrungen in erlebten Situationen gemacht werden, die bei entsprechender Reflexion positiv mit beruflichem Erfolg zusammenhängen. Bisher gibt es hierzu allerdings wenig Forschung und kein geeignetes Maß zur Messung herausforderungsbasierter Berufserfahrung.

Daher wird im vorliegenden Beitrag folgendes Ziel verfolgt. Es sollen erste Erkenntnisse darüber entwickelt bzw. berichtet werden, wie herausforderungsbasierte Berufserfahrung zum einen mit zeitbasierten Messungen und zum anderen mit beruflichem Erfolg zusammenhängen. Dafür soll ein quantitatives Messverfahren für Berufserfahrung entwickelt und überprüft werden.

Zunächst wird auf der Grundlage bisher bestehender Theorien und Modelle im ersten Teil herausgearbeitet, was unter Berufserfahrung verstanden werden kann und wie sie mit beruflichem Erfolg zusammenhängt. Darauf aufbauend wird im zweiten Teil ein Modell der Messung von herausforderungsbasierter Berufserfahrung vorgeschlagen. Grundlegend dabei ist nicht, *wie lange* etwas getan wurde, sondern *was* getan wurde. Im dritten Teil erfolgt die Beschreibung einer empirischen Studie, für die eine Skala zur Erfassung der herausforderungsbasierten Berufserfahrung entwickelt und anderen zeitbasierten Maßen gegenübergestellt wird. Im Vordergrund steht dabei die Messung der Häufigkeit erlebter Herausforderungen. Zusätzlich wird der Zusammenhang der verschiedenen Maße mit dem beruflichen Erfolg untersucht. Teil vier befasst sich mit den Ergebnissen und im letzten Teil werden die Ergebnisse zusammengefasst und diskutiert.

Theoretischer Hintergrund

Ausgangspunkt unserer Studie ist die Frage, was Berufserfahrung ist und wie sie gemessen werden kann. Allgemein wird von Berufserfahrung gesprochen, wenn durch die Arbeitstätigkeit Kompetenzen, Fähigkeiten und Fertigkeiten entwickelt wurden (Lance/Hedge/Alley 1989). Quiñones, Ford und Teachout (1995) sprechen von einer Sammlung von arbeitsspezifischen Wissenselementen, die durch die und aus der Arbeit erworben werden. Neben diesen allgemeinen Definitionen ist ein genauerer Blick auf verschiedene Messmethoden ebenso notwendig wie die Frage des Zusammenhangs mit beruflichem Erfolg. Dies wird nun anhand eines kurzen Überblicks über die bisherige Forschung zum Konstrukt Berufserfahrung und die üblichen Messverfahren getan. Im Anschluss daran möchten wir auf die spezifische Messung von Berufserfahrung anhand unseres Modells zur Entwicklung von Berufserfahrung sowie auf unsere empirische Prüfung eingehen.

Die Literatur zur Konstruktvalidität von Maßen der Berufserfahrung ist bisher kaum über vergleichsweise allgemeine Bezugsrahmen sowie die Feststellung, dass die Messung von Jahren nicht sehr zufriedenstellend ist, hinausgekommen (Tesluk/Jacobs 1998). Dass es nur einige wenige Artikel gibt, die sich mit verschiedenen Aspekten von Berufserfahrung beschäftigen (Quiñones 2004; Quiñones u. a. 1995; Sonnentag 2000; Tesluk/Jacobs 1998), ist bei der großen Bedeutung, die Berufserfahrung in der Personalauswahl, bei Beförderungen und für die Karriereentwicklung einnimmt, durchaus erstaunlich. Nach ROWE (1988) fokussiert die bisherige Forschung zur Berufserfahrung (zu) wenig die Definition und Messung des Konstrukts. Einen ersten generelleren Überblick über das Konstrukt Berufserfahrung bietet QUIÑONES (2004).

Ein erstes Modell zu Berufserfahrung und einen Versuch, die unterschiedlichen Maße, die in der Literatur verwendet werden, zusammenzufassen, stellen QUIÑONES u. a. (1995) vor. Basierend auf einer Literaturübersicht von Studien, die den Zusammenhang von Berufserfahrung und Leistung untersuchen, werden Facetten von Berufserfahrung anhand zweier Dimensionen unterschieden. Zu unterscheiden sind zum einen die Meßmethode von Berufserfahrung (Zeit, Anzahl und Typ) und zum anderen die Spezifitätsebene (Messung auf Tätigkeits-, Berufs- oder Organisationsebene). Daraus ergibt sich eine 3x3-Matrix mit neun verschiedenen Kategorien der Messung von Berufserfahrung, die sowohl quantitative als auch qualitative Komponenten enthält. Dieses Modell von QUIÑONES u. a. (1995) ist das erste, das der Multidimensionalität des Konstrukts Berufserfahrung Rechnung trägt. Dabei stellt jede einzelne Art der Messung einen ganz bestimmten Aspekt der kontinuierlichen Erfahrungsentwicklung dar (QUIÑONES 2004).

Eine erste Erweiterung des Modells von QUIÑONES u. a. (1995) nehmen TESLUK und JACOBS (1998) in zwei Bereichen vor. Hierbei handelt es sich zum einen um die *Dichte* der Erfahrungen und bezieht sich damit auf die Intensität der Berufserfahrung und die Entwicklungsmöglichkeit in dieser Erfahrung. Solch eine Erfahrung beinhaltet verschiedene Herausforderungen und Hindernisse, die überwunden werden müssen. Indem man sich mit diesen Herausforderungen auseinandersetzen muss, führen dichte Erfahrungen eher zu weiterer Entwicklung als weniger dichte Erfahrungen. Die zweite Erweiterung bezieht sich auf den *Zeitpunkt*, zu dem, relativ zu anderen Ereignissen in der Karriere einer Person, die Erfahrung gemacht wird. Neben einer genaueren Differenzierung der Messebenen schlagen TESLUK und JACOBS (1998) vor, persönliche Eigenschaften wie Fähigkeiten, Lernmotivation und das Suchen nach Feedback als Moderatoren zwischen der Erfahrung und den Ergebnissen zu sehen. Ebenso können kontextuelle Faktoren einen Einfluss haben. Als abhängige Variable wird hier zudem der berufliche Erfolg weiterführend in unmittelbare Erfolge wie Motivation, Wissen, Fähigkeiten und berufsbedingte Einstellungen sowie in sekundäre Erfolge wie Karriereentwicklung und Leistung unterschieden (TESLUK/JACOBS 1998).

In der empirischen Forschung zu Berufserfahrung werden unterschiedliche Messmethoden verwendet, wobei diese Varianten wie etwa die Zeit im Berufsleben oder in einer bestimmten Organisation und Seniorität beinahe austauschbar in der Wirtschafts- und Organisationspsychologie verwendet werden (HOFMANN/JACOBS/GERRAS, 1992; SCHMIDT/HUNTER/OUTERBRIDGE 1986). Am häufigsten werden zeitbasierte Messungen verwendet wie die Dauer der Organisationszugehörigkeit oder die Berufserfahrung in Jahren. In vielen Studien wird auch das Alter der Befragten als

Maß für die Schätzung der Berufserfahrung oder des beruflichen Wissens herangezogen (Sturman 2003). Obwohl jeweils „Erfahrung“ untersucht wird, kann man nicht davon ausgehen, dass all diese Operationalisierungen des Konstrukts gleich geeignet sind bzw. Vergleichbares erfassen (Quiñones u. a., 1995). Wie hängen nun die verschiedenen Berufserfahrungsmaße mit dem beruflichen Erfolg zusammen? Dass ein Zusammenhang besteht, haben verschiedene Metaanalysen gezeigt (z. B. Quiñones u. a. 1995; Sturman 2003; Ng/Eby/Sorensen u. a. 2005). Klar ist, dass es kein linearer Zusammenhang ist. Die Ergebnisse gehen allerdings teilweise weit auseinander, was u. a. einerseits auf unterschiedliche Methoden zur Messung der Berufserfahrung zurückzuführen ist, andererseits auf unterschiedliche Maße für den beruflichen Erfolg bzw. die berufliche Leistung (z. B. Gehalt, Beförderungen, Karrierezufriedenheit oder Vorgesetztenbeurteilungen). Bezüglich einer zeitlichen Erfassung konnte Sturman (2003) zeigen, dass bei wenig komplexen Tätigkeiten ein umgekehrt U-förmiger Zusammenhang von Erfahrung und Berufserfolg angenommen werden kann, nicht aber bei komplexen Tätigkeiten. Hier sagt die Erfahrung über die Zeit hinweg den Berufserfolg linear besser vorher. Die Komplexität der Tätigkeit ist also ein wichtiger Moderator. Ng u. a. (2005) fanden für allgemeine Berufserfahrung höhere Korrelationen mit Gehalt ($r = .27$, $p < .05$) und Beförderungen ($r = .06$, $p < .05$) als für die Zeit im Beruf mit Gehalt ($r = .07$, $p < .05$) und Beförderungen ($r = -.02$, $p < .05$). Die metaanalytischen Ergebnisse von Quiñones u. a. (1995) zeigen, dass die in Jahren gemessene allgemeine Berufserfahrung die geringste Prognosekraft für berufliche Leistung besitzt, eine inhaltliche Erfassung hingegen die höchste. Ein genauerer Blick darauf, was diese inhaltliche Komponente der Berufserfahrung beinhaltet, ist also notwendig. Auf diesen Forschungsbedarf hinsichtlich spezifischer Untersuchungen der inhaltlichen Berufserfahrung weisen auch Tesluk und Jacobs (1998) hin. Bisher werden allerdings, wie oben ausgeführt, am häufigsten zeitliche Maße verwendet, was wohl an der Praktikabilität dieser Verfahren liegt.

Neben der geringen Prognosekraft zeitlicher Maße sind noch weitere Kritikpunkte an dieser Erfassung zu benennen. Personen, die bereits länger in einer bestimmten Organisation oder einem Beruf tätig sind, haben mehr Möglichkeiten, sich erfolgsrelevantes Wissen anzueignen. Der Erfahrungszuwachs ist nicht linear, sondern am Anfang am höchsten (Schmidt/Hunter 1998) bzw. vollzieht sich stufenweise durch unterschiedliche Phasen im Erwerbsverlauf (Murphy 1989). Diese nicht lineare bzw. stufenweise Erfahrungsentwicklung kann durch eine zeitbezogene Messung kaum erfasst werden. Unbeantwortet bleibt bei der zeitbezogenen Messung auch, welche spezifischen und relevanten Erfahrungen Personen jeweils über die Zeit hinweg machen und wie diese Erfahrungen das Verhalten der Personen in Zukunft beeinflussen. Daher kann die inhaltliche Bedeutung von Erfahrungen nur im Kontext, in dem die Erfahrungen gemacht werden, gesehen werden. Eine zeitliche Erfassung der Erfahrung kann also nur bedingt interindividuelle Unterschiede im intraindividuellen Wandel erfassen. Erfahrung kann daher nicht mit der Zeit in einem Unternehmen oder Beruf gleichgesetzt werden (Tesluk/Jacobs 1998). Ford, Smith, Sego und Quiñones (1993) zeigten, dass es bei Personen, die im gleichen Beruf gleich lange tätig sind, starke Unterschiede in der geforderten Komplexität und den Herausforderungen der Tätigkeiten geben kann. Zudem können sich Personen unterschiedlich entwickeln. Einige Personen verbessern sich möglicherweise über die Zeit hinweg, andere verschlechtern sich und wieder andere verändern sich nicht gezielt (Hofmann u. a., 1992). Personen verarbeiten Erfahrungen möglicherweise unterschiedlich. Allgemein werden bei einer rein zeitlichen Erfassung mögliche unterschiedliche Entwicklungen einer Person aufgrund ihrer Persönlichkeit oder fördernder Umweltfaktoren nicht bedacht. Berufserfahrung bezieht sich nach unserer Definition nur auf die Erfahrungen innerhalb der Berufstätigkeit. Trainings- und Weiterbildungsaktivitäten zählen nicht primär zu diesen Erfahrungen. Es geht also um das im informellen Rahmen erlernte Wissen bzw. die in der Arbeit erlernten Fähigkeiten und Fertigkeiten. Diese sind mit dem Expertise- bzw. Kompetenzbegriff verbunden. Das bloße Wissen reicht nicht aus, um erfolgreich zu sein, sondern es ist wichtig, dieses Wissen auch situationsspezifisch anwenden zu können. Gerade bei der alltäglichen Arbeit wird diese Erfahrung erlangt.

Modell zur Entwicklung von Berufserfahrung

Rein zeitliche, quantitative Maße sind, wie die bisherige Forschung zeigt, unzureichend zur Erfassung von Berufserfahrung und zur Vorhersage von beruflichem Erfolg. Daher schlagen wir folgendes Modell (siehe Abbildung 1) zur Entwicklung von Berufserfahrung vor. Die grundlegende Forschungsfrage dabei ist: Inwiefern kann Berufserfahrung anhand von erlebten herausfordernden Situationen erfasst werden?

Abbildung 1: **Modell zur Entwicklung von Berufserfahrung**

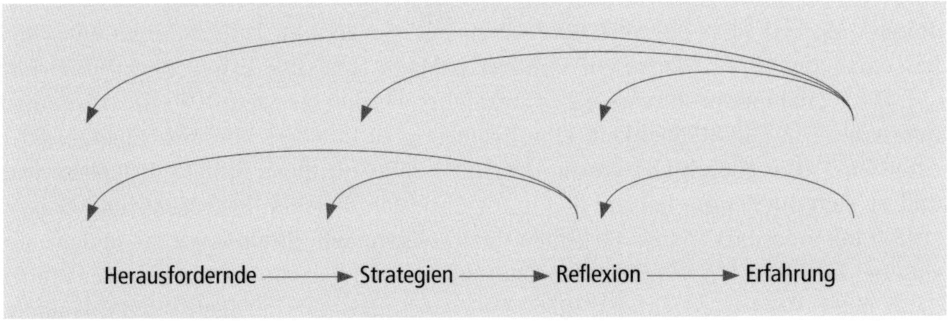

Bei der Bestimmung von Berufserfahrung sollte unseres Erachtens nicht im Mittelpunkt stehen, wie lange eine Tätigkeit bereits ausgeführt wurde, sondern was getan wurde. Ansatzpunkt ist es daher, Berufserfahrung anhand von herausfordernden Situationen im Arbeitsalltag zu erfassen. Konkret geht es darum, welche Erfahrungen gemacht und was daraus gelernt wurde.

Zunächst werden nun die einzelnen Variablen und Zusammenhänge im Modell genauer erläutert. Grundlegend ist eine herausfordernde Situation. Relevante Situationen zur Erfahrungsgewinnung beziehen sich dabei auf den Arbeitsprozess. Diese Situationen bei der Arbeit sollten vom Individuum selbst sowie von seinem Umfeld als Herausforderungen empfunden werden. Wir gehen davon aus, dass vier verschiedene Konstellationen hierzu zu zählen sind.

Erstens geht es um neue oder komplexe Situationen mit ungewohnter Verantwortung. Beispiele hierfür sind eine (unerwartete) Beförderung, Erweiterungen des Geschäftsfeldes, der Organisation oder des Standortes. Solche Arbeitssituationen sind erst dann ein wirklicher Erfahrungsgewinn, wenn sich aus ihnen späterer Erfolg ergeben kann. Dies ist eine Frage der Bedeutung der Situation, also ob sich aus der Situation eine bedeutende Veränderung in der Verarbeitung von bzw. Herangehensweise an ähnliche(n) Situationen ergibt. Zur Untersuchung können daher nur bestimmte Situationen aus der Arbeit herangezogen werden und nicht jede alltägliche Situation bzw. Routinetätigkeiten. HANDEL (1987) zeigte, dass gerade unerwartete, neue Situationen im Gedächtnis bleiben und die individuelle Entwicklung prägen.

Zweitens können bestimmte Projekte oder Aufgaben Veränderungen und insbesondere den Aufbau von Beziehungen und Netzwerken erfordern. Je komplexer und ungewisser Veränderungen und Arbeitsbeziehungen sind, desto eher sind diese Situationen auch als Herausforderungen anzusehen.

Drittens stellen Tätigkeiten mit hoher Verantwortlichkeit eine herausfordernde Situation dar. Dadurch ist die Person gezwungen, sich selbstständig zu entscheiden und sich aufgrund der möglichen Folgen von Entscheidungen tiefergehend mit der Problematik auseinanderzusetzen. In solchen Situationen mit viel eigenem Handlungsspielraum hängt es von den Personen selbst und ihren individuellen Entscheidungen ab, wie sich die Situation entwickelt. So können Unterschiede zwischen Personen und ihrem Verhalten sichtbar gemacht und der Erfolg bzw. Misserfolg auf das Verhalten der Personen zurückgeführt werden (MUMFORD 1994). Es ist dabei interessant, ob die Möglichkeit, eine Erfahrung zu machen, von individuellen oder externen Faktoren initiiert wurde. Darunter fällt, ob diese Situation geplant war und ob sich die Person bereitwillig in die Situation begeben hat. SCHAIE und GEIWITZ (1982) betonen dabei, dass Personen dazu neigen, sich Situationen zu suchen, die sich mit bestehenden individuellen Charakteristiken vereinbaren lassen. Dies führe dann dazu, dass weniger eine qualitative Veränderung vollzogen werde, sondern dass sich Personen eher entsprechende Situationen, die ihre bestehenden Charakteristiken unterstützen, suchen würden. Es hängt insgesamt betrachtet nicht nur von der Person und ihrer eigenen Entscheidung ab, ob sie sich in herausfordernde Situationen begibt, sondern auch vom Umfeld, das die Möglichkeiten und den Freiraum dafür bereitstellt. Ist eine Person beispielsweise nur für Routinetätigkeiten zuständig, gibt es für sie aufgrund ihrer Tätigkeit keine Möglichkeit, sich weiterzuentwickeln. Viertens können auch negative Erlebnisse als Herausforderungen und im nächsten Schritt als wichtige Erfahrungen bezeichnet werden. Wirtschaftliche Misserfolge oder Probleme in Arbeitsbeziehungen können beispielsweise rückblickend als herausfordernde Situationen bezeichnet werden.

Für das Lernen aus einer Erfahrung ist es nicht unbedingt entscheidend, ob man aufgrund der gewählten Strategie Erfolg hatte, sondern ob Situation und Strategie reflektiert wurden, denn auch aus „Fehlern" kann Erfahrung folgen (Marsick/Watkins 1990). Ob erfolgreiche und nicht erfolgreiche Erfahrungen als gleichwertig betrachtet werden können, kann aufgrund der bisherigen Forschung nicht eindeutig festgestellt werden. Daher werden die Strategien als eine Variable mit in das Modell aufgenommen. In einer Situation gibt es meistens unterschiedliche Strategien, die zum Erfolg führen können, und daher können an dieser Stelle auch unterschiedliche Arten von Strategien unterschieden werden. Im Falle eines Misserfolgs wird, bei entsprechender Reflexion, eine Lernerfahrung aus der Situation abgeleitet. Tritt in Zukunft eine ähnliche Situation auf, so wird die Person aufgrund der Erfahrung, dass die zuletzt angewandte Strategie nicht zum Erfolg führte, dieses Mal eine alternative Strategie wählen. Grundlegend wird damit bei der Entwicklung von Strategien natürlich angenommen, dass die Person aus ihren Fehlern auch wirklich lernt und in ähnlichen Situationen nicht wieder die gleiche Strategie wählt. Daher gehen wir im Modell von einer Rückwirkung der Erfahrung auf die Strategie aus.

Wichtig ist zudem die Reflexion. Wird das Verhalten nicht reflektiert, ist die Lernerfahrung geringer. Relevant für die individuelle Entwicklung sind die individuellen Folgen, wie das Gelernte an sich, die Anpassungsfähigkeit und die Einstellung zum Erfahrungsprozess. Die Person greift dabei auf vergangene Erfahrungen zurück. Ihr Verhalten ergibt sich aus den reflektierten Erfahrungen und daraus entwickelten Strategien sowie der jeweiligen Situation (Schneider 1987). Durch die Aufnahme der Variable Reflexion ist erklärbar, warum Erfahrung über den Erwerb von Wissen, Fähigkeiten und Fertigkeiten hinausgeht. Denn implizite Kompetenzen wie der Umgang mit anderen Mitarbeitern, Umgang mit Fehlern etc. sowie persönliche Ressourcen (z. B. Zeit, Einsatz ...), die auch durch die Organisation beschränkt sind, determinieren die Reflexion und können gleichzeitig das Ergebnis der Reflexion sein. Die persönlichen Ressourcen beeinflussen den Erfahrungserwerb hinsichtlich der Möglichkeit und der Motivation zur Reflexion sowie der Anwendung des Gelernten.

Wenn beispielsweise eine Person in der Vergangenheit öfters die Erfahrung gemacht hat, dass sich eine Verhaltensänderung nicht auszahlt, wird sie mögliche Handlungsstrategien und Situationen zum Erfahrungserwerb weniger nutzen. Somit ergeben sich Rückwirkungen von der Erfahrungsentwicklung auf alle anderen Variablen des Modells.

Das Modell bezieht sich lediglich auf den Aspekt der Entwicklung von Berufserfahrung. Der nächste Schritt ist, die auf herausfordernden Situationen basierende Berufserfahrung in den Zusammenhang mit beruflichem Erfolg als abhängige Variable zu setzen und mit herkömmlichen Maßen der Berufserfahrung zu vergleichen, um so die Validität zu überprüfen.

Studie zur Erfassung von Berufserfahrung

Bei der Validitätsüberprüfung von Maßen zur Erfassung der herausforderungsbasierten Berufserfahrung sind drei Validitätsarten zu unterscheiden, die Inhaltsvalidität, die kriterienbezogene Validität und die Konstruktvalidität. Bei der Inhaltsvalidität kommt es darauf an, dass die „Testitems", hier die erlebten erfolgsrelevanten Situationen, Berufserfahrung inhaltlich repräsentieren. Durch die Anwendung des Job Challenge Profile konnte auf einen in mehrjährigen Vorstudien entwickelten Itempool zurückgegriffen werden. Aus biografischen Interviews wurden dabei Situationen formuliert, die erfolgsrelevant sind (McCauley/Ruderman/Ohlott/Morrow 1994). Diese wurden für die vorliegende Studie adaptiert und erweitert. Wichtig dabei ist insbesondere, dass der Fokus in unserem Ansatz auf die Vergangenheit, also auf erlebte Situationen gerichtet ist und nicht auf die momentane Arbeitssituation.

Die kriterienbezogene Validität bezieht sich auf die empirisch nachgewiesene Korrelation zwischen dem Testwert und dem Verhalten außerhalb der eignungsdiagnostischen Situation, also dem Kriterium – hier der berufliche Erfolg. In der hier nachfolgend berichteten Studie handelt es sich nach Lienert und Raatz (1994) um die Übereinstimmungsvalidität, da das Kriterium gleichzeitig mit den unabhängigen Variablen der Berufserfahrung erfasst wurde. Bei der Konstruktvalidität steht die Frage im Vordergrund, was der Test misst. Dabei werden Schritte der inhaltlichen und der kriterienbezogenen Validität vereinigt. Nach Cronbach (1970) werden drei Schritte zur Konstruktvalidierung unterschieden. Zunächst werden Vermutungen aufgestellt, welche Konstrukte das Testergebnis erklären könnten. Dann werden überprüfbare Hypothesen aus der das Konstrukt betreffenden Theorie abgeleitet. Als letzter Schritt werden empirische Studien durchgeführt, um die Hypothesen zu testen.

In der vorliegenden Studie werden also zur Klärung der inhaltlichen Fragen sowie zur Konstruktvalidierung Zusammenhänge mit zeitlichen Maßen der Berufserfahrung sowie dem Kriterium Berufserfolg untersucht.

Hypothesen

Die grundlegende Annahme des Konzepts der herausforderungsbasierten Berufserfahrung ist, dass sich aus erlebten Herausforderungen erfolgsrelevante Erfahrungen entwickeln. Dabei hängt die Erfahrungsakkumulation natürlich von den Möglichkeiten ab, überhaupt solche herausfordernde Situationen erleben zu können. Es ist davon auszugehen, dass diese Möglichkeiten zeitabhängig sind. Je länger jemand arbeitet, desto wahrscheinlicher ist es, dass er oder sie bereits mehr erfolgsrelevante, herausfordernde Situationen erlebt hat. Gleichzeitig werden diese Möglichkeiten auch mit der Zeit abnehmen, sobald ein gewisses Maß an Expertise erreicht ist. Danach wird es weniger wirklich herausfordernde Situationen in einer spezifischen Tätigkeit geben, da grundlegende Erfahrungen, die relevant für die Tätigkeitsausführung sind, bereits gemacht wurden. In einer Tätigkeit mit hoher Komplexität, wie die der hier untersuchten Führungskräfte, werden auch längerfristig immer wieder herausfordernde Situationen auftauchen, in denen Lernerfahrungen gemacht werden können. Daher war die erste Hypothese, dass *die auf erlebten Herausforderungen basierende Berufserfahrung schwach positiv mit den zeitbasierten Berufserfahrungsmaßen korreliert.*

Dass ein Zusammenhang zwischen Berufserfahrung und beruflicher Leistung existiert, haben bereits verschiedene Metaanalysen gezeigt (Quiñones u. a. 1995; Sturman 2003; Ng u. a. 2005). Zeitliche Maße zeigen, im Vergleich zu der Anzahl an gemachten Erfahrungen, allerdings den geringsten Zusammenhang mit der beruflichen Leistung. Dieser Unterschied ergibt sich auch durch die Messebene, auf der die Berufserfahrung erhoben wird. Tätigkeitsspezifisch erfasste Erfahrung zeigt den stärksten Zusammenhang mit Leistung, während Erfahrung, die auf der Organisationsebene gemessen wird, den geringsten Zusammenhang hat. Es ist davon auszugehen, dass sowohl für die herausforderungsbezogene als auch für die zeitbasierte Erfassung der Berufserfahrung ein positiver Zusammenhang mit dem beruflichen Erfolg besteht. Das neue Maß der auf erlebten Herausforderungen basierenden Berufserfahrung fußt darauf, dass Erfahrungen unterschiedlich häufig gemacht wurden. Die zweite Hypothese lautet: *Die Messung von herausforderungsbezogener Berufserfahrung kann beruflichen Erfolg vorhersagen und diese Messung kann einen zusätzlichen Beitrag zu zeitbezogenen Maßen für die Vorhersage von Berufserfolg leisten.*

Ablauf der Befragung

Es wurden zwei unabhängige Umfragen bei Führungskräften verschiedener Branchen durchgeführt. Es handelte sich jeweils um eine schriftliche Befragung durch Fragebogen im Feld.

Die Berufserfahrung wird zeitbasiert anhand der vier Maße Jahre im Erwerbsleben, im Beruf, im Unternehmen und in der Position gemessen. Zusätzlich wird die Häufigkeit erlebter herausfordernder Situationen anhand eines Index von 53 Items erfasst. Hierfür wurde das Job Challenge Profile (JCP; McCauley u. a. 1994) ins Deutsche übersetzt und adaptiert. Als Antwortschlüssel wurde nicht wie im englischsprachigen Original der Grad der Übereinstimmung der Items mit der momentanen Arbeitsplatzsituation herangezogen, sondern die Häufigkeit des Vorkommens der Situationen in der Vergangenheit (5-stufige Rankingskala mit den Antwortkategorien „nie" bis „sehr oft"). Wichtig bei der Adaption war insbesondere, dass der Fokus unserer Studie auf der Vergangenheit, also auf erlebten Situationen liegt und nicht auf der momentanen Arbeitssituation. Die Items mussten hierfür umformuliert werden. Hinzu kommen drei weitere Items, die die Bandbreite an Erfahrungen im Berufsalltag insgesamt erfassen und die ebenfalls zu diesem Index zählen.

Nach einer explorativen Faktorenanalyse mit Varimax-Rotation ergeben sich aus den 53 Items 6 gut interpretierbare Dimensionen, die jeweils mit einem Beispielitem in Tabelle 1 aufgeführt sind. Zur besseren Übersichtlichkeit und um ein Gesamtbild für die herausforderungsbasierte Berufserfahrung zu erhalten, wurden diese erlebten und bewältigten Situationen zudem zu einem Gesamtindex zusammengefasst.[1]

Tabelle 1: **Subdimensionen der herausforderungsbasierten Berufserfahrung**

Berufserfahrung	Beispielitem
Neue Aufgaben intern/extern	Sie hatten schon umfangreiche Umstrukturierungen aufgrund einer Fusion, eines Firmenkaufs, Personalabbaus oder schnellen Unternehmenswachstums durchzuführen.
Interne personelle Probleme	Sie hatten Mitarbeiter, die daran gewöhnt waren, Dinge so zu tun, wie sie immer getan wurden, und die nur widerwillig notwendige Veränderungen akzeptierten.
Verantwortung innerhalb Orga.	Sie mussten Aufgaben lösen, mit denen Sie anfangs überhaupt nicht vertraut waren (z. B. eine Funktion, ein Produkt, eine Technologie, ein Markt).
Ausgeübter Druck	Sie standen unter dem Druck, eine wichtige Aufgabe schnell abschließen zu müssen.
Diversity	Menschen aus unterschiedlichen Ländern waren bereits Ihre Geschäftspartner.
Individuelle Rollenfindung	Andere bezweifeln, ob Sie für Ihre jetzige Position, trotz Ihrer Leistungen, bereits über genügend Erfahrung verfügen.

1 Die einzelnen Faktoren korrelieren alle signifikant zwischen $r = .21$ ($p < .05$) und $r = .61$ ($p < .01$) miteinander.

Zur Erfassung der „Reflexion“ wurden die drei Items „In Ihrer Arbeitstätigkeit hatten Sie immer wieder neue herausfordernde Aufgaben zu bewältigen“, „Ihre bisherigen Erfahrungen halfen Ihnen, auf neue Situationen schnell und adäquat reagieren zu können“ und „Obwohl Sie in Ihrer Arbeit mit schwierigen Situationen zu kämpfen hatten, haben diese Sie – im Nachhinein betrachtet – weiter vorangebracht“ entwickelt.

Ergänzend wurden der berufliche Erfolg sowie soziodemografische Variablen und Rahmenbedingungen der Entwicklung von Erfahrung in die Studie aufgenommen. Die Aufnahme von Fragen zum Berufserfolg diente dem Zweck, erste Erkenntnisse über eine mögliche Beziehung zwischen der herausforderungsbezogenen Berufserfahrung und objektiven Maßen des Berufserfolgs sowie der subjektiven Beurteilung der eigenen Leistung zu erhalten. Objektive Maße waren das Gehalt und die Anzahl an Beförderungen. Als subjektive Maße wurden die Selbsteinschätzung der Leistungs- und Karrierezufriedenheit der Befragten erfasst. Bei den soziodemografischen Variablen und den Rahmenbedingungen handelte es sich um allgemeine Angaben zur Erwerbstätigkeit, zu Alter, Geschlecht, Familienstand, Kinderzahl sowie zur Schulbildung. Hinzu kamen Angaben zur Betriebsgröße, Branche, Anzahl der Unterbrechungen der beruflichen Tätigkeit und der Komplexität der Tätigkeit wie die Budget- bzw. Personalverantwortung.

Beschreibung der Stichprobe

Insgesamt wurden von 205 Personen Fragebogen ausgefüllt an uns zurückgeschickt. Davon konnten allerdings nur diejenigen in die Studie eingehen, die momentan Führungskräfte sind und bereits die Möglichkeit hatten, Erfahrungen als Führungskraft zu sammeln. Kriterium für die Erfassung als Führungskraft war, dass die befragte Person in ihrer jetzigen Position sowohl Personal- als auch Budgetverantwortung übernimmt. Ausgeschlossen wurden alle, die diese Voraussetzungen nicht erfüllten.

Somit ergab sich eine Nettostichprobe von n = 116 Führungskräften mit sowohl Budget- als auch Personalverantwortung (56,7 % der Gesamtstichprobe). Der Männeranteil liegt bei 72,4 %. Das Alter der Befragten liegt zwischen 22 und 64 Jahren (M = 42,9; SD = 10,1). Der größte Teil der Befragten gab einen Fach- bzw. Hochschulabschluss als höchsten Schulabschluss an (n = 66; 56,9 %), 24 mittlere Reife (20,7 %), 13 Abitur (11,2 %) und 13 den Hauptschulabschluss (11,2 %). Durchschnittlich sind die Befragten seit 15,5 Jahren in ihrem Beruf tätig (*SD* = 10,7).

Ergebnisse

In Tabelle 2 sind Mittelwerte, Standardabweichungen, Schiefe und die Reliabilitäten der Subskalen der Berufserfahrung aufgeführt.

Tabelle 2: **Skalenkennwerte der herausforderungsbezogenen Berufserfahrung**

Berufserfahrung	Zahl der Items	*M*	*SD*	Schiefe	Cronbachs α	Gültiges *N*
Neue Aufgaben intern/extern	10	3.06	.56	.21	.72	110
Interne personelle Probleme	10	2.71	.64	.18	.84	112
Verantwortung innerhalb der Organisation	10	3.17	.65	-.23	.81	109
Ausgeübter Druck	11	3.25	.58	.05	.73	113
Diversity	6	2.31	.96	.67	.88	112
Individuelle Rollenfindung	4	2.20	.69	.19	.61	111
herausforderungsbezogene Berufserfahrung gesamt	53	2.97	.52	.33	.94	96

Aufgrund dieser Ergebnisse können bereits einige Aussagen über den Inhalt der Erfahrungen und die Qualität der Daten gemacht werden. Die Mittelwerte der 6 Subskalen zur Messung der herausforderungsbasierten Berufserfahrung unterscheiden sich teilweise stark. Es scheint so, als ob es Bereiche gibt, in denen Erfahrungen generell häufiger gemacht werden. Hierzu zählen vor allem neue Aufgaben, (ungewohnte) Verantwortung und ausgeübter Druck. Andere Situationsgruppen, wie etwa Diversity oder die individuelle Rollenfindung, wurden in der Stichprobe weniger häufig erlebt. Auch hinsichtlich der Schiefe der Verteilung unterscheiden sich die Subskalen teilweise deutlich voneinander. Die interne Konsistenz ist bei allen Skalen zumindest für Forschungszwecke ausreichend, da Cronbachs α generell einen Wert von mindestens .60 erreichen sollte (Nunnally 1967).

Die Homogenität des Berufserfahrungsmaßes lässt sich auch aufgrund der Interkorrelationen der Items beurteilen. Insgesamt – für alle Items betrachtet – liegen die Interkorrelationen zwischen $r = -.21$ ($p < .05$) und $r = .67$ ($p < .01$). Die signifikanten Korrelationen liegen zwischen $r = .19$ ($p < .05$) und $r = .67$ ($p < .01$) und machen 48,3 % aller Korrelationen aus. Der Homogenitätswert ist $H = .22$. Somit sind die Items als vergleichsweise homogen anzusehen. Das bedeutet inhaltlich, dass die Items ähnliche Merkmalsfacetten der Berufserfahrung repräsentieren und somit eine Zusammenfassung aller Items angemessen ist.

Tabelle 3 zeigt die Zusammenhänge der herausforderungsbezogenen Berufserfahrung mit den Jahren im Beruf, den Erfolgsmaßen sowie der Reflexion. Es besteht kein signifikanter Zusammenhang zwischen der herausforderungsbezogenen Berufserfahrung und dem zeitbezogenen Maß der Berufserfahrung. Der Gesamtindex herausfordernder Situationen korreliert mit dem Gehalt mit r = .46**, wobei auch die Jahre im jetzigen Beruf mit dem Gehalt korrelieren (r = .26**). Inhaltlich bedeutet dies, dass Personen, die viele herausfordernde Situationen in ihrem Beruf erlebt haben, mehr verdienen als Personen mit weniger Erfahrungen. Bei der Messung der Berufserfahrung in Jahren zeigt sich ebenfalls ein positiver Zusammenhang, auch wenn der Zusammenhang nicht so stark ist: Je länger jemand bereits in seinem Beruf tätig ist, desto mehr verdient er auch.

Insbesondere bei dem Zusammenhang von Jahren im Beruf und dem Gehalt ist davon auszugehen, dass weitere Variablen wie beispielsweise das Alter diesen Zusammenhang beeinflussen, deren Einfluss „neutralisiert“ werden muss. Daher werden in einem nächsten Schritt die Kontrollvariablen auspartialisiert. Wird der Effekt der Kontrollvariablen Alter, Geschlecht, Anzahl der Kinder, Bildungsabschluss und Partnerschaft aus der Korrelation von den herausfordernden Situationen und dem Gehalt berücksichtigt, bleibt aber ein signifikanter Zusammenhang bestehen. Der Zusammenhang hat mit r = .45** nahezu die gleiche Höhe wie ohne die Kontrollvariablen. Ein anderes Bild zeigt sich für die Partialkorrelation bei den Jahren im Beruf und dem Gehalt. Bei der Berücksichtigung der Kontrollvariablen ergibt sich kein signifikanter Zusammenhang mehr zwischen den beiden untersuchten Variablen. Ähnliche Ergebnisse, wenn auch teilweise nur tendenziell, zeigen sich für die anderen Berufserfolgsmaße. Auch hier bestehen die Zusammenhänge für die situative Erfassung auch bei der Aufnahme von Kontrollvariablen. Daraus kann geschlossen werden, dass die zeitliche Dimension der Berufserfahrung in weiten Teilen der allgemeinen Zeit entspricht, die Personen zum Erfahrungserwerb zur Verfügung steht und daher eng mit dem Alter und anderen Karriere beeinflussenden Variablen wie dem Geschlecht oder der Anzahl der Kinder der Personen verbunden ist. Je älter Personen sind, desto mehr verdienen sie, was dem klassischen Senioritätsprinzip entspricht. Die herausfordernden Situationen hingegen weisen einen stärkeren Zusammenhang mit dem Berufserfolg auf als die zeitliche Berufserfahrung und scheinen inhaltlich etwas anderes zu erfassen als die zeitliche Dauer des Erlebens von Erfahrungen (gemessen anhand der zeitlichen Berufserfahrung oder des Alters). Das zeigt sich in Tabelle 3 am nicht signifikanten Zusammenhang zwischen dem Gesamtindex der erlebten Herausforderungen und den Jahren im Beruf.

Die Reflexion von Erfahrungen ist ebenfalls interessant, da sie mit dem beruflichen Erfolg korreliert, nicht aber mit den Jahren im Beruf. Je mehr Herausforderungen Personen im Beruf erleben, desto eher reflektieren sie auch diese Erfahrungen. Eine Reflexion ist unabhängig von der Dauer des Berufslebens. Ob die herausforderungsbasierte Berufserfahrung zusätzlich zu einem zeitlichen Maß noch mehr beruflichen Erfolg zu erklären vermag, muss in einer Regressionsanalyse geklärt werden.

Tabelle 3: **Korrelationen zwischen Berufserfahrung und beruflichem Erfolg**

	1	2	3	4	5	6
Herausforderungen (1)		.51**	-.19+	.45**	.19+	.18
Reflexion (2)	.52**		.02	.20+	.25*	.30**
Jahre im Beruf (3)	-.05	.05		-.08	.02	.16
Gehalt (4)	.46**	.20+	.26*		.37**	.42**
Subj. Karriereerfolg (5)	.18+	.24*	.14	.38**		.39**
Beförderungen (6)	.19+	.28**	.33**	.50**	.41**	

Anmerkungen: + $p < .10$, *$p < .05$, **$p < .01$; unter der Diagonalen bivariate Korrelationen (zweiseitig) (n = 93 – 114); über der Diagonalen partielle Korrelation mit Kontrollvariablen Alter, Geschlecht, Anzahl Kinder, Bildungsabschluss, Partnerschaft (n = 76 – 98).

Die hierarchische Regression lässt auf eine zusätzliche Varianzaufklärung der herausforderungsbezogenen Berufserfahrung zusätzlich zu dem zeitbezogenen Erfahrungsmaß bezüglich der Vorhersage des Gehalts schließen. Das korrigierte Bestimmtheitsmaß beträgt 0,28. Es wird also 28 % der Variation des Gehalts durch die beiden Regressoren herausforderungsbasierte und zeitbezogene Berufserfahrung erklärt. Die inkrementelle Validität für die Vorhersage des Gehalts beträgt .24, siehe Tabelle 4. Inhaltlich bedeutet dies, dass zusätzlich zu den 6 % der Erklärung des Gehalts durch die Jahre im Beruf weitere 24 % durch die herausfordernde Berufserfahrung erklärt werden.

Tabelle 4: **Hierarchische Regressionsanalyse zur Vorhersage des Gehalts**

Gehalt	*R2*	*Adj. R2*	*Δ R2*	*beta*	*t*
1. Schritt	.06	.05	.06		
Jahre im Beruf				.25	2.32*
2. Schritt	.30	.28	.24		
Jahre im Beruf				.26	2.79**
Herausforderungen				.49	5.19**

Anmerkungen: $*p < .05$, $**p < .01$, $N = 95$.

Ein weiteres Maß für die berufliche Leistung ist die Anzahl der Beförderungen, die jemand in seinem Berufsleben erhalten hat. Im Fall der Anzahl der Beförderungen ist die zusätzliche Varianzaufklärung durch die Aufnahme der Herausforderungen in die Regression geringer als bei dem Gehalt, aber dennoch signifikant, siehe Tabelle 5. Es werden 4 % der Varianz der Beförderungen durch die herausforderungsbasierte Berufserfahrung zusätzlich erklärt.

Tabelle 5: **Hierarchische Regressionsanalyse zur Vorhersage der Anzahl an Beförderungen**

Beförderungen	*R2*	*Adj. R2*	*Δ R2*	*beta*	*t*
1. Schritt	.16	.15	.16		
Jahre im Beruf				.40	4.12**
2. Schritt	.20	.18	.04		
Jahre im Beruf				.41	4.36**
Herausforderungen				.20	2.14*

Anmerkungen: $*p < .05$, $**p < .01$, $N = 93$.

Es wurde gezeigt, dass Berufserfahrung, gemessen sowohl anhand zeitbezogener als auch herausforderungsbezogener Maße, mit dem beruflichen Erfolg zusammenhängen. Zwischen den unterschiedlichen Operationalisierungen von Berufserfahrung besteht kein Zusammenhang. Zusammenfassend lässt sich also feststellen, dass Hypothese eins nicht bestätigt werden konnte. Es besteht kein Zusammenhang zwischen der herausforderungsbasierten Berufserfahrung und den Jahren im Beruf.

Auch für die anderen zeitbezogenen Maße lässt sich keine Korrelation mit der herausforderungsbezogenen Berufserfahrung feststellen. Hypothese 2 kann angenommen werden: Die Messung von herausforderungsbezogener Berufserfahrung kann beruflichen Erfolg vorhersagen, und diese Messung kann einen zusätzlichen Beitrag zu den Jahren im Beruf bei der Vorhersage von Berufserfolg leisten. Die herausforderungsbezogene Berufserfahrung sagt bezüglich des Gehalts beruflichen Erfolg sogar besser vorher als zeitbezogene Maße der Berufserfahrung. Weiterführende Analysen, die insbesondere der Mehrdimensionalität der herausfordernden Situationen Rechnung tragen, werden hier aus Platzgründen nicht im Detail beschrieben. Einige Erlebnisse scheinen besonders wichtig für den Berufserfolg zu sein, andere nicht. Beispielsweise hängen Verantwortung innerhalb der Organisation oder neue Verantwortungen positiv mit der Anzahl an Beförderungen (r = .24* bzw. r = .21*) sowie dem Gehalt (r = .29** bzw. r = .49**) zusammen, während die individuelle Rollenfindung mit keinem Berufserfolgsmaß korreliert. Bestimmte Erfahrungen wirken sich also positiv auf den Erfolg aus, während andere keinen Zusammenhang mit dem Erfolg aufweisen. Unklar ist, ob diese Erfahrungen nicht dennoch wichtig sind und sich langfristig auf den Erfolg auswirken können. Ungewohntes oder negative Erfahrungen hängen nicht mit dem subjektiven und objektiven Erfolg zusammen, obwohl gerade hier ein hohes Potential an Lernerfahrungen liegt. Gerade durch negative Erfahrungen, sofern sie reflektiert werden, können Fähigkeiten und Fertigkeiten entwickelt werden (Marsick/Watkins 1990; Ellis/Davidi 2005). Obwohl sowohl die herausfordernden Situationen als auch die zeitliche Perspektive Berufserfahrung messen und sich damit inhaltlich überschneiden, scheinen sie unterschiedliche Facetten von Erfahrung zu messen. Die Studie zeigt die Notwendigkeit auf, sich genauer mit Berufserfahrung zu befassen und bei der Messung nicht nur auf zeitliche Maße zurückzugreifen.

Diskussion

Die vorliegende Arbeit hat gezeigt, dass es sinnvoll ist, Berufserfahrung neben zeitlichen Maßen zusätzlich anhand herausfordernder Situationen zu erfassen. Das Erleben von Herausforderungen und auch die Verarbeitung (Reflexion) des Gelernten scheinen sich über die Zeit hinweg nicht automatisch zu akkumulieren. Es besteht kein Zusammenhang zwischen der herausforderungsbezogenen Berufserfahrung bzw. deren Verarbeitung mit dem Alter der Personen sowie den zeitbezogenen Berufserfahrungsmaßen. Eine Erklärung könnte sein, dass Personen, die ihren Beruf noch relativ kurz ausüben, viele ungewohnte und neue Situationen erleben, wohingegen Personen, die ihren Beruf lange ausüben, möglicherweise die erlebten Situationen nicht mehr als Herausforderung erleben. Hinzu kommt, dass das Erfahrungslernen von weiteren Kontextfaktoren abhängt und daher nicht kontinuierlich zunimmt. Diese Effekte überdecken möglicherweise die Tatsache, dass sich mit zunehmender Dauer im Berufsleben oder einer bestimmten Tätigkeit mehr Gelegenheiten ergeben, Erfahrungen zu sammeln. Einschränkend ist festzuhalten, dass die vorliegende Studie nur einen ersten Versuch zur Erfassung von herausforderungsbezogener Berufserfahrung darstellt. Die Erfassung anhand eines Fragebogens hat den Nachteil, dass keine Nachfragen gestellt werden können und dass hier implizit angenommen werden muss, dass das reine Erleben von herausfordernden Situationen ausreicht, um spezifische Strategien anzuwenden, zu reflektieren und daraus eine Lernerfahrung aus der Situation zu gewinnen. Die Reflexion konnte hier nur allgemein erfragt werden und nicht spezifisch für jede Situation. Daher konnte das vorgeschlagene Modell zur Entwicklung von Berufserfahrung nur allgemein als grundlegendes „Denkmodell" genutzt und nicht direkt überprüft werden, obwohl sich Hinweise für die Bestätigung des Modells fanden.

Forschungsbedarf besteht noch dazu, aus dem ausführlichen Fragebogen ein anwendungsorientiertes Inventar zu entwickeln. Darin sollen erfolgsrelevante Situationen und Erfahrungen erfasst werden. Dabei kann dem gesamten Modell zur Erfassung von Berufserfahrung Rechnung getragen werden, da so auch Rückwirkungen der einzelnen Variablen erfassbar sind.

Besonders erfolgsrelevante Situationen aus der vorliegenden Fragebogenstudie sollen neben weiteren, durch Workshops mit Führungskräften und Personen aus der Personalentwicklung erarbeiteten, herausfordernden Situationen in einem Interviewverfahren Anwendung finden. Dabei sollten insbesondere die Reflexion der erlebten Situationen und die daraus gezogenen „Lehren" genauer untersucht werden. Zur Entwicklung des Interviewleitfadens ist eine weiterführende Itemanalyse notwendig. Biografische Items sind allgemein relativ unabhängig voneinander, woraus sich eine Schwierigkeit der Zusammenfassung von einzelnen Situationsgruppen ergeben kann und eine Skala zur Erfassung von herausforderungsbezogener Berufserfahrung nur ein sehr grobes Maß für spezifische Erfahrungen sein kann (MUMFORD/OWENS 1987). Die einzelnen Items erfassen auch innerhalb der Subdimensionen spezifische Erfahrungen, die nicht unbedingt gleichzeitig gemacht werden müssen. Daher ist es notwendig in einem weiterführenden Schritt die einzelnen Items genauer zu untersuchen. Diese Items, auch untersucht hinsichtlich ihrer Trennschärfe und Schwierigkeit, sollen dann im Interviewleitfaden Anwendung finden. Daher sollen nach der Validierung nun in einem zweiten Schritt aus den gefundenen Hinweisen auf Konstruktbezüge der herausforderungsbezogenen Daten erlebte Situationen herausgearbeitet werden, die erfolgsrelevant und in einem Interviewverfahren einsetzbar sind. Für die Praxis der Kompetenzfeststellung sind die Ergebnisse der Studie relevant, dass es nicht ausreicht, Berufserfahrung rein zeitbezogen zu messen, um

Berufserfolg von Führungskräften vorherzusagen. Anhand von Herausforderungen im erlebten Berufsalltag können spezifische Erfahrungsbereiche und daraus entwickelte Kompetenzen erfasst werden, die einen zusätzlichen Beitrag zur Vorhersage des Berufserfolgs leisten. Zudem können Personalentwicklungsmaßnahmen abgeleitet werden, die darauf basieren, notwendige erfolgsrelevante Erfahrungen spezifisch zu fördern.

Weiterhin ist noch nicht ausreichend erforscht, inwiefern Persönlichkeitseigenschaften das Lernen aus herausfordernden Situationen beeinflussen. In weiterführender Forschung sollte außerdem beruflicher Erfolg auch anhand von Vorgesetztenbeurteilungen erfasst werden. Im Fokus dieser Studie standen Erfahrungen im Beruf. Natürlich können auch Erfahrungen außerhalb, wie etwa in der Familie oder allgemein im Privatleben, als Erfahrungsräume gesehen werden, die zu neuen Einflüssen und möglicherweise auch zum späteren Berufserfolg beitragen. Dies erhöht die Dynamik des Systems des Erfahrungserwerbs ebenso wie die Tatsache, dass Personen durchgehend aufgrund ihrer kontinuierlichen Arbeit Erfahrungen sammeln und sich damit weiterentwickeln.

Literatur

Ellis, Shamuel; Davidi, Inbar: After-event Reviews: Drawing lessons from successful and failed experience. In: Journal of Applied Psychology 90 (2005), S. 857–871

Ford, Kevin J. u. a.: Impact of task experience and individual factors on training-emphasis. In: Journal of Applied Psychology 78 (1993), S. 583–590

Handel, Amos: Personal theories about the life-span development of one's self in autobiographical self-presentations of adults. In: Human Development 30 (1987), S. 83–98

Hofmann, David A.; Jacobs, R.; Gerras, Steve J.: Mapping individual performance over time. In: Journal of Applied Psychology 77 (1992), S. 185–195

Lance, Charles E.; Hedge, Jerry W.; Alley, William E.: Joint relationships of task proficiency with aptitude, experience, and task difficulty: A cross-level, interactional study. In: Human Performance 2 (1989), S. 249–272

Lienert, Gustav A.; Raatz, Ulrich: Testaufbau und Testpraxis. Weinheim, Beltz 1994

McCauley, Cynthia D. u. a.: Assessing the developmental components of managerial jobs. In: Journal of Applied Psychology 79 (1994), S. 544–560

Marsick, Victoria J.; Watkins, Karen E.: Informal and incidental learning in the workplace. London 1990

Mumford, Michael D.: Background data and development: structural issues in the application of life history measures. In: Stokes, Garnett, S.; Mumford, Michael D.; Owens, William A. (Hrsg.): Biodata Handbook – Theory, research, and use of biographical information in selection and performance prediction. Palo Alto, California 1994, S. 555–582

MUMFORD, Michael D.; OWENS, William A.: Methodology review: Principles, procedures, and findings in the application of background data measures. In: Applied Psychological Measurement 11 (1987), S. 1–31

MURPHY, Kevin R.: Is the Relationship Between Cognitive Ability and Job Performance Stable Over Time? In: Human Performance 2 (1989), S. 183–200

NG, Thomas W. u. a.: Predictors of objective and subjective career success. A meta-analysis. In: Personnel Psychology 58 (2005), S. 367–408

QUIÑONES, Miguel A. u. a.: The relationship between work experience and job performance: a conceptual and meta-analytic review. In: Personnel Psychology 48 (1995), S. 887–910

SCHAIE, Warner K.; GEIWITZ, James: Adult development and aging. Boston 1982

SCHMIDT, Frank L., HUNTER, John E.; OUTERBRIDGE, Alice N.: Impact of job experience and ability on job knowledge, work sample performance, and supervisory ratings of job performance. In: Journal of Applied Psychology 71 (1986), S. 432–439

SCHNEIDER, Benjamin: The people make the place. In: Personnel Psychology 4 (1987), S. 437–453

SONNENTAG, Sabine: Expertise at work: Experience and excellent performance. In: COOPER, Cary L. and ROBERTSON, Ivan T. (Hrsg.): International Review of Industrial and Organizational Psychology. Chichester, UK, 15 (2000), S. 223–264

STURMAN, Michael C.: Searching for the inverted U-shaped relationship between time and performance: Meta-analyses of the experience/performance, tenure/performance, and age/performance relationships. In: Journal of Management 29 (2003), S. 609–640

TESLUK, Paul E.; JACOBS, Rick R.: Toward an integrated model of work experience. In: Personnel Psychology 51 (1998), S. 321–355

Autoren

Dipl.-Sozw. Eva Geithner
Universität Erlangen-Nürnberg, Fachbereich Wirtschaftswissenschaften
Lehrstuhl für Psychologie, insb. Wirtschafts- und Sozialpsychologie
Lange Gasse 20
90403 Nürnberg
Tel.: 0911/5302147
Fax: 0911/5302243
eva.geithner@wiso.uni-erlangen.de

Prof. Dr. Klaus Moser
Universität Erlangen-Nürnberg, Fachbereich Wirtschaftswissenschaften
Lehrstuhl für Psychologie, insb. Wirtschafts- und Sozialpsychologie
Lange Gasse 20
90403 Nürnberg
Tel.: 0911/5302259
Fax: 0911/5302243
moser@wiso.uni-erlangen.de

Margit Stein

Kompetenzfeststellung bei Auszubildenden

Abstract

Im Rahmen des Modellversuchs „LAnf – Leistungsstarke Auszubildende nachhaltig fördern“ wurden Methoden und Instrumente zur Kompetenzfeststellung bei Auszubildenden erarbeitet. Hierzu wurden Ausbilderinnen und Ausbilder gebeten, Auszubildende zu benennen, die im Betrieb als besonders kompetent gelten. Es zeigte sich, dass die von den betrieblichen Ausbilderinnen und Ausbildern als kompetent geschilderten Auszubildenden einer gematchten Referenzgruppe von durchschnittlich leistungsstarken Auszubildenden hinsichtlich der anschauungsgebundenen Intelligenz, der Leistungsmotivation und der sozialen Kompetenz signifikant überlegen waren. Das Ausbilderurteil kann also auch mit psychometrischer Methodik operationalisiert werden. Berufliche Kompetenz bei Auszubildenden kann also psychometrisch abgebildet werden.

Hinführung

Angesichts der Zunahme des technischen Fortschritts und der Globalisierung wird zukünftig von Berufstätigen aktive, leistungsbereite und selbstverantwortliche Mitgestaltung gefordert. Neben fachlichen Kompetenzen sollte eine Förderung insbesondere auch auf den frühzeitigen Erwerb von überfachlichen Kompetenzen, wie sie etwa internationale oder soziale Kompetenz darstellen, noch während der beruflichen Erstausbildung abzielen. Im Rahmen des Modellversuchs „LAnf – Leistungsstarke Auszubildende nachhaltig fördern“ des BIBB wurden Methoden und Instrumente zur Kompetenzfeststellung bei Auszubildenden erarbeitet. Insbesondere sollten Möglichkeiten gefunden werden, berufliche Kompetenzen psychometrisch abzubilden. An die Diagnose der Kompetenzen schloss sich die Suche nach Möglichkeiten an, die Kompetenzen systematisch zu verbessern und auszubauen (Stein/Günther/Schmidt 2003; Stein 2004).

Der Kompetenzbegriff bei Auszubildenden muss weiter gefasst werden als oftmals bisher geschehen. Frühere Konzepte von Kompetenz betonen meist nur den Bereich der Fähigkeiten und Fertigkeiten. Teilweise wurde Kompetenz entweder mit Begabung oder Intelligenz gleichgesetzt (Personfaktor) oder mit dem Besitz bestimmter Wissensbestände, die eine Person erworben haben musste, um als kompetent zu gelten.

Kompetenzen werden im Rahmen des Projekts LAnf nicht mehr nur als kognitive Fähigkeiten und Fertigkeiten gefasst, sondern mit den Bereichen der Leistungsmotivation, des erfolgreichen Agierens in sozialen Kontexten und der Erarbeitung eigener Zielperspektiven komplettiert. Gerade im Bereich des Betriebs greift ein Kompetenzkonzept, das sich primär auf kognitive Fähigkeiten und Fertigkeiten stützt, zu kurz und kann keine Grundlage für eine sinnvolle Kompetenzdiagnose sein.

Zielsetzungen des Modellversuchs LAnf

Die gesellschaftliche Relevanz der Erfassung und Förderung von Auszubildenden in der Bundesrepublik Deutschland ist von höchster Priorität. Das Wissen darüber, was berufliche Kompetenz ist, beziehungsweise die Angabe der Charakteristika von beruflich besonders kompetenten Auszubildenden ist die Voraussetzung für ihre sinnvolle und spezialisierte Förderung.

Der Modellversuch „LAnf" – „Leistungsstarke Auszubildende nachhaltig fördern" des Bundesinstituts für Berufsbildung (BIBB) richtet sich dezidiert und ausschließlich an kompetente Auszubildende bereits während der beruflichen Erstausbildung, um frühzeitig durch die Vermittlung grundlegender Schlüsselqualifikationen auf betriebliche Leitungsfunktionen in sich flexibilisierenden Arbeitsmärkten vorzubereiten. Die geförderten Personen befinden sich gemäß den projektinternen Vorgaben zu Beginn der Förderung am Anfang des zweiten Ausbildungsjahres und entstammen vor allem dem gewerblich-technischen Bereich. Die Auszubildenden erhalten individuell zusammengestellte Unterrichtsbausteine (Module), die jeweils an jedem Samstag für sechs Stunden über 2 Jahre hinweg angeboten werden. Das Stundenvolumen entspricht einem ganzen Berufsschuljahr. Die Module gliedern sich dabei in Module fachlicher und überfachlicher Art. Ziele des Projekts LAnf sind die Verbesserung der Berufsausbildung im dualen System für kompetente Auszubildende durch eine Differenzierung und Individualisierung der Berufsausbildung durch individuelle Zusatzmodule fachlicher und überfachlicher Art. Vermieden werden soll eine Nivellierung auf einem zu niedrigen Bildungsniveau.

Ein großes Gewicht wird im Rahmen von LAnf auf die Bereiche „Allgemeinbildung" (beispielsweise Betriebswirtschaftslehre und internationale Kompetenz/Spanisch), die „informationstechnische Grundbildung" (beispielsweise mediale Kompetenz) und die „berufsübergreifenden Qualifikationen" gelegt (beispielsweise soziale Kompetenz). Da die Persönlichkeit des Einzelnen in den Mittelpunkt gestellt werden soll, werden zu gleichen Teilen fachliche Qualifikationen (Q-Module) wie auch fachübergreifende Module (K-Module) angeboten. Module wurden in den Bereichen Qualitätsmanagement, Betriebswirtschaft, Elektrotechnik, Computer Aided Design, Soziale Kompetenz, Mediale Kompetenz und Internationale Kompetenz angeboten. Der individualisierten Förderung von beruflich kompetenten Auszubildenden muss eine systematische Kompetenzdiagnose der Stärken der Auszubildenden vorausgehen.

Kompetenzbegriff des Modellversuchs LAnf

Dem Konzept des Modellversuchs LAnf liegt ein erweiterter Kompetenzbegriff zugrunde, der über die kognitiven Fähigkeiten hinausgeht und auch emotionale, soziale und motivationale Komponenten beinhaltet und insbesondere von Weinert, Klieme u. a. und durch das DeSeCo-Programm („Definition and Selection of Competencies") in die Wissenschaft eingeführt wurde (Klieme 2004; Rychen/Salganik 2001, 2003b; Stein 2005; Weinert 1999).

Ziel von DeSeCo ist es, im internationalen Diskurs Kernkompetenzen herauszuarbeiten, die für möglichst alle Länder wichtige Voraussetzungen für ein Gelingen des individuellen Lebens und für eine funktionierende Gesellschaft sind. DeSeCo will einen umfassenden Kernkompetenzbegriff definieren, der sich auf alle Teilbereiche des Lebens in allen Gesellschaften stützt und nicht auf bestimmte Altersgruppen bezogen ist. Ein solches Konzept ist ganzheitlich angelegt und beinhaltet aufeinander aufbauende Kompetenzstufen über alle Altersgruppen hinweg.
Eine Kompetenz wird im Rahmen von DeSeCo definiert als

> *„die Fähigkeit, komplexe Anforderungen in einem bestimmten Kontext zu erfüllen. Adäquate Aktivitäten oder effektive Handlungsweisen beinhalten die Mobilisierung von Wissen, kognitiven und praktischen Fertigkeiten sowie soziale und handlungsbezogene Komponenten wie Einstellungen, Emotionen, Werte und Motivationen. Kompetenz ist also in dieser ganzheitlichen Betrachtung nicht allein auf die kognitive Dimension zu reduzieren, sodass das Konstrukt Kompetenz (competency) nicht dem Konstrukt der Fertigkeit (skills) gleichgesetzt werden darf." (Rychen/Salganik 2003a, S. 2, Übersetzung M. S.)*

Inwieweit eine Person kompetent ist, zeigt sich in den Reaktionen oder Handlungsweisen auf bestimmte persönliche oder gesellschaftliche Anforderungen oder Problemstellungen. Kompetenzen sind also immer die beobachtbaren Antworten einer Person auf bestimmte Kontexte oder Situationen.

Die Kompetenzen werden gemäß des DeSeCo-Programms der OECD drei unterschiedlichen Kategorien von Kernkompetenzen zugeordnet: dem autonomen Handeln, dem interaktiven und effektiven Einsatz von Werkzeugen wie etwa Sprache, Symbole und neue Technologien sowie dem erfolgreichen Agieren in unterschiedlichen heterogenen Gruppen. Hier werden deutliche Bezüge zu den drei Kompetenzbegriffen der Sachkompetenz, der Methodenkompetenz und der Sozialkompetenz evident.

Alle drei Kompetenzbereiche erlangen insbesondere in modernen Gesellschaften und in der globalisierten Welt herausragende Bedeutung für ein individuelles Gelingen des Lebens und für ein adäquates Funktionieren der Gesellschaftsordnung, da Menschen zunehmend in unterschiedlichen Kontexten die verschiedensten Rollen ausfüllen müssen.

Autonomes Handeln ermöglicht Individuen, sich selbst Ziele im Leben zu setzen und selbstverantwortlich Kontrolle über Lebens- und Arbeitsbedingungen zu erlangen. Das interaktive Einsetzen von Werkzeugen stellt die zweite Säule der Kernkompetenzen dar. Zu diesen Werkzeugen werden neben den sogenannten neuen Technologien, wie Internet und Computersoftware, auch sprachliche und andere symbolische Informationen gezählt, wie etwa im Bereich der Lesekompetenz und der Mathematik. Die Interaktion in heterogenen Gruppen wird als dritte Säule der Kernkompetenz in pluralistischen und globalisierten Gesellschaften zunehmend wichtiger. Unter dieser sozialen Kompetenz versteht man den ausgleichenden und einfühlsamen Umgang mit Menschen, welche unterschiedlichen sozialen gesellschaftlichen Einflussbereichen und unterschiedlichen Kulturen entstammen. Die drei Kompetenzbereiche werden überformt von der Metakompetenz des kritischen Bewusstseins beziehungsweise der Reflexivität, welche essentiell ist, um die Anforderungen des modernen Lebens für sich selbst nach Wichtigkeit zu ordnen und den verschiedenen Anforderungen gerecht zu werden. Selbstreflexivität bedeutet, dass „das Individuum sich von den vielen Erwartungen und Anforderungen der Umwelt distanzieren kann, eigenständig denkt, angesichts einer komplexen, interdependenten und konfliktgeladenen Umwelt handeln kann, Verantwortung für seine eigenen Handlungen übernimmt, gestützt auf seine eigenen Gefühle, Gedanken und Werte handelt und nicht nur reagiert, und Gestalter des eigenen Lebens ist, anstelle nur Statist im Lebensentwurf anderer zu sein. Die Bedingungen für diese Stufe der mentalen Komplexität sind bedeutende Bestandteile der Kernkompetenzen, wie sie im Rahmen von DeSeCo konstruiert werden." (OECD 2001, S. 11, Übersetzung M. S.)

Abbildung 1 fasst die einzelnen Bereiche des Kernkompetenzmodells von DeSeCo zusammen.

Das Projekt LAnf fokussiert hinsichtlich seiner Zielgruppe auf die Frage der Diagnose von Kompetenz bei Auszubildenden. Welche Kompetenzen lassen einen Auszubildenden zu einem kompetenten Auszubildenden werden?

Bisher existieren zumeist lediglich theoretische Konzepte der „beruflichen Kompetenz", die nicht auf ihre Tragfähigkeit in der betrieblichen Wirklichkeit hin untersucht wurden. Es wird davon ausgegangen, dass ein erfolgreiches Agieren in beruflichen Kontexten möglicherweise in noch stärkerem Maße als etwa der Schulerfolg in allgemeinbildenden Schulen von nicht rein kognitiven Kompetenzen abhängig ist. Auch anhand empirischer Untersuchungen wird manifest, dass die berufliche Kompetenz nicht mit Intelligenz gleichgesetzt werden darf. In den Übersichtsarbeiten von Ghiselli und Wigdor und Garner zeigte sich, dass die Intelligenz allein keine so große Rolle bei Verhaltensweisen in natürlichen Umwelten spielt wie bisher angenommen. So war die Korrelation zwischen Intelligenz und beruflichem Erfolg innerhalb einer Sparte (nicht zwischen verschiedenen Berufen) sehr gering und lag bei etwa r = .20. Zur Vorhersage des beruflichen Erfolges und damit auch der beruflichen Kompetenz müssten also noch weitere Prädiktorvariablen herangezogen werden.

Abbildung 1: **Drei Inhaltsschwerpunkte der Kernkompetenzen**

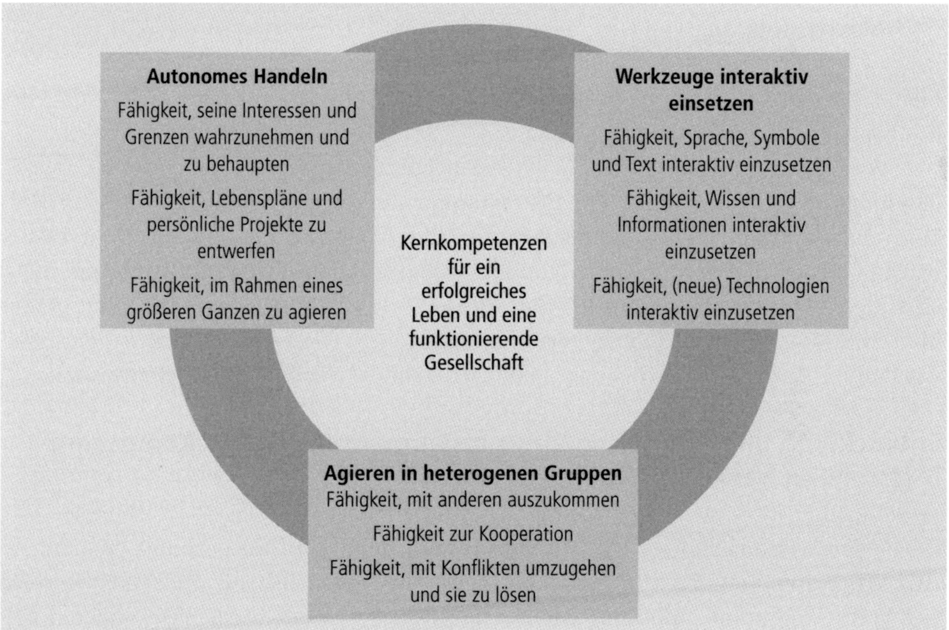

Synderman und Rothman befragten 661 Expertinnen und Experten aus dem Bereich der Testpsychologie, welche Komponenten Intelligenztests ferner abdecken müssten, um eine berufliche und alltagstaugliche Anwendung zu garantieren. 71,7 % glaubten, dass man ferner Leistungsmotivationsaspekte einbauen müsse, 64,1 % sprachen sich für eine Berücksichtigung der Zielgerichtetheit der Person aus und 75,3 % vermissten eine Variable, die erfasst, inwieweit sich der zu Testende flexibel an seine Umwelt anpassen könne.

Um zu erfassen, was berufliche Kompetenz sei, wurde eine umfassende Literaturanalyse durchgeführt. Bei Definitionsversuchen beruflicher Kompetenz in der Literatur wurden dabei am häufigsten die drei Bestimmungsmerkmale anschauungsgebundene Intelligenz, Motivation, soziale Kompetenz und Persönlichkeit genannt (Bals 1992; Fauser 1997; Holling 1996; Manstetten/Albrecht 1992; Manstetten 1996, 1997). Demnach zeichnet sich eine Person, die in ihrer Arbeit durch besondere Kompetenz auffällt, aus durch

- eine überdurchschnittliche Intelligenz, weniger im abstrakt-intellektuellen, sondern im anschaulichen Bereich, das heißt im Umgang mit konkreten Gegenständen, mit Personen und Handlungsabläufen;
- eine hohe Arbeitsmotivation, das heißt große Eigeninitiative, hohe Ziele, die sie sich setzt, und enorme Arbeitsdisziplin;
- eine soziale Kompetenz, also vor allem durch Kommunikations- und Konfliktfähigkeit, Toleranz und Gruppenorientierung.

Bisher gibt es kaum Versuche einer operationalisierten empirischen Fassung des Konzepts der beruflichen Kompetenz.

Vor dem Hintergrund der Förderung beruflich besonders kompetenter Auszubildender sollte es Ziel sein, ein Instrumentarium zu entwickeln, mit dessen Hilfe besonders Befähigte auf ökonomische und valide Weise zu identifizieren sind. Bisher wurde über die Förderung von sogenannten beruflich kompetenten Personen meist über das Notenkriterium entschieden. Bei einer Definition beruflicher Kompetenz über die Noten erfahren jedoch gerade Personen mit Hochschulreife zu einem überwiegenden Anteil eine Förderung. Schulische Noten werden oft überbewertet.

Entwicklung und Erprobung eines Instrumentariums zur Kompetenzfeststellung bei Auszubildenden

Da in der wissenschaftlichen Literatur bisher noch kein ausgereiftes Instrument zur Erfassung kompetenter Auszubildender im gewerblich-technischen Bereich zur Verfügung stand, mussten wir im Rahmen des Modellversuchs LAnf ein solches entwickeln. Insbesondere sollte überprüft werden, ob Auszubildende, die schon in ihrem Betrieb als besonders kompetent aufgefallen waren, auch tatsächlich den anderen aus ihrer Gruppe (einmal im gleichen Betrieb, zum anderen in einer Berufsschule, Letztere nennen wir Vergleichs- oder Referenzgruppe) hinsichtlich der Charakteristika der beruflichen Kompetenz, nämlich anschauungsgebundene Intelligenz, Leistungsmotivation und soziale Kompetenz, überlegen sind.

Stichprobe

Ob das in der Literatur beschriebene Konzept beruflicher Kompetenz – anschauungsgebundene Intelligenz, Leitungsmotivation und soziale Kompetenz – auch mit-

hilfe psychometrischer Tests abgestützt werden kann, ist Gegenstand der folgenden empirischen Untersuchung.
Um untersuchen zu können, durch welche Kompetenzen sich Auszubildende auszeichnen, die in ihrem Betrieb als erfolgreich und beruflich besonders befähigt gelten, wurden Ausbilderinnen und Ausbilder von Unternehmen unterschiedlicher Größe aus zwei Bundesländern gebeten, Auszubildende zu benennen, die im Betrieb als besonders kompetent gelten. Dadurch sollte sichergestellt werden, dass junge Menschen Eingang in das Projekt finden, die sich schon in der konkreten Arbeitswelt durch Leistung ausgezeichnet haben.

Diese Gruppe wurde mit einer Gruppe von Berufsschülerinnen und Berufsschülern kontrastiert, welche bezüglich Alter, Geschlecht und Ausbildungsplatz mit der Gruppe der kompetenten Auszubildenden vergleichbar waren.

Untersuchungsmethode

Tabelle 1 bietet einen Überblick über die genutzten Verfahren, mit denen die Gruppe der kompetenten Auszubildenden und der Referenzstichprobe konfrontiert wurden:

Tabelle 1: **Verfahren zur Diagnose von beruflicher Kompetenz bei Auszubildenden**

1. Anschauungsgebundene Intelligenz Skala 3, 7, 9, 10, 14 aus LPS: Leistungsprüfsystem[1] (Horn)
2. Leistungsmotivation FBFZ: Fragebogen zu Berufs- und Freizeitinteressen[2] (Holling) Erfassung von: Anspruchsniveau, Initiative, Arbeitsdisziplin
3. Soziale Kompetenz SFA: Fragebogen zum Verhalten am Arbeitsplatz[3] (Holling) Erfassung von: Umgang mit Kritik, Arbeit in Gruppen, Führungsaufgaben
4. Passung Interessen – Arbeitsanforderungen AIST/UST: Allgemeiner Interessen-Struktur-Test/Umwelt-Struktur-Test[4] (Bergmann & Eder) Erfassung von: Interessen, Berufsanforderungen und Passung zwischen beidem

1 HORN, W.: Leistungsprüfsystem L-P-S., Handanweisung. 2. Auflage. Göttingen 1985
2 HOLLING, H.; WÜBBELMANN, K.; GELDSCHLÄGER, H.: Kriterien und Instrumente zur Auswahl von Begabten. In: Manstetten, R. (Hrsg.): Begabtenförderung in der beruflichen Bildung. Empirische und konzeptionelle Beiträge zur Berufsbegabungsforschung. Göttingen, Bern, Toronto, Seattle 1996, S. 86–174
3 ebenda
4 BERGMANN, C. und EDER, F.: Allgemeiner Interessen-Struktur-Test – Umwelt-Struktur-Test. Manual. 2. korrigierte Auflage. Göttingen 1999

Erfassung der anschauungsgebundenen Intelligenz

Zur Erfassung der anschauungsgebundenen Intelligenz wurden die Skalen 3, 7, 9, 10 und 14 des Verfahrens LPS („Leistungsprüfsystem“) herangezogen. Ausschlaggebend für die Auswahl war die relative Kulturfreiheit der entsprechenden Skalen des LPS, das ohne sprachliche Elemente auskommt. Auf diese Weise wird gewährleistet, dass Personen ausländischer Herkunft sowie aus Familien, in denen ein weniger elaborierter Sprachstil gepflegt wird, nicht vernachlässigt werden.

Erfassung der Leistungsmotivation

Zur Erfassung der Leistungsmotivation wurde der FBFZ genutzt. Der FBFZ, der „Fragebogen zu Berufs- und Freizeitinteressen“ ist aus der Studie „Begabtenförderung berufliche Bildung“ des BMBW hervorgegangen. Im Rahmen der wissenschaftlichen Begleitforschung wurde der FBFZ konstruiert, um berufsspezifisch die Leistungs- und Bildungsmotivation abzuklären; der Name wurde dabei so gewählt, um demjenigen, der den Test ausfüllt, das Gefühl zu geben, es handle sich um einen Interessenfragebogen, und damit möglichst Antworttendenzen der sozialen Erwünschtheit niedrig zu halten. Die Items wurden intuitiv in einer Expertendiskussion gesammelt, in die auch junge Berufstätige einbezogen wurden. Insgesamt werden dem zu Testenden 86 Items vorgegeben, die in Form von Aussagen formuliert sind und je nach dem Grad der Zustimmung auf einer 4-Punkte-Skala zu beantworten sind. Dabei wurden Items zu den drei Leistungsmotivationsbereichen „Selbstständigkeit und Initiative“, „Lernbereitschaft und Bildungsmotivation“ und „Zielsetzung und Zielverpflichtung“ in den Fragebogen eingebracht.

Der Faktor „Arbeitsdisziplin“ impliziert Aspekte wie Verpflichtung, Ausdauer und Opferbereitschaft („Wenn im Betrieb oder in der Schule besonders viel zu tun war, habe ich meine Freizeitwünsche zurückgestellt.“), während der Faktor „Gestalterische Initiative“ durch die zielbewusste Umsetzung eigener Wünsche definiert wird („Ich lese zur Weiterbildung regelmäßig Fachzeitschriften und/oder Fachbücher.“). Der Faktor „Anspruchsniveau“ steht für die durch hohe Leistungsansprüche gekennzeichnete Verfolgung eigener Ziele („Ich setze mir in der Regel Anforderungen, die ich auch problemlos erfüllen kann.“; aus testtheoretischen Gründen sollten zur Bestätigung des Anspruchsniveaus solche Aussagen verneint werden).

Erfassung der sozialen Kompetenz

Der SFA, der „Situative Fragebogen zum Arbeitsverhalten“ wurde wie der FBFZ im Rahmen des Projektes „Begabtenförderung berufliche Bildung“ entwickelt. Vorliegende Studie ist mit eine der ersten, in denen der Fragebogen SFA als Diagnoseinstrument zum Einsatz gelangt. Der SFA erfasst soziale Kompetenz speziell in der beruflichen Welt und stützt sich in seiner Entwicklung auf die beiden Kernfragen „Welche kritischen sozialen Situationen sind in Berufen bzw. Berufsgruppen von Bedeutung?“ und „Welche Verhaltensweisen sind in diesen Situationen als adäquat anzusehen?“ (Holling/Wübbelmann/Geldschläger 1996, S. 134). Die entsprechenden Situationsbeschreibungen wurden intuitiv von potentiellen Bewerbern erstellt und umfassten insgesamt 11 Situationen aus den Bereichen „Umgang mit Kritik“, „Arbeit in Gruppen“, und „Führungsaufgaben“.

Erfassung der Interessen

Wir wollten außerdem wissen, ob die als kompetent angesehenen Auszubildenden Personen sind, die einfach „den richtigen Mann oder die richtige Frau am richtigen Platz“ für den Betrieb darstellen. Deshalb wurden die Interessen der Auszubildenden mithilfe des AIST/UST erfasst und mit den Anforderungen des Berufs abgeglichen. Die Fragebogen des AIST, des „Allgemeinen Interessen-Struktur-Tests“ und des UST, des „Umwelt-Struktur-Tests“ basieren auf die Vorstellung vom „person-job-fit“. Bei der Definition der Arten von Interesse unterscheiden sie unter Bezugnahme auf die Theorien von Holland (1985) die „praktisch-technische Orientierung“ (R-realistic), die „intellektuell-forschende Orientierung“ (I-investigative), die künstlerisch-sprachliche Orientierung“ (A-artistic), die „soziale Orientierung“ (S-social), die „unternehmerische Orientierung“ (E-enterprising) und die „konventionelle Orientierung“ (C-conventional) (Bergmann/Eder 1992, S. 10). Die AIST bietet jeweils eine Kurzbeschreibung an, in der dargelegt wird, durch welche Vorlieben im Beruf sich Personen mit den bestimmten Interesseneigenschaften auszeichnen.

Neben den Interessentypen definiert Holland unterschiedliche Umwelten, die durch die in ihnen gegebenen Aufgabenstellungen und Möglichkeiten geprägt sind, mit denen sie die in ihr arbeitenden Personen konfrontieren: die realistic, investigative, artistic, social, enterprising und conventional surrounding oder Umwelt. Mithilfe von AIST und UST können Personen und Umwelten hinsichtlich ihres Interessen- und Anforderungstyps besser eingeschätzt werden. Vergleicht man die Übereinstimmung des Interessenmusters einer Person und des Anforderungsmusters der Arbeitsumwelt, die einer Person zugeordnet ist, lässt sich hieraus eine Kongruenz berechnen. Schlussfolgernd wird eine Person dann berufliche Kompetenz und Zufriedenheit zeigen, wenn eine größtmögliche Konkordanz zwischen den Interessen und den Anforderungen des Berufs existiert.

Ergebnisse und Diskussion

Um die Fragestellung zu bearbeiten, inwiefern sich die Population der Kompetenten hinsichtlich Leistungs- und Persönlichkeitsmerkmalen von den „normalen Durchschnittsauszubildenden" unterscheidet, wurde die oben dargelegte Testbatterie aus LPS, FBFZ, SFA, AIST und UST herangezogen. Die Hypothese, dass es prinzipielle Leistungs- und Persönlichkeitsunterschiede zwischen beiden Populationen gibt, wurde in mehrere Arbeitshypothesen umformuliert, die einer statistischen Überprüfung zugeführt werden können:

1. Die besonders kompetenten Auszubildenden schneiden im Schnitt bei der Prüfung der Intelligenz besser ab als Personen gleichen Alters in der Eichstichprobe. Sie verfügen insbesondere über eine höhere praktische, anschauungsgebundene Intelligenz, was sich in den Testergebnissen manifestieren lässt.
2. Sie besitzen eine höhere Leistungsbereitschaft und Leistungsmotivation.
3. Im sozialen Kontext zeigen besonders kompetente Auszubildende Fähigkeit und Bereitschaft zu sachlicher und kooperativer Auseinandersetzung und Verständigung mit Arbeitskollegen und -kolleginnen und Vorgesetzten. Sie sind bereit, Kritik anzunehmen und konstruktiv zu verarbeiten und bilden sich ihr eigenes verantwortungsbewusstes Urteil in sozialen Konfliktsituationen.
4. Kompetente Auszubildende verfügen über ein breit gefächertes Interessenspektrum auch in beruflicher Hinsicht, und bei ihnen zeigen sich hohe Übereinstimmungswerte zwischen den Interessen und den je spezifischen subjektiv und objektiv gegebenen Anforderungen des Berufs.

Es zeigte sich, dass die von den betrieblichen Ausbildern als leistungsbereit geschilderten Auszubildenden ($n = 52$) einer gematchten Referenzgruppe von Berufsschülerinnen und Berufsschülern ($n = 61$) hinsichtlich der anschauungsgebundenen Intelligenz, der Leistungsmotivation und der sozialen Kompetenz signifikant überlegen waren. Das Ausbilderurteil kann also auch mit psychometrischer Methodik operationalisiert werden (Stein 2004, 2005).

Anschauungsgebundene Intelligenz

Ein Vergleich zwischen den beiden Stichproben fällt in drei von fünf Unterdimensionen des LPS, des „Leistungsprüfsystems", signifikant zugunsten der als kompetent geschilderten Auszubildenden aus. Dabei sind die Auszubildenden aus Bonn und Würzburg im Untertest 3, der die allgemeine Intelligenz erfasst, höchstsignifikant leistungsstärker als die entsprechende Referenzgruppe ($t(111) = 6{,}656$, $p < .001$***). Auch bei zwei der drei weiteren Tests, welche die allgemeine, anschauungsgebundene Intelligenz prüfen, erzielen die kompetenten Auszubildenden mindestens signifikant bessere Werte (LPS 9: t (111) = 2,606, p < .01** und LPS 10: t (111) = 6,656, p < .05*). Lediglich im LPS 7 wurde die Signifikanz für Unterschiedlichkeiten verpasst (t (111) = 1,638, p > .05), wobei sich bei den Mittelwerten zwar nicht signifikant, so doch absolut betrachtet ein Unterschied manifestieren lässt (LAnf: M = 7,09, SD = 1,65; Referenzgruppe: M = 6,59, SD = 1,56). Der klare Vorteil der kompetenten Auszubildenden hinsichtlich der Intelligenz ist dabei nicht auf eine größere Konzentrationsfähigkeit zurückzuführen, da sich diesbezüglich keinerlei Unterschiede zwischen den beiden Gruppen manifestieren lassen (LPS 14: t (111) = 6,656, p > .05). Abbildung 2 zeigt die Werte der kompetenten Auszubildenden und der Referenzstichprobe im Vergleich. Je größer die Werte sind, als desto intelligenter stellten sich die Personen im Testverfahren dar.

Abbildung 2: **Ergebnisse der LAnf-Teilnehmer/-innen und der Referenzgruppe im LPS**

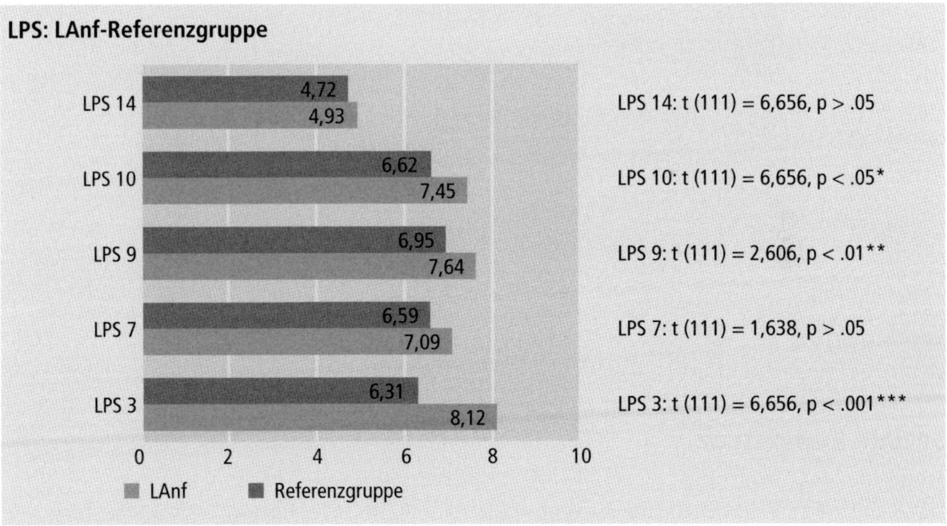

Leistungsmotivation

Um die Leistungsmotivation der Kompetenten den durchschnittlich kompetenten Auszubildenden in der Referenzstichprobe gegenüberzustellen, wurde der FBFZ, der „Fragebogen zu Berufs- und Freizeitinteressen" herangezogen. Der FBFZ differenziert zwischen den Dimensionen des Anspruchsniveaus, das an die eigene Arbeit herangetragen wird, der Initiative, die der Einzelne in beruflicher Hinsicht und auch in Hinsicht der Weiterbildungsmotivation zeigt, und der Arbeitsdisziplin. In allen drei genannten Dimensionen sind die von den betrieblichen Ausbildern und Ausbilderinnen als kompetent benannten Personen den Auszubildenden der Referenzgruppe in höchstsignifikantem Maße überlegen. So haben die kompetenten Auszubildenden eine sehr hohe Erwartung und ein sehr hohes Anspruchsniveau an die eigene Arbeit (t (110) = 4,314, p < .001***), eine hohe berufliche Initiative (t (110) = 4,833, p < .001***) und eine hohe Arbeitsdisziplin (t (110) = 4,907, p < .001***). Abbildung 3 illustriert noch einmal eindrucksvoll die höheren Ergebnisse der kompetenten Auszubildenden, die durch die hellen Balken symbolisiert werden, im Gegensatz zu den als durchschnittlich beruflich kompetent eingestuften Personen der Referenzgruppe, die als dunkle Balken dargestellt werden.

Abbildung 3: **Ergebnisse der LAnf-Teilnehmer/-innen und der Referenzgruppe im FBFZ**

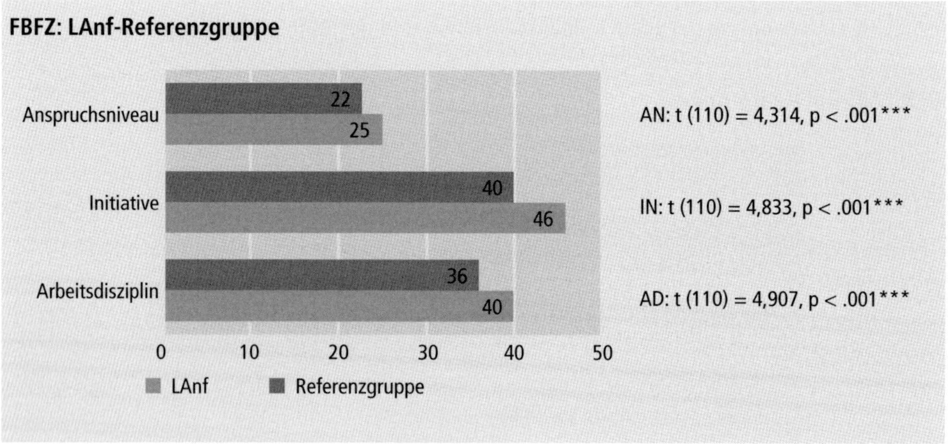

Soziale Kompetenz

Wird der SFA, der „Situative Fragebogen zum Arbeitsverhalten“ zur Erfassung der sozialen Kompetenz am Arbeitsplatz eingesetzt, so ist die explizit als kompetent eingeschätzte Stichprobe in höchstsignifikantem Maße den Personen der Referenzgruppe überlegen (t (109) = 5,448, p < .001***). Abbildung 4 zeigt die erzielten Werte der LAnf-Teilnehmer/-innengruppe und der Referenzgruppe überblicksartig.

Ebenso wie die kompetenten Auszubildenden hinsichtlich der beiden ersten Säulen der „Trias der beruflichen Begabung“ Intelligenz und Leistungsmotivation der Referenzgruppe deutlich überlegen sind, so wird auch bei der sozialen Kompetenz das Gefälle zugunsten der kompetenten Auszubildenden deutlich.

Abbildung 4: **Ergebnisse der LAnf-Teilnehmer/-innen und der Referenzgruppe im SFA**

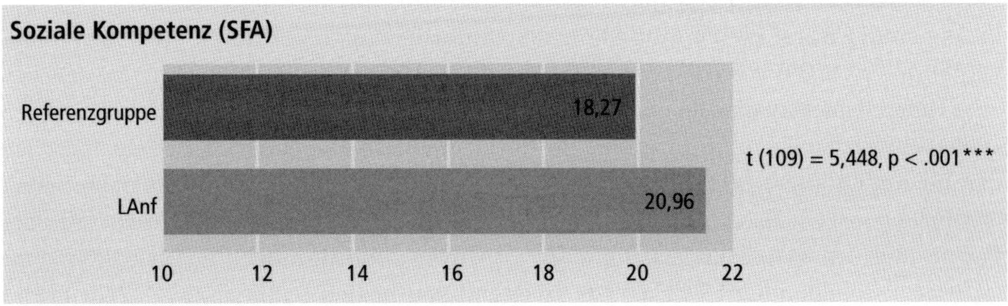

Interessen

Auch beim Vergleich der Interessenausrichtungen zwischen den kompetenten Auszubildenden und der Referenzgruppe zeigen sich bedeutsame Unterschiede. Bezüglich der realistischen Interessenausrichtung existiert beiderseits überdurchschnittliches Interesse (realistitic R: t (109) = 1,038, p > .05). Hinsichtlich der wirtschaftlich-ökonomischen Ausrichtung besteht ein gleichermaßen durchschnittliches Interesse (enterprising E: t (109) = 0,861, p > .05) und das Interesse an künstlerischer oder sozialer Betätigung ist bei beiden Gruppen auffallend niedrig ausgeprägt (artistic A: t (109) = 1,242, p > .05 und social S: t (109) = 1,713, p > .05). Vergleicht man die Werte für die konventionellen Interessen, erzielen die Kompetenten hier hochsignifikant höhere Werte als die Personen der Referenzgruppe (conventional C: t (109) = 2,774, p < .01**). Insbesondere bezüglich der wissenschaftlichen Ausrichtung der Interessen zeigen sich höchstsignifikant höhere Werte für die kompetenten Auszubildenden, die ein gesteigertes wissenschaftliches Interesse an den Tag legen, bei dem sie den Berufsschülern und -schülerinnen der Referenzgruppe überlegen sind, die in diesem Bereich unterdurchschnittliche Ergebnisse erzielen (investigative I: t (109) = 6,928, p < .001***).

Auch bezüglich des UST, des „Umwelt-Struktur-Test" sind teilweise Unterschiede zwischen den beiden Personengruppen ausmachbar. Gemeinsam ist beiden Gruppen die Einschätzung, dass der Beruf ein hohes Ausmaß an realistischen Arbeitsanforderungen mit sich bringt (realistic R: t (109) = –0,573, p > .05). Ebenso zeigt sich Übereinstimmung in der Annahme, dass der Beruf ein geringes Ausmaß an künstlerischen, wirtschaftlichen und sozialen Aufgaben beinhaltet (artistic A: t (109) = 1,197, p > .05 und social S: t (109) = 1,036, p > .05; enterprising E: t (109) = 1,069, p > .05). Massive Unterschiedlichkeit existiert bezüglich der Annahme, ob wissenschaftliche Aufgabenbereiche im Rahmen des erlernten Berufes zu bewältigen seien oder nicht (investigative I: t (109) = –4,402, p < .001***), und zwar derart, dass die LAnf-Teilnehmer/-innen eher von wissenschaftlichen Aufgaben in ihrem Beruf ausgehen. Statistisch hochbedeutsame Unterschiede zeigen sich auch bei der Frage, ob der Beruf konventionelle Arbeitsanforderungen bereithält oder nicht (conventional C: $t(109) = 3{,}043$, $p < .001^{**}$).

Untersucht man die Übereinstimmung zwischen den Interessen der Person und den subjektiv gesehenen Anforderungen im Beruf, existieren keine Unterschiede zwischen den beiden Gruppen ($\chi^2(1, N = 108) = 4{,}673$; $p > .05$). Ein exakter Test nach Fisher ergab ein $p = .147$. Auch hinsichtlich der Übereinstimmung zwischen den Interessen der Person und den von Holland benannten objektiven Anforderungen ergeben sich keine statistisch signifikanten Unterschiede zwischen den beiden Gruppen ($\chi^2(1, N = 111) = 2{,}630$; $p > .05$). Der exakte Test nach Fisher gibt hier ein $p = .639$ aus.

Kompetente Auszubildende sind also nicht primär Personen, die sich durch eine besondere Übereinstimmung zwischen ihren Interessen und den Anforderungen des Berufs auszeichnen.

Schlussfolgerungen und Ausblick

Auf Basis der Ergebnisse wurde ein Instrumentarium erstellt, um berufliche Leistungsstärke und berufliche Kompetenz bei Auszubildenden auf ökonomische Weise abzubilden.

Das Instrumentarium wird in einigen großen Betrieben bereits mit gutem Erfolg bei der Auswahl der Auszubildenden eingesetzt.

Basierend auf der Diagnose beruflicher Kompetenz kann sich eine zielgenaue und systematische Förderung beruflich kompetenter Auszubildender anschließen.

Im Rahmen des Projekts LAnf wurden zum ersten Mal in Deutschland beruflich Kompetente bereits während der Erstausbildung systematisch gefördert.

Das Projekt wurde von Teilnehmern und Teilnehmerinnen, Ausbildern und Ausbilderinnen und Dozierenden durchweg positiv bewertet und wird an etlichen Standorten erfolgreich weitergeführt.

Die große Nachfrage und die Zufriedenheit der Auszubildenden im Modellversuch LAnf dokumentieren, dass auch zukünftig weitere Anstrengungen unternommen werden müssen, um kompetente Auszubildende gezielt und differenziert zu fördern. Jenseits des Modellversuchs LAnf kann dies auf verschiedene Weise verwirklicht werden, etwa durch Angebote von Persönlichkeits- und Kompetenzmodulen, in der betriebsinternen Qualifizierung der kompetenten Auszubildenden, durch private Bildungsträger und mittels ordnungspolitischer Maßnahmen, z. B. durch die Einführung eines Kurssystems in der Berufsschule.

Die im Modellversuch LAnf entwickelte Förderkonzeption stellt dabei ein flexibles Instrument dar, das auf verschiedenste ökonomische wie bildungspolitische

Voraussetzungen angepasst werden kann, um eine bestmögliche Qualifizierung der Auszubildenden zu erreichen.

Literatur

Bals, Thomas: Maßnahmen der beruflichen Begabtenförderung – Ergebnisse einer Erhebung in den alten Bundesländern. In: Berufsbildung, Jg. 46 (1992), Heft 1, S. 11–14

Bergmann, Christian; Eder, Ferdinand: Allgemeiner Interessen-Struktur-Test (AIST)/Umwelt-Struktur-Test (UST). Manual. Weinheim 1992

Fauser, Richard: Das Potential junger Berufstätiger für die Begabtenförderung beruflicher Bildung. In: Wissenschaft und Berufserziehung, Jg. 5 (1997), S. 191–195

Ghiselli, Edwin E.: The validity of occupational aptitude tests. New York 1966

Holland, John L.: Making vocational choices. A theory of vocational personalities and work environments. 2nd edition. Englewood-Cliffs, New Jersey 1985

Holling, Heinz: Kriterien und Diagnose beruflicher Begabung und Leistungsfähigkeit. In: Berufsbildung, Jg. 41 (1996), S. 35–37

Holling, Heinz; Wübbelmann, Klaus; Geldschläger, Heinrich (1996): Kriterien und Instrumente zur Auswahl von Begabten. In: Manstetten, R. (Hrsg.): Begabtenförderung in der beruflichen Bildung. Empirische und konzeptionelle Beiträge zur Berufsbegabungsforschung (S. 86–174). Göttingen

Klieme, Eckhard: Was sind Kompetenzen und wie lassen sie sich messen? Pädagogik (6) 2004, S. 10–13

Manstetten, Rudolf; Albrecht, Günter: Begabung im Spannungsfeld von Bildung und Beruf. Bad Heilbrunn 1992

Manstetten, Rudolf: Berufliche Begabung – ein Begriff mit Vergangenheit und Zukunft. In: Berufsbildung. Jg. 36 (1996), S. 3–8

Manstetten, Rudolf: Begabtenförderung in der beruflichen Bildung. Empirische und konzeptionelle Beiträge zur Berufsbegabungsforschung. Göttingen, Bern, Toronto, Seattle 1997

OECD: Definition and Selection of Competences (DeSeCo): Theoretical and Conceptual Foundations: Strategy Paper. 2002. http://www.portal-stat.admin.ch/deseco/deseco_strategy_ paper_final.pdf

Rychen, Dominique Simone; Salganik, Laura Hersh: Defining and Selecting Key Competencies. Göttingen 2001

Rychen, Dominique Simone; Salganik, Laura Hersh: Key Competencies for a Successful Life and a Well-Functioning Society. Göttingen 2003b

Rychen, Dominique Simone; Salganik, Laura Hersh: Definition and Selection of Competencies: Theoretical and Conceptual Foundations (DeSeCo). Summary of the final report "Key Competencies for a Successful Life and a Well-Functioning Society". 2003a. www.portal-stat.admin.ch/deseco/deseco_finalreport_summary.pdf

SELZER, Helmut M.; WEINKAMM, Max; HEESE, Carl: Leistungsstarke Auszubildende nachhaltig fördern. Ein Modell zur Individualisierung und Differenzierung im dualen System. Dettelbach 1998

SNYDERMAN, M.; ROTHMAN, S.: Science, politics, and the IQ controversy. In: The Public Interest. 83 (Spring 1986). p.79–97

STEIN, Margit: Berufliche Begabung erkennen. Eine Studie zu Inhalten und Methoden. Paderborn 2004

STEIN, Margit: Herausforderungen beim Übergang von der Schule zum Beruf – der Kompetenzbegriff bei PISA. In: PRAGER, Jens U. und WIELAND, Clemens (Hrsg.): Von der Schule in die Arbeitswelt. Bildungspfade im europäischen Vergleich. Frankfurt am Main 2005, S. 49–74

STEIN, Margit; GÜNTHER, Beatrice; SCHMIDT, Hans-Ludwig: Begabte Auszubildende erkennen und fördern. In: Berufsbildung in Wissenschaft und Praxis, Jg. 32 (2003), Heft 2, S. 26–30

WEINERT, Franz Emanuel: Konzepte der Kompetenz. Paris 1999

WIGDOR, Alexandra K.; GARNER, Wendell R.: Ability testing: Uses, consequences, and controversies. Washington D.C. 1982

Autorin

Dr. phil. Stein, Margit
Wissenschaftliche Projektmitarbeiterin
Lehrstuhl für Sozialpädagogik und Gesundheitspädagogik und Zentralinstitut für Ehe und Familie in der Gesellschaft (ZFG)
Katholische Universität Eichstätt-Ingolstadt
Luitpoldstraße 32
85071 Eichstätt
Tel.: 08421/931383
Fax: 08421/931765
margit.stein@ku-eichstaett.de

Julia Gillen

Kompetenzfeststellung als Chance zur Selbstreflexion – was können und sollen Kompetenzfeststellungen zur Förderung von Reflexivität leisten?

Abstract

Der Begriff der Selbstreflexion wird bislang nur am Rande mit der betrieblichen Umsetzung von Kompetenzfeststellungen in Verbindung gebracht. Dennoch können Kompetenzfeststellungen diese Fähigkeit fördern, wenn sie dazu methodisch angelegt sind. Im vorliegenden Beitrag wird der Begriff der retrospektiven Selbstreflexion eingeführt, die methodische Gestaltung von Selbstreflexion in Verfahren der Kompetenzfeststellung aufgegriffen und abschließend Vorteile und Grenzen betrieblich geförderter Selbstreflexion ausgelotet.

1 Zur Aktualität des Themas Kompetenzfeststellung

Die Diskussion um die Feststellung und Bilanzierung von Kompetenzen wird seit einigen Jahren mit zunehmendem Engagement geführt. Wer sie mitverfolgt, stößt immer wieder auf zwei zentrale Erkenntnisse: Zum einen erweist sich der Gegenstand der Kompetenz ebenso wie Kompetenzentwicklung und Kompetenzfeststellung als disziplinübergreifend. Sowohl Psychologie als auch Soziologie, allgemeine Erziehungswissenschaft, Erwachsenenbildung und schließlich die Berufs- und Wirtschaftspädagogik leisten wichtige Beiträge und suchen derzeit immer weiter Positionen und Begriffe zu klären. Infolgedessen erweist sich der Diskurs – positiv betrachtet – als äußerst vielfältig und facettenreich. Kritisch bemerkt wird aber auch deutlich, dass den beteiligten disziplinären Zugängen auch differierende Auffassungen zugrunde liegen, die es mit sich bringen, dass sich die Diskussion häufig um die gleichen scheinbar nicht auflösbaren Grundprobleme rankt.

Eines dieser Probleme – und darin liegt die zweite zentrale Erkenntnis in diesem Diskussionszusammenhang – besteht z. B. darin, dass in den beteiligten Disziplinen von grundlegend unterschiedlichen Verständnissen zum Begriff der Kompetenz ausgegangen wird und sich daran auch die Frage der Feststellbarkeit von Kompetenzen entscheidet. Während psychologisch orientierte Ansätze häufig davon ausgehen, dass Kompetenzen ebenso wie Persönlichkeitseigenschaften messbar und quantifizierbar sind, gehen vor allem Ansätze aus dem berufs- und wirtschaftspädagogischen Kontext zunehmend davon aus, dass die Kategorie der Kompetenz lediglich qualitativ einschätzbar ist. Doch auch innerhalb der Berufs- und Wirtschaftspädagogik kann nicht von einer einzigen Begriffsbestimmung ausgegangen werden.

Dieser grundsätzliche Diskussionsaspekt der Feststellbarkeit von Kompetenzen bildet den Ausgangspunkt des vorliegenden Beitrags, weil damit die Frage verbunden ist, welche Form der Kompetenzfeststellung eigentlich dem Individuum und seiner Entwicklung dient und welche Fähigkeiten durch eine Kompetenzfeststellung möglicherweise gefördert werden können. Ausgehend von dieser Frage soll im Folgenden der Zusammenhang zwischen Kompetenzfeststellungen und individueller Entwicklung in den Blick genommen werden. Sie ist m.E. im Kontext beruflicher Bildung nicht zu vernachlässigen, tritt jedoch im angesprochenen Diskurs häufig in den Hintergrund.

Die zentrale Hypothese des Beitrags geht demzufolge davon aus, dass der Einsatz von Kompetenzfeststellungsverfahren in der beruflichen Bildung einen Beitrag zur Förderung von Reflexion leisten kann. In diesem Rahmen werden hier die Leitfragen bearbeitet,

- was unter Reflexion und Selbstreflexion im Kontext beruflich-betrieblichen Lernens zu verstehen ist und welche Verfahren der Kompetenzfeststellung die Förderung von Selbstreflexion unterstützen (Kap. 2),
- wie sich betriebliche Verfahren und Methoden zur Kompetenzfeststellung didaktisch-methodisch so gestalten lassen, dass bestehende Potenziale zur Selbstreflexion gezielt aufgenommen, unterstützt und ergänzt werden (Kap. 3) und
- welche Vorteile und Grenzen für die Beschäftigten einerseits und die Unternehmen andererseits aus der Förderung von Selbstreflexion erwachsen können (Kap. 4).

Zunächst wird somit eine theoretische und begriffliche Grundlegung erfolgen. Sie erscheint notwendig, da die Fähigkeit zur Reflexion zwar ein zentrales Element beruflichen Handelns darstellt und ihr in der Praxis und Theorie beruflicher Bildung zunehmende Aufmerksamkeit geschuldet wird. Obwohl Reflexion und Selbstreflexion Begriffe darstellen, die immer wieder in Praxis und Theorie der beruflichen Bildung Verwendung finden, gehören sie jedoch nicht zu den Termini, die in der Disziplin schon theoretisch fundiert wurden. Auch die Frage der Vorteile und Grenzen von Reflexivität von Beschäftigten muss in diesem Zusammenhang betrachtet werden, da besonders im Kontext beruflich-betrieblicher Arbeit unterschiedliche Interessen und damit auch Interessengegensätze mit der Fähigkeit zur Reflexion verbunden sind.

2 Theoretische und begriffliche Grundlegung

2.1 Kompetenzfeststellungen als retrospektive Form der Selbstreflexion

Reflexion ist ein Begriff, der immer wieder in Praxis und Theorie der beruflichen Bildung Verwendung findet. Er gehört jedoch nicht zu den Termini, die in der Berufs- und Wirtschaftspädagogik grundlegend bearbeitet und fundiert wurden. Dies wird u. a. daran deutlich, dass einschlägige Wörterbücher (vgl. z. B. KAISER/PÄTZOLD 1999; KLUGE 2002) keine Definitionen des Begriffes aufweisen. Es finden sich aber sehr wohl Hinweise, dass die Reflexion von Lernerfahrungen besonders in neuen Lernformen betrieblicher Bildungsarbeit relevant ist (vgl. z. B. FISCHER/DUELL 2003). FRANKE (2005, S. 55) betont diesbezüglich Folgendes: „Von fundamentaler Bedeutung für den Nutzwert des Erfahrungslernens ist die Reflexion. Reflexivität meint die bewusste, kritische und verantwortliche Einschätzung und Bewertung von Arbeitsprozessen, Handlungsabläufen und Handlungsalternativen vor dem Hintergrund der eigenen Erfahrungen, Normen und Werte".

Auch wenn es zur begrifflichen Bedeutung von Reflexion bislang keine einheitliche Begriffsfassung gibt, so lässt sich doch ein „common-sense" (vgl. DILGER 2007, S. 8) unterschiedlicher Traditionen und Theorieschulen feststellen, der sich folgendermaßen umreißen lässt: Reflexion meint physikalisch betrachtet die Spiegelung eines Objektes, das sich in einem Medium wieder darstellt, durch Lichtstrahlen. Jede Reflexion schließt die Brechung dieser Lichtstrahlen mit ein, da das Licht durch das Medium umgelenkt werden muss, damit das reflektierte Objekt wieder erscheint. Bei dieser Brechung kann es zu Verzerrungen kommen (vgl. WINKLER 1999, S. 276). Ein an die Reflexion angelehnter Begriff aus der Physiologie ist zudem der des Reflexes, der das Auslösen einer Reaktion durch einen äußeren Reiz ohne bewusste Verarbeitung des Reizes im Gehirn beschreibt.

Im allgemeinen Sprachgebrauch meint Reflexion über dieses naturwissenschaftliche Begriffsverständnis hinaus ein prüfendes und vergleichendes Nachdenken über das eigene Denken und Handeln und dessen äußere Bedingungen. Dabei geht es differenzierter betrachtet zum einen um das Überdenken von Erfahrungen, Ereignissen und Handlungen im Nachhinein im Sinne einer retrospektiven Reflexion. Zum anderen birgt Reflexion auch die weitergefasste Perspektive des Bedenkens von zukünftigen Handlungen und ihren Folgen auf der Grundlage von bestehenden Wissens- und Erfahrungsbeständen, also im Sinne einer prospektiven Reflexion. Diese Unterscheidung erscheint im Kontext des vorliegenden Beitrags sinnvoll, da Kompetenzfeststellungen zunächst zu einer retrospektiven Reflexion anleiten und damit eine rückwärtsgerichtete Perspektive einnehmen. Für die weitere Entwicklung von Individuen stellt jedoch eine prospektive Reflexion ein wichtiges Element dar, weil sie den Prozess umfasst, aus Erfahrungen Erkenntnisse für das eigene zukünftige Handeln zu generieren.

Eine andere wichtige analytische Unterscheidung in diesem Zusammenhang trifft Lash (vgl. 1996). Er differenziert zwischen struktureller Reflexivität und Selbstreflexivität. Strukturelle Reflexivität hat die Bewusstmachung der Regeln und Ressourcen und der eigenen Strukturen und sozialen Existenzbedingungen der Handelnden zum Ziel, während Selbstreflexivität das Reflektieren der Handelnden über sich selbst beschreibt (Lash 1996, S. 203 f.). Eine ähnliche Begriffsfassung für Selbstreflexion findet sich auch bei Dilger (2007, S. 24), die darunter einen Prozess versteht, „bei dem eine Person ihre Aufmerksamkeit auf ein Ereignis richtet, das sie sich selbst zuschreibt".

Überträgt man diese Differenzierungen des Reflexionsbegriffes auf den Gegenstand der Kompetenzfeststellung, so deutet sich zunächst an, dass diese Verfahren neben der Feststellung von individuellen Kompetenzen auch zur Reflexion der Handelnden über sich selbst veranlassen können und somit eine intendierte Form der Selbstreflexion darstellen können (vgl. Gillen 2007, S. 535). Da Kompetenzfeststellungen zunächst auf erworbene Kompetenzen und somit auf vergangene Arbeitserfahrungen rekurrieren, bilden sie zudem eine retrospektive Form der Selbstreflexion.

2.2 Kompetenzfeststellungen im Spannungsfeld zwischen Anforderungs- und Entwicklungsorientierung

Neben dieser Einordnung ist weiterhin zu fragen, welche Verfahren der Kompetenzfeststellungen diese retrospektive Selbstreflexion unterstützen und welche Verfahren aufgrund ihrer Anlage nicht dazu geeignet sind. Hier kann auf die Unterscheidung zwischen anforderungs- und entwicklungsorientierten Verfahren der Kompetenzfeststellung zurückgegriffen werden (vgl. Gillen 2006, S. 112). Dabei wird davon ausgegangen, dass sich unterschiedliche Verfahren zur Feststellung von Kompetenzen in beruflichen Zusammenhängen zwischen den beiden Polen Arbeitsanforderung und individuelle Entwicklung bewegen.

Die beiden Pole bestimmen die Konzeption von Einzelverfahren im Sinne eines leitenden Prinzips. Während der Pol Arbeitsanforderung im Sinne einer Verbesserung und Optimierung von Arbeitsabläufen zu beschreiben ist, steht der Pol der individuellen Entwicklung für die Förderung und Entwicklung des Einzelnen. Unter dieser entwicklungsorientierten Perspektive lassen sich Kompetenzfeststellungen zusammenfassen, die von der aktuellen Standortbestimmung des Individuums ausgehend Entwicklungsfelder identifizieren und Entwicklungsprozesse begleiten. Die Zielsetzung dieser Verfahren besteht darin, Beschäftigten und Arbeitslosen angesichts des komplexen gesellschaftlichen Wandels Unterstützung und Orientierung bei ihrer Lebens- und Berufswegeplanung zu geben (vgl. SCHULER/SKROBLIN 2001/2, S. 153 f.). Im Fokus dieser Verfahren stehen die Kompetenzen eines Menschen, die er sich an verschiedenen biografischen Stationen der Lebens- und Arbeitswelt angeeignet bzw. entwickelt hat. Die Analyse der Kompetenzen bietet dabei Ansatzpunkte, um Stärken weiterzuentwickeln und mögliche Defizite zu identifizieren und zu reduzieren. Die Orientierung an den in der Lebens- und Arbeitswelt erworbenen Fähigkeiten, Fertigkeiten und Kenntnissen von Individuen einerseits und die Unterstützung von Kompetenzentwicklung als lebensbegleitendender Prozess andererseits, sind zentrale Elemente entwicklungsorientierter Kompetenzfeststellungen. Diese Verfahren zielen darauf ab, den Individuen Klarheit über ihre individuellen Fähigkeiten, Fertigkeiten, Kenntnisse und Abschlüsse zu ermöglichen. Sie sollen helfen, auf dieser Grundlage ihre weitere berufliche Entwicklung zu gestalten und verschiedene Lernformen und Lernwege nutzbringend für sich selbst zu verbinden.

Auch wenn diese Verfahren sich methodisch und inhaltlich voneinander unterscheiden, sind folgende gemeinsame Verfahrensaspekte auszuweisen: In der Regel werden in Verfahren der entwicklungsorientierten Perspektive zunächst die individuellen Kompetenzbestände erhoben. Auf der Grundlage der erhobenen Ergebnisse werden dann in Verbindung mit einer begleitenden Reflexion Entwicklungsmöglichkeiten erarbeitet und umgesetzt. Damit wird das Ziel verfolgt, die weitere individuelle berufliche Entwicklung zu gestalten und verschiedene Lernformen und Lernwege effizient zu verbinden. Eine zentrale Rolle ist in diesen Verfahren den Personen zuzuschreiben, die die „Analysierten" bei der Umsetzung begleiten, da die Verknüpfung der punktuellen Standortbestimmung mit einem längerfristigen Entwicklungsprozess durch Begleiter oder Coaches unterstützt werden muss. So wird z. B. im Kontext des Schweizer Qualifikationsbuchs auf die Notwendigkeit der Professionalisierung des Begleitungspersonals hingewiesen (vgl. CALONDER GERSTER 2003). Methodisch kommen in Verfahren, die die entwicklungsorientierte Perspektive verfolgen, vor allem Interviews und Selbsteinschätzungen zum Einsatz. Durch Dialoge bzw. Gespräche im Sinne einer kommunikativen Validierung (KÄPPLINGER 2002) wird versucht, zu gemeinsamen und beiderseitig anerkannten Ergebnissen bzw. Konsequenzen zu gelangen.

Ein Beispiel für Verfahren, die diesem Ansatz folgen, ist im Portfolio zu sehen. Das Portfolio kann die Form einer Lern- oder Qualifizierungsmappe haben und erfasst besonders institutionell nicht anerkannte Lern- und Lebenserfahrungen (vgl. SCHLÄFLI 1998). Als Beispiele für Verfahren, die sich in diese Perspektive einordnen lassen, sind außerdem der Job-Navigator der IG Metall (IG METALL o.J.), das Schweizerische Qualifikationsbuch (AUTORENGEMEINSCHAFT SCHWEIZERISCHES QUALIFIKATIONSBUCH 2000), der Bildungspass der Daimler Chrysler AG (DAIMLER CHRYSLER AG o.J.) oder das Verfahren der Kompetenzbilanz des Deutschen Jugendinstituts (vgl. ERPENBECK/VON ROSENSTIEL 2003) zu nennen.

Im Unterschied zu entwicklungsorientierten Verfahren fokussieren Kompetenzfeststellungen, die eine anforderungsorientierte Perspektive einnehmen, aktuelle berufliche Tätigkeiten. Verfahren, die dieser Perspektive zugeordnet werden können, werden zahlreich in betrieblichen Kontexten entwickelt. Sie zielen auf die Verbesserung des Arbeitsprozesses durch Beobachtung, Beurteilung oder Messung des Individuums von außen. Im Fokus stehen dabei die Kompetenzen eines Mitarbeiters in Bezug auf die am Arbeitsplatz erwarteten Anforderungen. Zielsetzungen, Form und Systematik dieser Kompetenzerhebungen orientieren sich an den spezifischen Unternehmenserfordernissen. Dabei können eigenschaftsbasierte und aufgabenorientierte Kompetenzmodelle unterschieden werden (vgl. Paschen 2003). In den eigenschaftsbasierten betrieblichen Kompetenzmodellen werden als Anforderung Persönlichkeitseigenschaften zusammengestellt, die für ein erfolgreiches Handeln im jeweiligen Unternehmen relevant sind. Die gewünschten Persönlichkeitseigenschaften gelten nicht selten für alle Mitarbeiter eines Unternehmens. Aufgabenorientierte Kompetenzmodelle gehen dagegen von den Aufgaben aus, die an einem spezifischen Arbeitsplatz bewältigt werden müssen. Deswegen bilden konkrete Aufgaben in diesen Modellen die Kriterien. Aufgrund der Anforderungsperspektive, die beiden Herangehensweisen zu eigen ist, werden mögliche Potenziale, die in der aktuellen Tätigkeit nicht gefordert sind, z.T. ausgeblendet. Die Kompetenzbestände der Individuen werden möglichst objektiv erhoben, um zu Potenzial- und Effektivitätseinschätzungen zu kommen.

Auch hier können gemeinsame Verfahrensaspekte ausgewiesen werden. So wird in anforderungsorientierten Verfahren ausgehend von den Anforderungen am Arbeitsplatz zunächst nach den Kompetenzanforderungen gefragt, die an einen bestimmten Arbeitsplatzinhaber gestellt werden. Ausgehend von den Merkmalen des Arbeitsplatzes wird eine Dokumentationsform erarbeitet, die die eigenschafts- oder tätigkeitsorientierten Anforderungen an den Mitarbeiter beschreibt. Aufgrund der Bedeutung, die in diesem Zugang der Einschätzung des Individuums von außen zukommt, nehmen Fremdeinschätzungen in anforderungsorientierten Verfahren eine bedeutende Rolle ein, da den Ergebnissen eine hohe Aussagekraft zugesprochen wird (vgl. Sonntag/Schäfer-Rauser 1993, S. 168). Als Beispiele sind der in der Schweiz entwickelte Kompetenz-Kompass® (Hänggi 2003) oder das Verfahren zur Kompetenz-Diagnostik und -Entwicklung KODE (vgl. Erpenbeck 2003) zu nennen. Auch das betrieblich eingesetzte Assessment-Center kann als Beispiel genannt werden.

Besonders die hier als entwicklungsorientiert bezeichneten Verfahren zur Kompetenzfeststellung sind – so lässt sich zusammenfassen – zur Förderung der retrospektiven Selbstreflexion konzeptionell angelegt, da sie dazu anleiten, sich Erfahrungen, Ereignisse, Handlungen und die daraus entstehenden Kompetenzen bewusst zu machen.

3 Selbstreflexion als konzeptioneller Bestandteil von Kompetenzfeststellungen

3.1 Konzeptionelle Einbettung von Selbstreflexion

Das in der Kompetenzfeststellung stattfindende Lernen kann als Lernen durch Reflexion bezeichnet werden, weil keine neuen Lerninhalte erworben werden, sondern vorhandene Erfahrungen in einen neuen Bewusstseinszustand überführt werden. Die zentrale Bedeutung der Reflexion innerhalb dieses Prozesses ist darin zu sehen, dass das Erfahrene bewusst bzw. explizit gemacht wird und das Denken selbst zum Gegenstand gemacht wird. Reflexion kann auf diese Weise DILGER (2007, S. 29 f.) zufolge unterschiedliche Funktionen wie die Steuerung von Handlungen, Zielfindung, Bearbeitung von Problemen, Handlungskontrolle u. Ä. erfüllen und zum Aufbau von Handlungssystemen beitragen.

Abbildung 1: **Verbindung von kontinuierlichem und reflexivem Lernen (eigene Darstellung in Anlehnung an das Modell des Lernens aus Erfahrung nach DEWEY; vgl. KRÜGER/LERSCH 1993, S. 149)**

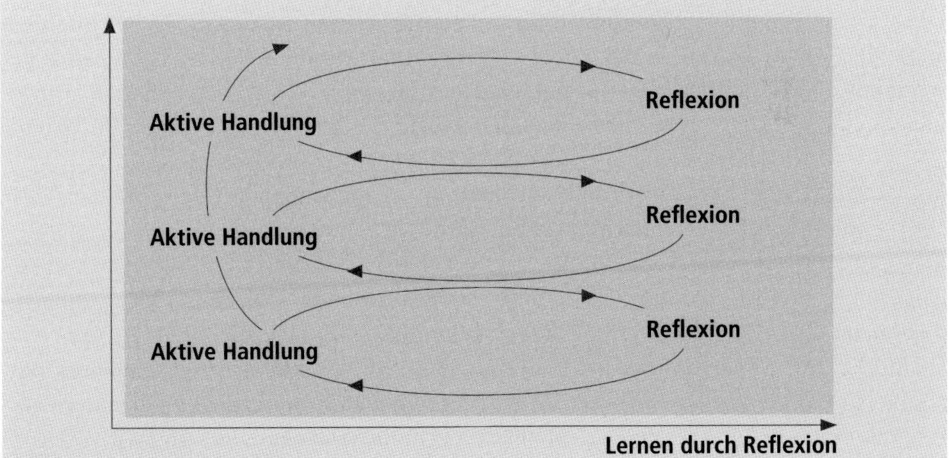

Quelle: eigene Darstellung in Anlehnung an das Modell des Lernens aus Erfahrung nach DEWEY; vgl. KRÜGER/LERSCH 1993, S. 149

Dabei lässt sich mit Bezug auf DEWEYS Theorie der Erfahrungskonstitution schließen, dass Kompetenzfeststellungen eine kontinuierliche Förderung der Selbstreflexion leisten, wenn sie wiederholt eingesetzt, in einen Prozess der Kompetenzentwicklung eingebunden werden und nicht punktuell oder einmalig verbleiben. Auf diese

Weise werden Erfahrungen verarbeitet und in einen höheren Bewusstseinszustand überführt (DEWEY 1949, S. 187 ff.). Sie ermöglichen dann also ein kontinuierliches Lernen, das die Kompetenzentwicklung als Erfahrungsprozess während der alltäglichen Arbeitshandlung unterstützt, indem die punktuelle Reflexion mit kurz- oder längerfristigen biografischen Entwicklungen ins Verhältnis gesetzt wird.

Kompetenzfeststellungen stellen damit eine Form der organisierten Reflexion des eigenen Kompetenzbestandes und der eigenen Erfahrungen dar und ermöglichen es dem Einzelnen, sich über den Status quo seiner Erfahrungen und Kompetenzen bewusst zu werden. Selbstreflexion fungiert damit als Vermittlungsinstanz zwischen informell erworbenen Kompetenzen und den in formellen Lernprozessen erworbenen Kompetenzen. Diese gezielte und organisierte Form der Reflexion, die auf die Arbeitserfahrungen der Individuen rekurriert, bedarf einer besonderen methodischen Anleitung. Dazu eignet sich z. B. das gezielte Bewusstmachen von beruflichen Situationen oder Berufsverläufen, in denen die Kompetenzen, die im Folgenden Gegenstand der Reflexion sein sollen, erworben wurden. Zudem sollten weder Methoden eingesetzt werden, in denen das Individuum ausschließlich durch eine andere Person beurteilt wird, noch sollten Methoden Anwendung finden, in denen die Kompetenzen anhand metrischer Systeme gemessen werden. Vielmehr geht es darum, zur Selbstreflexion anzuleiten und die dadurch entstehenden Selbsteinschätzungen mit Fremdeinschätzungen zu kombinieren und abzugleichen. Schließlich sollte die Selbstreflexion in der Form aufgenommen werden, dass aus den selbst gewonnenen Erkenntnissen Schlussfolgerungen für weitere Kompetenzentwicklungs- oder Weiterbildungsmaßnahmen gezogen werden.

3.2 Selbstreflexion und Fremdeinschätzung – Gegensatzpaar oder eine notwendige methodische Kombination?

Angesichts der im Vorausgehenden herausgearbeiteten Bedeutung der Selbstreflexion im Rahmen von Kompetenzfeststellungen stellt sich die Frage, wann eine Verbindung von Selbstreflexion mit Formen der Fremdeinschätzung notwendig und sinnvoll ist. Hierzu zeigen Studien, dass die Singularität von Aussagen einzelner Analysemethoden in der Kompetenzfeststellung grundsätzlich zur Einseitigkeit von Aussagen führt (vgl. dazu auch ERPENBECK/VON ROSENSTIEL 2003, S. XIX). Zur Erhöhung der Aussagekraft von Ergebnissen scheint es deswegen wichtig, unterschiedliche Zugänge und Methoden miteinander zu verknüpfen, ähnlich wie es in der empirischen Sozialforschung durch Triangulation geschieht. Der Begriff steht dort für eine Erhebungs- und/oder Auswertungsmethode (vgl. FLICK 2000). Dieser ursprünglich forschungsmethodische Begriff beschreibt die Herangehensweise, für Frage- und Problemstellungen unterschiedliche Lösungs- und Erkenntniswege zu wählen und diese zur Erkenntnisgewinnung zu kombinieren. Dabei können unterschiedliche Interpretationen, Methoden oder Datenquellen miteinander verknüpft werden (vgl. Pätzold 1995, S. 66).

Eine mögliche Form der Kombination einzelner Verfahren ist die Verknüpfung von Selbstreflexionen mit Fremdeinschätzungen. Zwar zeigt sich, dass das besondere Potenzial von Selbsteinschätzungen darin liegt, dass sie eine Auseinandersetzung mit dem individuellen Selbstbild ermöglichen. Auch wird in der Literatur festgestellt, dass Selbsteinschätzungen eine persönlichkeitsfördernde und motivierende Wirkung durch die Beschäftigung mit den eigenen Fähigkeiten und Perspektiven haben können (vgl. Käpplinger/Puhl 2003). Demgegenüber kann allerdings angeführt werden, dass Selbsteinschätzungen zu starker Subjektivität führen, „eine eingeschränkte Realitätsnähe, fehlende Vergleichbarkeit und Allgemeingültigkeit“ (BMBF 2004, S. 56) von Analysedaten mit sich bringt und dass die Einschätzung der eigenen Person sehr unterschiedlich entwickelt ist. Bezüglich der Leistungsfähigkeit, der Grenzen und Möglichkeiten von Selbsteinschätzungen liegen auch verschiedene organisations- und arbeitspsychologische Studien vor (vgl. Donat 1991; Sonntag/Schäfer-Rauser 1993).

Infolge dieser Erkenntnisse zu den Grenzen von Selbstreflexionen können Fremdeinschätzungen einen weiteren wichtigen Reflexions- und Informationsgeber darstellen. Sie können dazu beitragen, zu realistischen und reflektierten Aussagen zu kommen, da sie verschiedene Perspektiven einbeziehen. Durch eine Kombination ist jedoch nicht von einer Objektivierung der Ergebnisse, sondern eher von einer Validierung auszugehen, da sowohl Fremdeinschätzungen als auch Selbsteinschätzungen dem Prinzip der Subjektivität unterliegen. Insofern empfiehlt auch Weiss (1999, S. 187), den subjektiven Faktor besonders von dialogorientierten Kompetenzerhebungen zum „methodischen Prinzip“ zu machen und mit dem Mehraugenprinzip einen Ausgleich zu schaffen. Methodisch wird die Unschärfe durch den dialogischen Austausch im Sinne einer kommunikativen Validierung aufgehoben und damit eine Intersubjektivität ermöglicht.

4 Selbstreflexion im Betrieb zwischen Selbstbewusstsein und Selbstökonomisierung

Auch die Frage der Vorteile und Grenzen der Förderung von Selbstreflexion von Beschäftigten muss in diesem Zusammenhang betrachtet werden, da besonders im Kontext betrieblicher Arbeit unterschiedliche Interessen und damit auch Interessengegensätze mit der Fähigkeit zur Selbstreflexion verbunden sind.

Betrachtet man zunächst die Vorteile, so lässt sich hervorheben, dass die Selbstreflexion durch Kompetenzfeststellung einen Ansatz darstellt, die erworbenen beruflichen Erfahrungen bewusst zu machen und zu reflektieren.

Empirische Befunde zeigen, dass Verfahren der Kompetenzfeststellung, die auf Selbsteinschätzungen beruhen, zur Selbstreflexion der eigenen Kompetenzen und Erfahrungen beitragen und darüber das Selbstbewusstsein der Individuen stärken (vgl. GILLEN 2006, S. 226). Die Reflexion der eigenen Kompetenzen stellt zwar zum Teil eine neue Erfahrung für Beschäftigte dar, sie wird aber meist als Bereicherung beschrieben und führt zu einem neuen Bewusstsein informell und formell erworbener Kompetenzen. Zu diesem Schluss kommt auch ANT (vgl. 2004, S. 313), der in einer Untersuchung mit Arbeitslosen herausgearbeitet hat, dass die Reflexion und Bewusstwerdung eigener Kompetenzen innerhalb von Kompetenzfeststellungen zur Steigerung des Selbstwertgefühls beiträgt und einen selbstreflexiven und autonomiefördernden Prozess darstellt.

Diese soziologisch begründete Bedeutung von Selbstreflexion für die individuelle Lebensgestaltung lässt sich durch empirische Ergebnisse aus der Handlungspsychologie zumindest teilweise bestätigen. So haben HOFF und EWERS u. a. in einer Studie (2002 und 2003) unter dem Paradigma des reflexiv handelnden Subjekts die Bedeutung von Reflexion für die subjektive Auseinandersetzung mit diskrepanten oder widersprüchlichen externen Handlungsanforderungen und internen Handlungszielen untersucht. Sie beziehen sich auf ein „Verständnis vom Menschen, dessen Handeln nicht nur einseitig durch externe, sozialstrukturell bedingte Anforderungen, sondern auch durch interne Strebungen und autonom gesetzte Ziele bestimmt wird" (HOFF u. a. 2003, S. 3).

Die Ergebnisse dieser Studie weisen darauf hin, dass Handeln im Sinn eines reflexiv handelnden Subjekts in der untersuchten Gruppe zu beobachten ist. Reflexiv handelnden Subjekten kann demnach zugesprochen werden, dass sie neben Arbeit auch andere soziale Umfelder wie Partner oder Familie haben und in ihrer Lebensführung Arbeit und Freizeit integrieren. Zudem wird ihnen die Fähigkeit zur Reflexion diskrepanter Motive und Ziele sowie kontrollierte Autonomie zugesprochen (HOFF u. a. 2003).

Wie weit jedoch diese Vorteile der Selbstreflexion einerseits betrieblich und andererseits individuell wünschenswert sind, gilt es abschließend auszuloten. Begreift man dabei das reflexiv handelnde Subjekt als einen Pol der Realisierung von Selbstreflexion im Kontext von Arbeit, so stellt der Typ des Arbeitskraftunternehmers einen Kontrapunkt bzw. den anderen Pol dazu dar.

Der Arbeitskraftunternehmer wurde 2003 als Typus von Arbeitskraft von PONGRATZ und VOSS entwickelt und empirisch untersucht. Es wird zunächst davon ausgegangen, dass sich zwei Grundformen der Arbeitskraft unterscheiden lassen (vgl. PONGRATZ/VOSS 2003, S. 193 f.). Während der Arbeiterstatus durch körperliche Arbeit, eine untergeordnete betriebliche Stellung, rigide Kontrolle und kaum Karrierechancen gekennzeichnet ist, besteht das Angestelltendasein aus Kopfarbeit, eröffnet Freiräume in der Arbeitsausführung, betriebliche Aufstiegsmöglichkeiten und zeigt eine große Nähe zum Management. Die Angestelltenschaft, aus der sich der Typus des Arbeitskraftunternehmers generiert, ist intrinsisch motiviert und am Arbeitsinhalt interessiert, sucht individuelle Aufstiegsoptionen zu verwirklichen und identifiziert sich in hohem Maße mit dem durch das Management vertretenen Betriebsinteresse. Diese Eigenschaften ermöglichen einen erweiterten Zugriff auf die Subjektivität und fördern auf diese Weise unterschiedliche Formen der Selbstökonomisierung und Selbstvermarktung (vgl. Pongratz/Voss 2003, S. 233 f.).

Abbildung 2: **Selbstreflexion im Spannungsfeld zwischen dem Arbeitskraftunternehmer und reflexiv handelnden Subjekten**

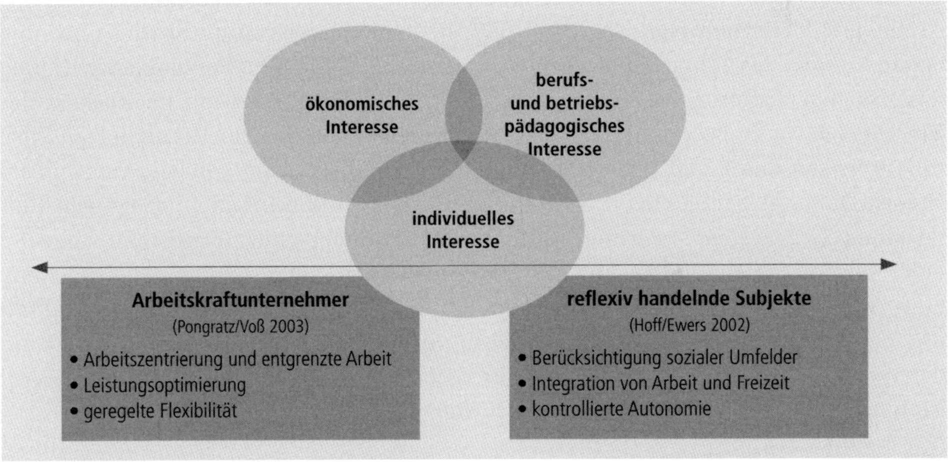

Diese Subjektivierung von Arbeit, die nicht zuletzt durch Selbstreflexionen in betrieblichen Kompetenzfeststellungen unterstützt wird, befördert somit – kritisch betrachtet – die Vereinnahmung des Subjekts. Unter dem Begriff der „Landnahme des Selbst" in modernen Arbeitsverhältnissen wird dies von Harney bereits 1992 problematisiert. Die Problematik ist dabei insbesondere in der Besitzstandskontrolle des Subjektes und seiner arbeitsbezogenen Sozialbeziehungen, Lebensgewohnheiten, Erfahrungen und Aneignungsformen durch das Management und die betriebliche Weiterbildung zu sehen. Sie verschleiert Harney zufolge, dass „die Diffusion der Humanwissenschaften in das betriebliche Rationalisierungswissen nicht notwendigerweise auf mehr Humanität hinauslaufen" (Harney 1992, S. 324) müssen. Dieses Argument weist darauf hin, dass auch eine dem Anschein nach zunächst an der Entwicklung der Persönlichkeit orientierte Kompetenzfeststellung nicht unbedingt den tatsächlichen individuellen Interessen dienlich sein muss, weil Persönlichkeitsentwicklung durch Arbeit immer einem ökonomischen Kalkül technologischer und ökonomischer Rationalisierung verhaftet bleibt. Auf der Handlungsebene äußert sich diese Diskrepanz z. B. darin, dass die Teilnahme an Kompetenzfeststellungen unter den gegenwärtigen Arbeitsmarktbedingungen kein freiwilliges Angebot, sondern ein Gebot für die Beschäftigten darstellt und damit in Verbindung mit Selektionsmechanismen gebracht wird.

Eine weitere Grenze der Selbstreflexion lässt sich an ihren möglichen Folgen festmachen. Selbst wenn sich nämlich hinter der Einführung von Kompetenzfeststellungen in Unternehmen ein berufspädagogisch fundiertes Leitbild wie der Förderung beruflicher Handlungsfähigkeit verbirgt und darauf abgezielt wird, die Entwicklung der Beschäftigten ins Zentrum des Interesses zu stellen. So kann sich das individuelle Interesse am Erhalt der individuellen Beschäftigungsfähigkeit und der eigenen Arbeitsplatzsicherheit (vgl. Wittwer 2002, S. 120) orientieren und somit über den engen Kontext des Unternehmens und der damit verbundenen Personalentwicklung hinausgehen. Insofern ist eine weitere Grenze der Selbstreflexion im Kontext der Betriebes darin zu beschreiben, dass sie durchaus auch über die intendierten Ziele hinausweisen kann und die Frage in den Fokus rückt, wie weit ein Verbleib im Unternehmen aus subjektiver Sicht wünschenswert und im Sinne der eigenen Entwicklung als „passend" begriffen wird. Die Konsequenz, ein Unternehmen aufgrund einer solchen fehlenden Passung mit dem subjektiven Ziel der Selbstverwirklichung zu verlassen, wäre für das Unternehmen mit der Folge einer fehlenden Arbeitskraft und der Notwendigkeit einer Neubesetzung verbunden. Für den Beschäftigten kann der Wunsch der Selbstverwirklichung zur Verbesserung der eigenen Arbeitstätigkeit, im Extremfall aber auch in die Erwerbslosigkeit führen.

Literatur

Ant, Marcel: Die Auswirkungen von Kompetenzbilanzen auf das Selbstwertgefühl von Arbeitslosen. Luxemburg 2004

Autorengemeinschaft Schweizerisches Qualifikationsbuch: Schweizerisches Qualifikationsbuch. Zürich 2000

BMBF: Weiterbildungspass mit Zertifizierung informellen Lernens. Machbarkeitsstudie im Rahmen des BLK-Verbundprojektes. Berlin 2004

Calonder Gerster, Anita: „CH-Q-Kompetenz-Management-Modell" mit integriertem Portfolio-Instrumentarium – Entwicklung und Umsetzung. In: BIBB (Hrsg.): Berufsbildung für eine globale Gesellschaft. Perspektiven im 21. Jahrhundert. 4. BIBB-Fachkongress 2002, Beitrag auf CD-ROM, Forum 3, Arbeitskreis 3.4. Bielefeld 2003

Daimler Chrysler AG: Bildungspass. Ein Instrument zur beruflichen Standortbestimmung für Mitarbeiter und Mitarbeiterinnen der Daimler Chrysler AG, Werk Gaggenau. Gaggenau o.J.

DEWEY, John: Demokratie und Erziehung. Braunschweig 1949

DEWEY, John: Erziehung durch und für Erfahrung. Stuttgart 1986

DILGER, Bernadette: Der selbstreflektierende Lerner. Paderborn 2007

DONAT, Michael: Selbstbeurteilung. In: SCHULER, H. (Hrsg.): Beurteilung und Förderung beruflicher Leistung. Stuttgart 1991, S. 135–145

ERPENBECK, John: KODE® – Kompetenz-Diagnostik und -Entwicklung. In: ERPENBECK, J. u. a. (Hrsg.): Handbuch Kompetenzmessung. Erkennen, verstehen und bewerten von Kompetenzen in der betrieblichen, pädagogischen und psychologischen Praxis. Stuttgart 2003, S. 365–379

ERPENBECK, John.; ROSENSTIEL, Lutz von (Hrsg.): Handbuch Kompetenzmessung. Stuttgart 2003

FISCHER, Evelyne; DUELL, Werner: Wenn Arbeit Lernen ist ... In: Arbeitsgemeinschaft Betriebliche Weiterbildungsforschung e.V. (Hrsg.): Quem-Bulletin, 6/2003, S. 7–10

FLICK, Uwe: Designs und Prozess qualitativer Forschung. In: FLICK, Uwe; Kardorff, Ernst v.; STEINKE, Ines (Hrsg.): Qualitative Forschung. Ein Handbuch. Hamburg 2000, S. 252–265

FRANKE, Guido: Facetten der Kompetenzentwicklung. Bielefeld 2005

GILLEN, Julia: Kompetenzanalysen als berufliche Entwicklungschance. Eine Konzeption zur Förderung beruflicher Handlungskompetenz. Dissertationsschrift. Bielefeld 2006.

GILLEN, Julia: Reflexion im beruflichen Handeln. Zeitschrift für Berufs- und Wirtschaftspädagogik. 2007, Band 103, Heft 4. S. 525–537

HÄNGGI, Gerhard: Kompetenz-Kompass®. In: ERPENBECK, John u. a. (Hrsg.): Handbuch Kompetenzmessung. Erkennen, verstehen und bewerten von Kompetenzen in der betrieblichen, pädagogischen und psychologischen Praxis. Stuttgart 2003, S. 386–404

HOFF, Ernst.-H.; EWERS, Eyko: Handlungsebenen, Zielkonflikte und Identität. Zur Integration von Berufs- und Privatleben. In: MOLDASCHL, Manfred (Hrsg.): Neue Arbeit – neue Wissenschaft der Arbeit? Heidelberg u. a. 2002, S. 221–248

IG METALL: Job Navigator. Frankfurt/Main o. J.

KAISER, Franz-Josef; PÄTZOLD, Günter: Wörterbuch Berufs- und Wirtschaftspädagogik. Bad Heilbrunn 1999

KÄPPLINGER, Bernd.: Anerkennung von Kompetenzen: Definitionen, Kontexte und Praxiserfahrungen in Europa. URL: www.die-bonn.de/esprid/dokumente/doc-2002/kaepplinger02_01.pdf (Stand: 06.02.2009)

KÄPPLINGER, Bernd; PUHL, Achim: Zur Zertifizierung informeller Kompetenzen. In: DIE – Zeitschrift für Erwachsenenbildung, Jg. 2003, Heft 2, S. 45–47

KLUGE, Friedrich: Etymologisches Wörterbuch der deutschen Sprache. Berlin/New York 2002

Krüger, Heinz-Hermann.; Lersch, Rainer: Lernen und Erfahrung. 2. Auflage. Opladen 1993
Lash, Scott: Reflexivität und ihre Dopplungen: Struktur, Ästhetik und Gemeinschaft. In: Beck, Ulrich; Giddens, Anthony; Lash, Scott (Hrsg.): Reflexive Modernisierung. Eine Kontroverse. Frankfurt/Main 1996, S. 195–286
Paschen, Michael.: Kompetenzmodelle – konzeptioneller Hintergrund und praktische Empfehlungen. In: Zeitschrift Wirtschaftspsychologie, Jg. 10 (2003) Heft 2, S. 54–59
Pätzold, Günter: Ansprüche an die pädagogische Begleitforschung im Rahmen von Modellversuchen. In: Benteler, Paul u. a. (Hrsg.): Modellversuchsforschung als Berufsbildungsforschung. Köln 1995, S. 45–70
Pongratz, Hans: Voss, Günter: Arbeitskraftunternehmer. Erwerbsbiographien in entgrenzten Arbeitsformen. Berlin 2003
Schläfli, André: Akkreditierung von Kompetenzen. In: DIE – Zeitschrift für Erwachsenenbildung, Jg. (1998), Heft 4, S. 27–30
Schuler, Michael; Skroblin, Jörg-Peter: Kompetenzentwicklung in der Postfordistischen Arbeitswelt. Das Kompetenz-Handbuch des „Job-Navigators“ – Eine neue Dienstleistung der IG Metall zur beruflichen Zukunftsberatung in der Erprobung. In: FIAB (Hrsg.): Jahrbuch Arbeit-Bildung-Kultur. Band 19/20 (2001/02), S. 153–169
Sonntag, Karlheinz; Schäfer-Rauser, Ulrich: Selbsteinschätzung beruflicher Kompetenzen bei der Evaluation von Bildungsmaßnahmen. In: Zeitschrift für Arbeits- und Organisationspsychologie, 37 (1993) 4, S. 163–169
Weiss, Reinhold: Erfassung und Bewertung informell erworbener Kompetenzen – realistische Möglichkeiten oder bildungspolitische Utopie? In: Cuvry, A. de u. a. (Hrsg.): Erlebnis Erwachsenenbildung – Zur Aktualität handlungsorientierter Erwachsenenbildung. Neuwied 1999/3, S. 176–191
Winkler, Michael: Reflexive Pädagogik. In: Sünker, Heinz; Krüger, Heinz-Hermann (Hrsg.): Kritische Erziehungswissenschaft am Neubeginn?! Frankfurt/Main 1999. S. 270–300
Wittwer, Wolfgang: Biographieorientierte Kompetenzentwicklung in der betrieblichen Weiterbildung. In: Nuissl, Ekkehard; Schiersmann, Christiane; Siebert, Horst (Hrsg.): Literatur- und Forschungsreport Weiterbildung. Thema: Betriebliche Weiterbildung. Nr. 48 (2002), S. 109–127

Autorin

Dr. Julia Gillen
Vertretung der Professur für Bautechnik, Holztechnik, Farbtechnik & Raumgestaltung/Berufliche Didaktik
Institut für Berufliche Fachrichtungen
Fakultät Erziehungswissenschaften
Technische Universität Dresden
Tel.: 0351/46334947
Fax: 0351/46332870
julia.gillen@tu-dresden.de

II. Kompetenzfeststellung in Organsationen

Daniela Gröschke, Uta Wilkens

Ebenenübergreifende Kompetenzfeststellung: Diskussion eines Operationalisierungsvorschlags[1]

Abstract

Der Beitrag entwickelt eine ebenenübergreifend verwendbare Operationalisierung von Kompetenz mit Blick auf die Ebenen Individuum, Gruppe und Organisation. Dabei wird auf die sozialkognitive Theorie Banduras und die Komplexitätstheorie in der Lesart komplexer adaptiver Systeme zurückgegriffen. Als ebenenübergreifende Kompetenzdimensionen werden Komplexitätsbewältigung, Selbstreflexion, Kombination und Kooperation identifiziert. Auf der Grundlage von Fragebogenbefragungen in zwei Forschungseinrichtungen werden Beziehungen zwischen den Kompetenzen beschrieben, die sich auf den drei Ebenen in den untersuchten Organisationen identifizieren lassen.

1 Einleitung

Wenn Organisationen in die Kompetenz ihrer Mitarbeiter investieren, so steht dahinter die Annahme, dass dadurch auch ein Nutzen auf kollektiver Handlungsebene generiert werden kann. Die ressourcenbasierte Managementforschung sieht gerade in der Verkoppelung individueller Potenziale mit dem kollektiven Handlungssystem eine Quelle zur Erlangung nachhaltiger Wettbewerbsvorteile und Sicherung dynamischer Anpassungsprozesse (Barney 1991; Mahoney 1995; Teece u. a. 1997; Ridder u. a. 2005). Der konkrete Nachweis darüber, dass sich aus individuellen Kompetenzen organisationale Wertschöpfungsbeiträge ergeben, gestaltet sich indessen schwierig. Auch vice versa stellt es eine Herausforderung für die empirische Sozialforschung dar, Anhaltspunkte dafür zu liefern, dass Individuen im Prozess der Arbeit einen Kompetenzzuwachs erfahren, d. h. die kollektive Handlungsfähigkeit von Gruppen oder Organisationen zur Kompetenzentwicklung von Individuen beiträgt (Kauffeld/Grote 2000; Schüssler 2004).

Der Grund für diese Schwierigkeiten kann darin gesehen werden, dass die Kompetenzforschung trotz ihrer Fülle an Instrumenten (zum Überblick siehe Er-

---

1 Der Beitrag basiert auf Ergebnissen des Projekts „Die Identifikation der Wirkungsbeziehungen zwischen Strukturebenen der Kompetenz als Wegweiser für den Einsatz von Kompetenzentwicklungsmaßnahmen", welches im Rahmen des Forschungs- und Entwicklungsprogramms „Lernkultur Kompetenzentwicklung" aus Mitteln des Bundesministeriums für Bildung und Forschung sowie aus Mitteln des Europäischen Sozialfonds gefördert wurde.

PENBECK/VON ROSENSTIEL 2007) immer noch einen fragmentarischen Charakter hat. Es gibt eine Vielzahl von Kompetenzdefinitionen und darauf ausgerichteten Kompetenzerfassungsinstrumenten, aber keine klaren Verbindungslinien zwischen diesen Ansätzen. Insbesondere stehen Definitions- und Messansätze zur Erfassung individueller, gruppenspezifischer und organisationaler Kompetenz isoliert nebeneinander (PAWLOWSKY u. a. 2005; WILKENS u. a. 2006). Will man dieses Defizit überwinden, um Wirkungsanalysen zwischen Kompetenzebenen durchzuführen und mögliche Hebeleffekte zu identifizieren, so bedarf es eines Kompetenzverständnisses, das ebenenübergreifend anwendbar ist, und eines darauf gerichteten Erfassungsinstrumentes.

Ziel des vorliegenden Beitrags ist es daher, einen Ansatz zur ebenenübergreifenden Kompetenzfeststellung im Betrieb zu erarbeiten und der Frage nachzugehen, wie sich Kompetenzbeziehungen zwischen Individuen, Gruppen und Organisationen abbilden lassen. Die Herausforderung liegt dabei in der ebenenübergreifend gültigen Kompetenzdefinition und der darauf aufbauenden Operationalisierung des Konstruktes. Die Betrachtung des Zusammenspiels zwischen Kompetenzebenen setzt ein einheitliches Grundverständnis von Kompetenz voraus, ohne dabei zu konstatieren, dass die Konstruktkomponenten für alle Ebenen gleich sein müssen. Dies wird empirisch zu eruieren sein.

2 Theoretischer Hintergrund

Nach SCHREYÖGG/KLIESCH (2003, S. 22) ist Kompetenz „ein handlungsbezogenes Konstrukt, das sich in einer erfolgreichen Bewältigung von Problemsituationen niederschlägt". Diese Handlungs- und Problemlösungsfähigkeit wird nicht nur auf die Gegenwart bezogen. Vielmehr geht es um Regulationsmechanismen für zukunftsgerichtete Adaptionen, die Individuen und Gruppen in die Lage versetzen, für neuartige Probleme entsprechende Handlungsalternativen zu entwickeln, das Handlungsrepertoir zu erweitern und Beharrungstendenzen zu überwinden (ARNOLD 1997; BAITSCH 1996; BARON u. a. 1992; DYER/SINGH 1998; ERPENBECK 1996; ERPENBECK/VON ROSENSTIEL 2003; TEECE u. a. 1997; STEINER 1972). Kompetenz kann demnach als *situationsübergreifende Handlungs- und Problemlösungsfähigkeit* verstanden werden, die sich in einer dem jeweiligen Kontext angemessenen Handlung offenbart (WILKENS u. a. 2006; SYDOW u. a. 2003). Dieses Kompetenzverständnis lässt sich auf der individuellen, gruppenspezifischen und organisationalen Ebene anwenden.

Zur weiteren Fundierung des Kompetenzbegriffs werden Theorien herangezogen, die *Handlung* erklären können und *mehrere Ebenen* in Betracht ziehen. Aus diesen Gründen werden die sozialkognitive Theorie (BANDURA 1986, 2001) und die Theorie komplexer adaptiver Systeme (KAS; KAPPELHOFF 2002, 2004) verwendet.

Die *sozialkognitive Theorie* (SCT) von Bandura (1986, 2001) ist eine empirisch gut abgesicherte Handlungstheorie. Eine individuelle oder kollektive Handlung kommt hiernach dann zustande, wenn ein Individuum oder eine Gruppe zum einen das Zutrauen in die eigene, respektive kollektive Handlungsfähigkeit (Selbstwirksamkeitserwartung) hat und zum zweiten eine positive Erwartung mit dem Handlungsergebnis verknüpft wird. Besonderer Analysegegenstand der SCT ist die Handlungsintention, die durch die Selbstwirksamkeitserwartung beschrieben wird. In mehreren empirischen Studien konnte gezeigt werden, dass die Erwartung in die eigene (individuelle) Handlungsfähigkeit ein guter Prädiktor für tatsächliches Handeln ist (Ajzen 1985, 1991; Schwarzer 1994; Bruch/Ghoshal 2005) und einen „Schlüssel zur kompetenten Selbstregulation" darstellt (Schwarzer/Schmitz 1999, S. 263). Selbstwirksamkeitserwartung hängt zwar mit der Erfolgserwartung eines Individuums zusammen, sie sind aber voneinander zu trennen. Je höher die Kompetenzerwartung ausgeprägt ist, desto stärker wird Erfolg antizipiert. Weiter geht Bandura (2001) von einer engen Verzahnung zwischen individueller und kollektiver Kompetenzerwartung aus. Ein Individuum wird nur entsprechende Anstrengungen unternehmen, um zu kollektiven Handlungsergebnissen zu gelangen, wenn es eine positive Erwartung über die persönliche Wirksamkeit in einer Gruppe und hinsichtlich der Wirksamkeit der Gruppe als Ganzes hat. Ebenso gibt es eine kollektive Erwartung der Gruppe hinsichtlich der gemeinsamen Wirksamkeit, die das Aktivitätsniveau beeinflusst. Dabei ist die kollektive Selbstwirksamkeitserwartung beeinflusst von der individuellen Selbstwirksamkeitserwartung, nicht jedoch die bloße Summe individueller Erwartungen. Vielmehr kann die individuelle Selbstwirksamkeitserwartung durch die Gruppe gebremst oder gestärkt werden. Der Aufklärungsbeitrag der sozialkognitiven Theorie liegt somit in der Erklärung individueller und gruppenspezifischer Handlungsprozesse.

Eine stärker auf organisationale Prozesse fokussierende Theorie stellt die Komplexitätstheorie dar. Die *Komplexitätstheorie in ihrer Lesart komplexer adaptiver Systeme* (KAS; Kappelhoff 2002, 2004) versteht Handlung als Ereignis regelgeleiteter Systeme, die in der Lage sind, in dynamischen Entwicklungsprozessen flexible Ordnungsformen zu entwickeln und diese an Komplexitätssteigerungen in der Umwelt anzupassen. Ordnungsbildung wird nicht nur exogen durch die evolutionären Mechanismen von blinder Variation und selektiver Retention, sondern auch endogen durch Muster der Selbstorganisation gesteuert (z. B. Kauffman 1991, 1993, 1995; Holland 1995; Cohen/Stewart 1993; Wardrop 1992). Maximale Handlungsfähigkeit kann hiernach am ehesten erreicht werden, wenn komplex adaptive Systeme (KAS) im Übergangsbereich von chaotischen Dynamiken und starren Ordnungszuständen in der Lage sind, Ordnungsfähigkeit und Anpassungsfähigkeit miteinander zu verbinden (Kappelhoff 2004). Dies wird auch als Ordnung und

Koevolution am Rande des Chaos beschrieben. Kompetenz kann in diesem Sinne als spezifische Handlungsfähigkeit eines KAS verstanden werden, in dynamischen Entwicklungsprozessen flexible Ordnungsformen zu entwickeln und diese an Komplexitätssteigerungen in der Umwelt anzupassen. Dies ist abhängig von der Binnendifferenzierung, d. h. von der Zahl seiner konstituierenden Elemente und deren Wechselwirkungen (Kauffman 1993, 1995). Organisationskompetenz ist demnach abhängig vom Grad der Verknüpfung formaler und informeller Subsysteme innerhalb (Geschäftsbereiche, Teams) und außerhalb (regionale Cluster, Zulieferernetzwerk) einer Organisation.

In Kombination beider Theorien lassen sich Kompetenzdimensionen ableiten, die für alle Kompetenzebenen (Individuum, Gruppe, Organisation und Netzwerk) Gültigkeit beanspruchen können. Es handelt sich um die Dimensionen Komplexitätsbewältigung, Selbstreflexion, Kombination und Kooperation (siehe Abbildung 1).

- **Komplexitätsbewältigung:** In Anlehnung an die SCT stützt sich ein Individuum, um in unerwarteten Situationen angemessen handeln zu können, auf die Fähigkeit zur (kognitiven) Strukturierung. Durch Selektion von Information und Rückbesinnung auf vorhandene Handlungsoptionen werden auch affektive Zustände auf ein Problemlösungsverhalten hin orientiert. Auch in der Lesart der Theorie komplex adaptiver Systeme (KAS) benötigt ein sozialer Akteur die Fähigkeit, Umweltveränderungen wahrzunehmen und die aufgenommenen Informationen sinnvoll zu selektieren, um Komplexität angemessen reduzieren zu können. Die Kompetenzdimension Komplexitätsbewältigung wird daher als Fähigkeit eines sozialen Akteurs zur Aufnahme und Strukturierung von Umweltveränderungen durch sinnvolle Selektion von Informationen und durch Rückbesinnung auf vorhandene Handlungsoptionen (Umweltsensoren/Informationsverarbeitungsmechanismen) verstanden.
- **Selbstreflexion:** Ein konstitutives Element der individuellen Selbstwirksamkeitserwartung ist nach Bandura die Selbstreflexion. Hierbei geht es um die Fähigkeit, Rückmeldungen aus dem Umfeld zu verarbeiten und in eigene Verhaltensänderungen zu übersetzen. Soziale Systeme in der Lesart komplex adaptiver Systeme (KAS) sollten ebenfalls die Fähigkeit besitzen, die Angemessenheit organisationaler Handlungsroutinen zu hinterfragen, auf ihre Eignung hin zu prüfen und ggf. alternative Ordnungsvarianten zu entwickeln. Die Kompetenzdimension Selbstreflexion wird somit als Fähigkeit eines sozialen Akteurs, den eigenen Entwicklungsprozess aufgrund von Rückmeldungen aus der Umwelt im Hinblick auf die eigenen zur Anwendung kommenden Handlungsroutinen zu überprüfen und bei Bedarf anzupassen, verstanden.
- **Kombination:** Individuen besitzen der SCT zufolge die kognitive Fähigkeit, über Wissensstrukturen die Realität abzubilden, das Wissen auf unterschiedliche

Problemsituationen zu übertragen und ggf. neu zu kombinieren. Ein Rückbezug auf die kollektive Wissensbasis, insbesondere im Sinne der Einbeziehung von Erfahrungsträgern ist dabei ebenfalls denkbar. Auch Organisationen müssen in der Lage sein, durch Integration und Rekombination von organisationalen Wissensbeständen neue Ordnungsmuster herzustellen bzw. einen optimalen Ordnungszustand zu generieren. Die Kompetenzdimension Kombination beinhaltet damit die Fähigkeit eines sozialen Akteurs, sein Wissen in unterschiedlichen Problemsituationen einzusetzen und dabei ggf. neu zu kombinieren, wodurch eine Wissenserweiterung stattfindet.

- **Kooperation:** Nach Bandura gestalten sich Individuen ihre Umwelt, genauso wie sie von ihrer Umwelt beeinflusst werden. Die Fähigkeit, soziale Beziehungen aufzubauen und aufrechtzuerhalten, ist daher konstitutives Element menschlichen Handelns. Ebenso sollten soziale Akteure im Sinne eines komplex adaptiven Systems in der Lage sein, Beziehungen zu anderen Akteuren zu gestalten und aufrechtzuerhalten, um die eigene Handlungsfähigkeit angemessen zu entwickeln und insbesondere um Handlungsoptionen über Kooperationen mit Netzwerkpartnern zu erweitern. Unter der Kompetenzdimension Kooperation wird somit das Vermögen eines sozialen Akteurs, Interaktionsbeziehungen zu anderen Akteuren zu gestalten und aufrecht zu erhalten, um die eigene Handlungsfähigkeit entwickeln zu können, zusammengefasst.

Zusammenfassend ist davon auszugehen, dass Individuen und Gruppen die Wirksamkeit eines kollektiven Systems an Dimensionen festmachen, die der persönlichen Kompetenzerwartung vergleichbar sind. Dazu zählen (1) die Informationsverarbeitungskapazität und Fähigkeit zur Komplexitätsreduktion, die Komplexitätsbewältigungsfähigkeit begründen, (2) die Reflexionsfähigkeit der kollektiven Bezugseinheit, Handlungsmuster zu hinterfragen und weiterzuentwickeln, (3) die problemlösungsbezogene Anwendung von Wissen einschließlich der Generierung neuen Wissens sowie (4) die Interaktionsfähigkeit innerhalb des Systems bzw. mit externen Partnern, um Handlungsoptionen zu erweitern. Die hier beschriebenen Kompetenzdimensionen stellen durch die theoriefundierte ebenenübergreifende Betrachtung eine Erweiterung gegenüber bisherigen Ansätzen dar (z. B. Erpenbeck/von Rosenstiel 2003; Hoffmann 2003; Kappelhoff 2004; Schreyögg/Kliesch 2003). Zugleich erfordern sie eine grundlegende Erarbeitung eines Operationalisierungsvorschlags und dessen Testung.

Abbildung 1: **Ebenenübergreifend gültige Kompetenzdimensionen**

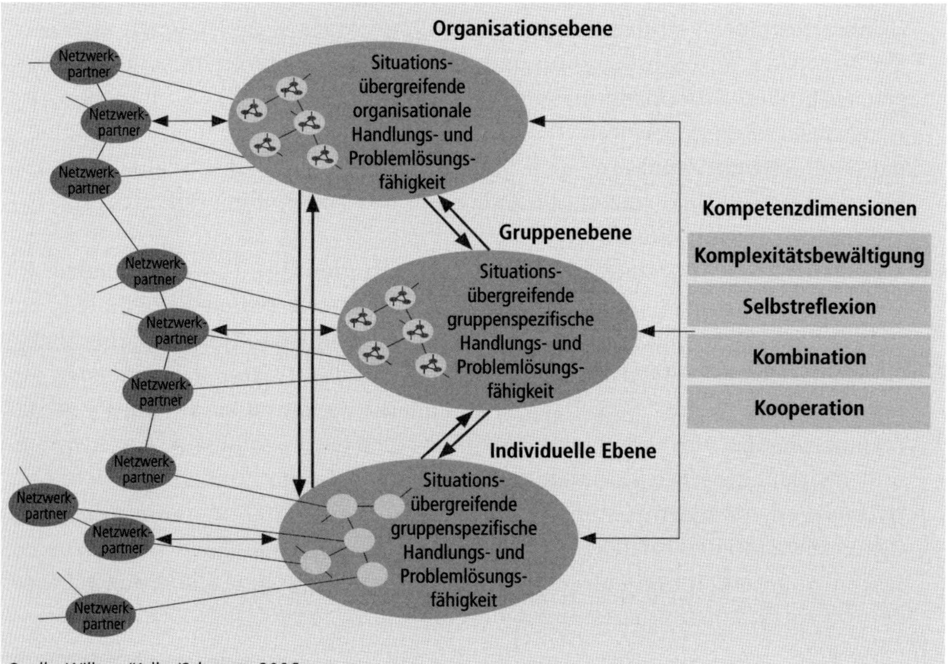

Quelle: Wilkens/Keller/Schmette 2006

3 Methode

Aufgrund des Forschungsstandes war es nur zum Teil möglich, auf bereits validierte Skalen zurückzugreifen. In einem Expertenteam wurden daher Items zur Erfassung der Kompetenzdimensionen entwickelt. Der Fragebogen wurde zur Testung an 47 Mitarbeiter von zwei wissenschaftlichen Lehr- und Forschungseinrichtungen verschickt. Die Rücklaufquote der Einrichtung A betrug 64 %, von Einrichtung B 81 %. Insgesamt wurden 34 Fragebogen in die Auswertung einbezogen. Befragt wurden jeweils die Professoren und Professorinnen und wissenschaftlichen Mitarbeiter/-innen der Einrichtungen.

Für die individuelle Ebene wurde als Prüfkriterium die Selbstwirksamkeitserwartung erfasst (in Anlehnung an JERUSALEM/SCHWARZER, 1999). Die Items wurden auf den Arbeitskontext adaptiert und faktorenanalytisch reduziert (Beispiel: „Wenn sich Widerstände auftun, finde ich Mittel und Wege, mich *im Arbeitskontext* durchzusetzen."). Die interne Konsistenz der Skala für die berufliche Selbstwirksamkeitserwartung lag in der vorliegenden Untersuchung bei einem Cronbachs Alpha von

α = .79. Für die Kompetenzdimensionen auf der individuellen Ebene wurden inhaltlich valide Items der Subskala „Methodisches Vorgehen" der Skala „Selbstkonzept beruflicher Kompetenz" von Bergmann (2003) integriert. Eine Hauptkomponentenanalyse mit anschließender Varimaxrotation nach Kaiser-Kriterium ergibt eine dreifaktorielle Lösung, die insgesamt 61 % der Varianz aufklärt. Die Faktoren bilden die Kompetenzdimensionen Komplexitätsbewältigung (Cronbachs α = .74), Selbstreflexion (Cronbachs α = .64) und Kooperation/Kombination (Cronbachs α = .74) ab.

Für die gruppenspezifische Ebene wurde als Prüfkriterium auf die „Collective Efficacy Beliefs Scale" von Riggs und Knight (1994) und die Skala „Kollektive Selbstwirksamkeit" von Schwarzer und Jerusalem (1999) zurückgegriffen. Eine notwendige Modifikation beider Skalen ergab eine einfaktorielle Lösung mit fünf Items, die ein Cronbachs Alpha von α = .84 aufweist. Dabei entstammen drei Items der Skala „Kollektive Selbstwirksamkeitserwartung" von Schwarzer und Jerusalem (1999) und zwei Items aus der Skala von Riggs und Knight (1994). Für die Kompetenzdimensionen wurden in einem Expertengremium Items gebildet, die inhaltlich valide den Kompetenzdimensionen zugeordnet werden können. Eine explorative Faktoranalyse ergibt auch hier eine dreifaktorielle Lösung mit einer Varianzaufklärung von 71 %. Die Faktoren bilden die Kompetenzdimensionen Komplexitätsbewältigung (Cronbachs α = .73), Kombination (Cronbachs α = .89) und Kooperation (Cronbachs α = .73) ab.

Auf Organisationsebene wurde als Prüfkriterium die Skala „Kollektive Selbstwirksamkeit" von Schwarzer und Jerusalem (1999) auf den spezifischen organisationalen Kontext adaptiert (Beispiel: „Ich glaube an das starke Innovationspotential *in unserer Einrichtung,* mit dem wir auch unter widrigen Umständen Neuerungen durchsetzen können."). Eine Modifikation der Skala führte zu einer einfaktoriellen Lösung mit sechs Items, die 71 % der Varianz aufklären und ein Cronbachs Alpha von α = .91 aufweisen. Für die Kompetenzdimensionen Komplexitätsbewältigung, Selbstreflexion und Kooperation wurden inhaltlich valide Items in einem Expertengremium gebildet. Die Dimension Kombination wurde aus der Wissens- und Kompetenzdiagnostik nach Pawlowsky u. a. (2005) und Ergänzungen aus dem Expertengremium operationalisiert. Eine explorative Faktoranalyse ergibt eine dreifaktorielle Lösung, die insgesamt 81 % der Varianz aufklärt. Die Faktoren bilden die Kompetenzdimensionen Komplexitätsbewältigung (Cronbachs α = .73), Selbstreflexion (Cronbachs α = .81) und Kooperation/Kombination (Cronbachs α = .84) ab.

4 Ergebnisse

In beiden untersuchten Forschungseinrichtungen waren die Wirksamkeitserwartungen und Kompetenzeinschätzungen hoch ausgeprägt (siehe Tabelle 1). Es bestanden keine signifikanten Unterschiede zwischen beiden Einrichtungen hinsichtlich der Kompetenzdimensionen sowie der individuellen und gruppenspezifischen Selbstwirksamkeitserwartung. Jedoch unterschieden sich die beiden befragten Forschungseinrichtungen hinsichtlich der wahrgenommenen organisationalen Selbstwirksamkeitserwartung ($F(1,29) = 12.278$, $p = .00$; $Eta^2 = .30$). Mitglieder der Einrichtung B ($M = 2.03$; $SD = .41$) schätzten die organisationale Selbstwirksamkeitserwartung deutlich höher ein als Mitglieder der Einrichtung A ($M = 2.69$; $SD = .62$).

Tabelle 1: **Mittelwerte und Standardabweichung der eingesetzten Skalen**

	Gesamt			Einrichtung A			Einrichtung B		
Skala	**M**	**SD**	**N**	**M**	**SD**	**N**	**M**	**SD**	**N**
Individuelle SWE	1,96	.45	32	1,91	.48	14	2,00	.43	18
Gruppenspezifische SWE	1,79	.53	30	1,85	.68	13	1,75	.47	17
Organisationale SWE	2,32	.61	31	2,68	.62	14	2,02	.41	17
Individuumsebene									
Komplexitätsbewältigung	1,95	.45	34	1,98	.50	16	1,93	.41	18
Selbstreflexion	2,16	.55	32	2,02	.57	15	2.27	.53	17
Kombination/Kooperation	1,79	.47	34	1.63	.43	16	1,94	.47	18
Gruppenebene									
Komplexitätsbewältigung	2,02	.46	30	2,08	.49	14	1,96	.45	16
Kombination	2,74	.65	29	2,51	.55	13	2,92	.68	16
Kooperation	1,98	.49	30	1,87	.37	13	2,06	.57	17
Organisationsebene									
Komplexitätsbewältigung	2,29	.52	30	2,37	.56	13	2,24	.50	17
Selbstreflexion	2,54	.66	31	2,35	.57	14	2,70	.70	17
Kooperation/Kombination	2,52	.71	32	3,00	.76	14	2,15	.38	18

Anmerkung 1: SWE = Selbstwirksamkeitserwartung; M = Mittelwert; SD = Standardabweichung, N = Stichprobenanzahl

Anmerkung 2: Es wurde eine 4-stufige Skala verwandt, wobei 1 = trifft voll zu, 2 = trifft eher zu; 3 = trifft eher nicht zu; 4 = trifft gar nicht zu. Es gab außerdem die Möglichkeit „nicht relevant bzw. keine Einschätzung" anzukreuzen. Bei einer Häufung dieser Antwort (>4) wurden diese Items aus dem Auswertungsprozess entfernt.

Der Mittelwert über die ebenenspezifisch identifizierten Skalen ergibt den jeweiligen ebenenspezifischen Kompetenzwert (siehe Tabelle 2). Beide Forschungseinrichtungen unterscheiden sich nicht signifikant hinsichtlich ihrer ebenenspezifischen Kompetenzwerte. Auf der individuellen Ebene beider Forschungseinrichtungen liegt dieser im hohen Bereich (M = 1.96, SD = .32). Der Zusammenhang zur individuellen Selbstwirksamkeitserwartung ist statistisch hoch signifikant (r = .52). Die gruppenspezifische Kompetenz (M = 2.24, SD = .42) wird geringer eingeschätzt als die individuelle Kompetenz. Auch hier weist die Korrelation zwischen gruppenspezifischer Selbstwirksamkeitserwartung und kollektiver Kompetenz einen hohen Effekt auf (r = .64). Die organisationale Kompetenz (M = 2.47, SD = .45) ist im Vergleich zu den beiden anderen Ebenen am niedrigsten ausgeprägt. Auch hier korrelieren die wahrgenommene organisationale Wirksamkeitserwartung und organisationale Kompetenz (r = .60) hoch miteinander. Da die Wirksamkeitserwartung ein Prädiktor für tatsächliches Verhalten darstellt, stellen die Kompetenzwerte auf den Ebenen Individuum, Gruppe und Organisation ein valides Maß tatsächlicher Handlungs- und Problemlösungsfähigkeit dar.

Tabelle 2: **Mittelwerte und Standardabweichung der ebenenspezifischen Kompetenz**

	Gesamt			**Einrichtung A**			**Einrichtung B**		
	M	**SD**	**N**	**M**	**SD**	**N**	**M**	**SD**	**N**
Individuelle Kompetenz	1,96	.33	34	1,88	.33	16	2,04	.31	18
Gruppenspezifische Kompetenz	2,24	.42	30	2,15	.35	14	2,31	.47	16
Organisationale Kompetenz	2,47	.45	32	2,61	.49	14	2,36	.39	18

In einem nächsten Schritt konnten die Kompetenzbeziehungen innerhalb beider Forschungseinrichtungen verglichen werden. Es zeigten sich Unterschiede der Zusammenhänge zwischen individueller und gruppenspezifischer bzw. organisationaler Ebene (siehe Abbildung 2). In Einrichtung A beeinflussen sich die gruppenspezifische und organisationale Kompetenz in niedrigem Ausmaß (r = .20). Der Zusammenhang zwischen gruppenspezifischer und individueller Kompetenz ist von negativer, mittlerer (r = –.26) Effektstärke. Organisationale Kompetenz und individuelle Kompetenz weisen einen mittleren, positiven Effekt auf (r = .24). Für die Einrichtung B erhöhen sich die Effekte zwischen organisationaler und gruppenspezifischer Kompetenz auf r = .37. Mit Fokus auf die individuelle Ebene kehren sich die Vorzeichen um. Individuelle und organisationale Kompetenz weisen einen negativen, aber niedrigen Zusammenhang (r = –.19) auf. Dagegen zeigt sich ein hoher positiver Zusammenhang zwischen gruppenspezifischer und individueller Kompetenz (r = .42).

Abbildung 2: **Beziehungen zwischen den Kompetenzebenen**

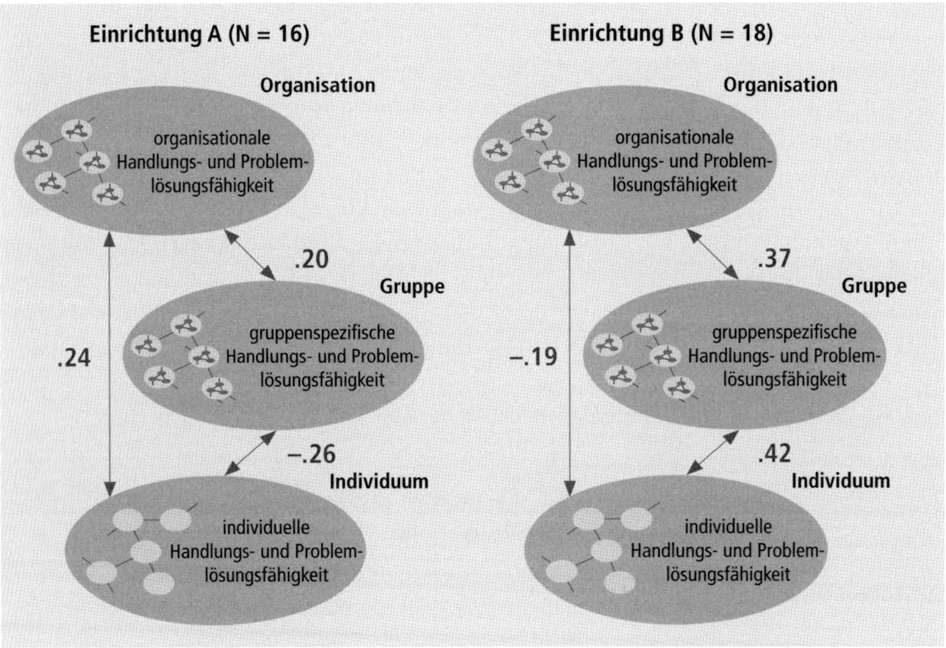

5 Diskussion der Ergebnisse

Ziel der Untersuchung war es, eine ebenenübergreifend verwendbare Operationalisierung von Kompetenz zu erarbeiten, um Wirkungszusammenhänge verdeutlichen zu können. Die Operationalisierung erf olgte über die Aussagen der sozialkognitiven Theorie (Bandura 1986, 2001) und der Komplexitätstheorie in der Lesart komplex adaptiver Systeme (KAS; Kappelhoff 2002, 2004). Im Rahmen des Pre-Tests konnten die theoretisch hergeleiteten Kompetenzdimensionen im Wesentlichen bestätigt werden. Es musste allerdings für jede Betrachtungsebene eine Verdichtung auf je drei Dimensionen vorgenommen werden. Ob dies an der gegenwärtig kleinen Stichprobe und/oder dem Umstand liegt, dass die Dimensionen nicht ganz überschneidungsfrei sind, muss an dieser Stelle offenbleiben. Insgesamt kann festgehalten werden, dass die Dimensionen je nach Betrachtungsebene einen Aufklärungsbeitrag für die Handlungsfähigkeit zwischen 61 % und 81 % leisten.

Von praktischer Relevanz sind die Ergebnisse dahingehend, dass sie ebenenspezifische Ansatzpunkte zur Kompetenzentwicklung liefern. Für Einrichtung A zeigt sich beispielsweise, dass Gruppenaktivitäten weniger zur Kompetenzerhöhung von Individuen beitragen. Das Potential, welches in der Teamarbeit liegt (vgl. KAUFFELD/GROTE 2000), wird in dieser Einrichtung nicht ausgeschöpft. Allein mit Blick auf die Kompetenzdimension Kombination könnte der Einsatz von Kreativitätstechniken eine Hebelwirkung für das gruppenspezifische Wissen entfalten. Dies scheint ein sinnvoller Gestaltungspunkt zu sein, da in mehreren Ausführungen auf den Zusammenhang zwischen Kreativität und Innovationsfähigkeit des Unternehmens hingewiesen wird (SEGLER 2000; GULDIN 2001). Für Einrichtung B zeigte sich, dass die Gruppe eine Quelle der individuellen Kompetenzentwicklung darstellt, Maßnahmen individueller und gruppenspezifischer Kompetenzentwicklung sich gegenseitig verstärken können. Ein weiteres aus dem Instrument ableitbares Gestaltungsfeld liegt auf der organisationalen Ebene bei Aktivitäten zur Selbstreflexion (z. B. regelmäßiges Benchmark), da sich hier die niedrigste Kompetenzausprägung zeigte.

Insgesamt lässt sich festhalten, dass es durch die Pilotanwendung des Instrumentes möglich wurde, eine überschaubare Anzahl von Items zur Beschreibung individueller, gruppenspezifischer und organisatorischer Handlungsfähigkeit zu identifizieren, die die theoretisch hergeleiteten Kompetenzdimensionen unterlegen. Dies ermöglicht eine ebenenübergreifende Betrachtungsweise und somit eine genauere Analyse der Wirkungszusammenhänge von Kompetenzen in einer Organisation. Im Vergleich beider Forschungseinrichtungen zeigte sich ferner, dass eine einrichtungsspezifische Kompetenzdiagnostik nötig ist, um zielführende Ansatzpunkte zur Kompetenzentwicklung ableiten zu können.

Eine quantitativ orientierte Kompetenzdiagnostik auf unterschiedlichen Strukturebenen scheint nur bei angemessener Grundgesamtheit mit adäquater Stichprobengröße sinnvoll, was aber von der Unternehmensgröße und der Größe der Organisationseinheiten abhängig ist. Insbesondere wäre es bei einer größeren Stichprobe möglich, die Wirkungsrichtung zwischen Kompetenzebenen über Strukturgleichungsmodelle abzubilden. Ebenso bleibt zu überlegen, durch welche weiteren als die bereits einbezogenen externen Erfolgsgrößen der Handlungsfähigkeit zur Validierung der identifizierten Kompetenzdimensionen beigetragen werden kann. Zum gegenwärtigen Zeitpunkt fehlen dem hier vorgestellten Ansatz einer ebenenübergreifenden Kompetenzdiagnostik noch die Benchmarks, die die Voraussetzung bilden, um normative Aussagen zum Optimum der Kompetenzausprägungen und -beziehungen mit Blick auf den analysierten Organisationstyp erlauben. Weitere Testungen des Fragebogens[2] in unterschiedlichen Branchen werden zur Absicherung der hier diskutierten Ausführungen beitragen und weitere Aufklärungsleistung bringen.

Literatur

AJZEN, Icek: From Intentions to Action: A Theory of Planned Behaviour. In: KUHL, Julius; BECKMANN, Jürgen (Hrsg.): Action Control: From Cognition to Behaviour. New York 1985, S. 11–39

AJZEN, Icek: The Theory of Planned Behaviour. In: Organizational Behaviour and Human Decision Processes, 50 (1991), S. 179–211

ARNOLD, Rolf: Von der Weiterbildung zur Kompetenzentwicklung – Neue Denkmodelle und Gestaltungsansätze in einem sich verändernden Handlungsfeld. In: ARBEITSGEMEINSCHAFT QUALIFIKATIONS-ENTWICKLUNGS-MANAGEMENT (Hrsg.): Kompetenzentwicklung 1997 – Berufliche Weiterbildung in der Transformation – Fakten und Visionen. Münster 1997, S. 253–306

BAITSCH, Christof: Lernen im Prozess der Arbeit – ein psychologischer Blick auf den Kompetenzbegriff. In: QUEM-Bulletin 1, (1996), S. 6–8

BANDURA, Albert: Social Foundations of Thought and Action – A Social Cognitive Theory. Englewood Cliffs 1986

BANDURA, Albert: Self-efficacy: The Exercise of Control. New York 1997

BANDURA, Albert: Social Cognitive Theory. An Agentic Perspective. In: Annual Review Psychology, 52 (2001), S. 1–26

BARNEY, Jay B.: Firm Resources and Sustained Competitive Advantage. In: Journal of Management 17 (1991) 1, S. 99–120

BARON, Robert; KERR, Norbert; MILLER, Norman: Group Process, Group Decision, Group Action. Buckingham 1992

BERGMANN, Bärbel: Selbstkonzept beruflicher Kompetenz. In: ERPENBECK, John; ROSENSTIEL, Lutz von (Hrsg.): Handbuch Kompetenzmessung. Stuttgart 2003, S. 229–260

BRUCH, Heike; GHOSHAL, Sumantra: Managerial Action: Construct Definition, Model Development and Testing. In: Zeitschrift für Betriebswirtschaft 75 (2005) 2, S. 105–133

COHEN, Jack; STEWART, Ian: The Collapse of Chaos – Discovering Simplicity in a Complex World. New York 1993

DYER, Jeff H.; SINGH, Harbir: The Relational View – Cooperative Strategy and Sources of Interorganizational Competitive Advantage. In: Academy of Management Review 23 (1998) 4, S. 660–679

ERPENBECK, John: Kompetenz und kein Ende? In: QUEM-Bulletin 1 (1996), S. 9–13

ERPENBECK, John; ROSENSTIEL, Lutz von: Handbuch Kompetenzmessung. Stuttgart 2003

ERPENBECK, John; ROSENSTIEL, Lutz von: Handbuch Kompetenzmessung. 2. Auflage. Stuttgart 2007

2 Der Fragebogen wird derzeit in einem Industrieunternehmen getestet. Es besteht die Möglichkeit, den Fragebogen bei den Autoren anzufordern.

GULDIN, Andreas: Förderung von Innovation. In: SCHULER, Heinz (Hrsg.): Lehrbuch der Personalpsychologie. Göttingen 2001, S. 289–311

HOFFMANN, Werner H.: Allianzmanagementkompetenz – Entwicklung und Institutionalisierung einer strategischen Ressource. In: SCHREYÖGG, Georg; SYDOW, Jörg (Hrsg.): Strategische Prozesse und Pfade, Managementforschung 13. Wiesbaden 2003, S. 93–150

HOLLAND, John H.: Hidden Order – How Adaptation builds Complexity. Cambrigde 1995

JERUSALEM, Matthias; SCHWARZER, Ralf: Die Skala Allgemeine Selbstwirksamkeitserwartung. In: SCHWARZER, Ralf; JERUSALEM, Matthias (Hrsg.): Skalen zur Erfassung von Lehrer- und Schülermerkmalen. Berlin 1999, S. 57

KAPPELHOFF, Peter: Komplexitätstheorie: Neues Paradigma für die Managementforschung? In: SCHREYÖGG, Georg; CONRAD, Peter (Hrsg.): Theorien des Managements, Managementforschung 12. Wiesbaden 2002, S. 49–101

KAPPELHOFF, Peter (2004): Chaos- und Komplexitätstheorie. In: SCHREYÖGG, Georg; VON WERDER, Axel (Hrsg.): Handwörterbuch Unternehmensführung und Organisation. Stuttgart 2004, S. 123–131

KAUFFELD, Simone; GROTE, Sven: Gruppenarbeit macht kompetent – oder? In FRIELING, Ekkehart u. a. (Hrsg): Flexibilität und Kompetenz – Schaffen flexible Unternehmen kompetente und flexible Mitarbeiter? Münster 2000: Edition QUEM, S. 115–139

KAUFFMAN, Stuard A. (1991): Leben am Rand des Chaos. In: Spektrum der Wissenschaft, Oktober (1991), S. 90–99

KAUFFMAN, Stuard A.: The Origin of Order. Oxford 1993

KAUFFMAN, Stuard A.: Technology and Evolution: Escaping the Red Queen Effect. In: The McKinsey Quarterly 1 (1995), S. 118–129.

MAHONEY, Joseph T.: The management of resources and the resources of management. In: Journal of Business Research 33 (1995), S. 91–101

PAWLOWSKY, Peter; MENZEL, Daniela; WILKENS, Uta (2005): Wissens- und Kompetenzerfassung in Organisationen. In: SONNTAG, Karlheinz; PAWLOWSKY, Peter; LANG-VON WINS, Thomas; ROTHE, Heinz-Jürgen; NORTH, Klaus: Kompetenzmessung im Unternehmen. Herausgegeben von der Arbeitsgemeinschaft Qualifikations-Entwicklungs-Management: Edition QUEM, Band 18. Münster 2005, S. 343–453

RIDDER, Hans-Gerd; BRUNS, Hans-Jürgen; HOON, Christina: Innovation, Innovationsbereitschaft und Innovationskompetenz. Entwicklungslinien, Forschungsfelder und Prozessmodell. In: QUEM (Hrsg.): Kompetenzentwicklung 2005, Kompetente Menschen – Voraussetzung für Innovationen Band 10. Münster, New York 2005, S. 13–68

RIGGS, Matt L.; KNIGHT, Patrick A.: The Impact of Perceived Group Success-Failure on Motivational Beliefs and Attitudes: A Causal Model. In: Journal of Applied Psychology 79 (1994), S. 755–766

SCHREYÖGG, Georg; KLIESCH, Martina: Rahmenbedingungen für die Entwicklung Organisationaler Kompetenz. QUEM-Materialien 48. Berlin 2003

SCHÜSSLER, Ingeborg: Lernwirkungen neuer Lernformen. QUEM-Materialien 55. Berlin 2004

SCHWARZER, Ralf: Optimistische Kompetenzerwartung. In: Diagnostica 40 (1994) 2, S. 105–123

SCHWARZER, Ralf; JERUSALEM, Matthias (Hrsg.): Skalen zur Erfassung von Lehrer- und Schülermerkmalen. Dokumentation der psychometrischen Verfahren im Rahmen der Wissenschaftlichen Begleitung des Modellversuchs Selbstwirksame Schulen. Berlin 1999

SCHWARZER, Ralf; SCHMITZ, Gerdamarie S.: Kollektive Selbstwirksamkeitserwartung von Lehrern: Eine Längsschnittstudie in zehn Bundesländern. In: Zeitschrift für Sozialpsychologie 30 1999 4, S. 262–274

SEGLER, Tilman: Kreativitätsförderung in Unternehmen. In: HOLM-HADULLA, Rainer M. (Hrsg.). Kreativität. Berlin 2000, S. 77–108

STEINER, Ivan D.: Group Process and Productivity. New York 1972

SYDOW, Jörg; DUSCHEK, Stephan; MÖLLERING, Guido; ROMETSCH, Markus: Kompetenzentwicklung in Netzwerken – Eine typologische Studie. Wiesbaden 2003

TEECE, David J.; PISANO, Gary; SHUEN, Amy: Dynamic Capabilities and Strategic Management. In: Strategic Management Journal 18 (1997) 7, S. 509–533

WARDROP, Morris Mitchell: Complexity – The Emerging Science at the Edge of Chaos and Order. New York 1992

WEINERT, Franz Emanuel: Concept of competence: A conceptual clarification. In: RYCHEN, Dominique Simone; SALGANIK, Laura Hersh (Hrsg.): Defining and selecting key competencies. Seattle u. a. 2001, S. 45–65

WILKENS, Uta; KELLER, Helmut; SCHMETTE, Martina: Wirkungsbeziehungen zwischen Ebenen individueller und kollektiver Kompetenz. Theoriezugänge und Modellbildung. In: SCHREYÖGG, Georg; CONRAD Peter (Hrsg.): Management von Kompetenz, Managementforschung 16. Wiesbaden 2006, S. 121–161

Anhang Operationalisierung der Kompetenzdimensionen

Individuumsebene

- *Komplexitätsbewältigung:* Aus einer Vielfalt an Informationen fällt es mir schwer, die relevanten Informationen zu filtern. (–)/In Situationen mit vielen neuen Informationen, ordne ich diese nach übergeordneten Gesichtspunkten. (BERGMANN, 2003)/Wenn ich in einer Problemsituation etwas tue, prüfe ich öfter, was ich inzwischen erreicht habe. (BERGMANN, 2003)/Ich behalte meine Arbeitsziele immer fest im Auge.
- *Selbstreflexion:* Ich bemühe mich aktiv darum, von unterschiedlichen Personen Feedback zu erhalten./Es fällt mir schwer, Kritik von anderen für mich zu verarbeiten. (–)/Ich analysiere erfolgreiche Projekte anderer, um für mein eigenes Verhalten Erfolgsindikatoren daraus abzuleiten.
- *Kombination/Kooperation:* Ich kann meine Erfahrungen gut auf neue Problemsituationen übertragen./Wenn ich eine schwierige Aufgabe zu bewältigen habe, erinnere ich mich daran, wie ich vergleichbare Aufgaben lösen konnte./Ich kann mich gegenüber anderen Personen gut verständlich machen./In Konfliktsituation kann ich mich gut in die Perspektive anderer eindenken.

Gruppenspezifische Ebene

- *Komplexitätsbewältigung:* Unser Team selektiert zielgerichtet seine Informationsquellen./In stressigen Situationen zeigt unser Team einen besonders hohen Zusammenhalt bzw. arbeitet gut zusammen./In unserem Team kann jeder seine Arbeit frei gestalten, solange er nicht den Gruppenfrieden stört und dadurch die Arbeitsergebnisse nachteilig beeinflusst.
- *Kombination:* Wir setzen häufig Kreativitätstechniken ein, damit wir bei Problemstellungen zu neuen Lösungsansätzen kommen./Unser Team probiert gerne neue Arbeitstechniken aus, um zu überprüfen, ob die Arbeitsprozesse sich dadurch verbessern lassen./Arbeitsprozesse in unserem Team werden grundsätzlich einer systematischen Fehleranalyse unterzogen./Unser Team ist sehr geschickt darin, das Erfahrungswissen anderer Gruppen (z. B. Analyse erfolgreicher Projekte) für zukünftige eigene Projekte zu nutzen.
- *Kooperation:* Es fällt unserem Team leicht, bei Schwierigkeiten andere um Unterstützung zu bitten./Unser Team kann sich gut auf andere Akteure (Personen, Gruppen) einstellen und mit diesen zusammenarbeiten./Bei der Zusammenarbeit mit anderen Akteuren fordert unser Team gezielt/aktiv deren Meinungen und Sichtweisen ein.

Organisationale Ebene

- *Komplexitätsbewältigung:* Um Trends auf den Hochschul- und/oder Beratungsmarkt nicht zu verpassen, wird der Markt kontinuierlich beobachtet./Unsere Einrichtung führt regelmäßig Analysen durch, um sich mit der Konkurrenz im Rahmen eines Benchmark vergleichen zu können./Die Verantwortlichkeiten in unserer Einrichtung sind klar geregelt.
- *Selbstreflexion:* In unserer Einrichtung setzen wird uns kritisch mit unseren Lernprozessen, d. h. Lernverhalten, Lernerfolge/-misserfolge und Lernkontexten auseinander./Arbeitsprozesse werden in unserer Einrichtung regelmäßig hinterfragt und festgestellte Änderungsbedarfe werden konsequent und zeitnah umgesetzt./Organisationale Strukturen werden selten hinsichtlich ihrer Effektivität und Effizienz überprüft. (–)
- *Kombination/Kooperation:* Tagungs- und Seminarbesuche etc. werden nachbereitet, um daraus Handlungskonsequenzen für zukünftige Arbeits- bzw. Problemsituationen ableiten zu können. (nach Pawlowsky u. a. 2005)/Unsere Einrichtung zeichnet sich durch Austausch und ein hohes Zusammengehörigkeitsgefühl aus./Eine enge Zusammenarbeit und Kooperation innerhalb der gesamten Einrichtung ist bei uns gelebte Kultur./Es gibt spezifische Aktivitäten zur Kontaktpflege.

Autorinnen

Prof. Dr. Uta Wilkens
Ruhr-Universität Bochum
Institut für Arbeitswissenschaft (IAW)
Lehrstuhl Arbeitsmanagement und Personal
44780 Bochum
Tel.: 0234/3227876
Fax: 0234/3214198
Uta.Wilkens@rub.de

Daniela Gröschke
Ruhr-Universität Bochum
Institut für Arbeitswissenschaft (IAW)
Lehrstuhl Arbeitsmanagement und Personal
44780 Bochum
Tel.: 0234/3227872
Fax: 0234/3214198
Daniela.Groeschke@rub.de

Uwe Elsholz, Mario Gottwald

Herausforderungen für die Erarbeitung von Kompetenzprofilen bei älteren Langzeitarbeitslosen – Schlussfolgerungen aus der Entwicklung eines Verfahrens zur Kompetenzbilanzierung

Abstract

Obwohl es eine Vielfalt an Instrumenten zur Kompetenzanalyse gibt, mangelt es bisher an adäquaten Verfahren für die Zielgruppe der älteren Langzeitarbeitslosen mit ihren spezifischen Problemlagen. Ein wesentliches Vermittlungshemmnis bei älteren Arbeitslosen besteht darin, dass sie – nicht zuletzt durch Erfahrungen der Dequalifizierung und des sozialen Abstiegs – ihrer eigenen Stärken nicht mehr sicher sind. Mit der Kompetenzbilanzierung „KomPakt50" wird ein Verfahren vorgestellt, das speziell für ältere Arbeitssuchende entwickelt wurde und in erster Linie darauf abzielt, vorhandene Kompetenzen bewusst und am Arbeitsmarkt verwertbar zu machen. Es werden Entwicklungsmöglichkeiten des Verfahrens mit Blick auf Nutzenaspekte für verschiedene Akteure (ältere Arbeitslose, Bildungsträger, Betriebe, ARGEn) aufgezeigt und weitere Forschungsaufgaben für die Kompetenzbilanzierung von älteren Arbeitssuchenden ausgewiesen.

1 Einleitung

Kompetenzanalysen haben in den vergangenen Jahren zunehmende Aufmerksamkeit erlangt, und es gibt eine Vielzahl von Ansätzen zur Erhebung von Kompetenzen (vgl. u. a. Erpenbeck/von Rosenstiel 2007). Trotz der Vielfalt an Instrumenten fehlt bisher ein adäquates Verfahren für die Zielgruppe der älteren Langzeitarbeitslosen mit ihren spezifischen Problemlagen. Nachfolgend wird daher ein solches Verfahren – „KomPakt50" – vorgestellt, das speziell für diese Gruppe entwickelt wurde und in erster Linie darauf abzielt, vorhandene überfachliche Kompetenzen bewusst zu machen. Anhand der Verfahrensbeschreibung und der anschließenden Diskussion um die Weiterentwicklung des Ansatzes wird deutlich, dass sich ein solches Instrument im Spannungsfeld unterschiedlicher Interessen und Nutzenerwartungen befindet.

Mit Blick auf die Zielgruppe werden zunächst deren Besonderheiten und die daraus abgeleiteten Anforderungen an ein angemessenes Verfahren zur Kompetenzanalyse beschrieben. Anschließend werden die Hintergründe zur Entwicklung des Verfahrens KomPakt50 erläutert, welches im Rahmen eines regionalen Beschäftigungspakts zur Förderung älterer Langzeitarbeitsloser entwickelt wurde. Konzeption und Aufbau sowie die Durchführung des Verfahrens werden anschließend geschildert. In einer Einordnung des Verfahrens werden die spezifischen Aspekte von KomPakt50 im Vergleich zu anderen Methoden der Kompetenzanalyse hervorgehoben. Ein Ausblick zeigt Entwicklungsmöglichkeiten des Verfahrens mit Blick auf Nutzenaspekte für verschiedene Beteiligte (Nutzer, Bildungsträger, Betriebe, ARGEn) auf. Abschließend werden Entwicklungs- und Forschungsaufgaben für die Kompetenzbilanzierung von Arbeitssuchenden ausgewiesen, die sich aus den dargestellten Arbeiten und der Einordnung des Verfahrens ergeben.

2 Ausgangslage zur Entwicklung der Kompetenzbilanz

Wegen der anhaltend hohen Langzeitarbeitslosigkeit in Deutschland richtet sich der Blick der Arbeitsmarkt- und Berufsbildungsforschung auf die Entwicklung innovativer und nachhaltiger Integrationskonzepte für benachteiligte Bevölkerungsgruppen am Arbeitsmarkt. Vor dem Hintergrund der demografischen Entwicklung und eines prognostizierten Fachkräftemangels gilt es, Konzepte zur Steigerung der Beschäftigungsfähigkeit von arbeitsmarktfernen Gruppen zu entwickeln. Im Rahmen der wissenschaftlichen Begleitung der regionalen Beschäftigungsinitiative „Pakt50 für Nürnberg“[1] im Bundesprogramm „Perspektive50plus – Beschäftigungspakte in den Regionen“ wurde das nachfolgend vorgestellte Verfahren zur Kompetenzbilanzierung für ältere Langzeitarbeitslose entwickelt.

Bei dieser Zielgruppe stellt die häufig verlorene Kompetenz, selbstständig und kreativ am Arbeitsmarkt zu agieren, ein vielfach beobachtetes Vermittlungshemmnis dar. Langzeitarbeitslosigkeit führt nicht nur zu Entwertung und Verlust einstmals vorhandener Qualifikationen (Disuse-Effekt), sondern darüber hinaus zu mentalen Problemen wie Resignation und Verminderung des Selbstvertrauens (vgl. GELDERMANN/GOTTWALD 2007). Daraus resultiert, dass bei der Zielgruppe der älteren Langzeitarbeitslosen die Fähigkeit, selbstständig und selbstbewusst am Arbeitsmarkt zu agieren, häufig nicht vorhanden ist, was ein starkes Vermittlungshemmnis darstellt. Mit zunehmender „Arbeitsmarktferne“ steht vor einer möglichen Integration die Entwicklung der Fähigkeiten im Vordergrund, welche dazu befähigen, sich als Marktteilnehmer am Arbeitsmarkt zu bewähren. Neben der Beschäftigungsfähigkeit im Sinne einer Bewährung an konkreten Anforderungen von Arbeitsplätzen wird

1 Der „Pakt50 für Nürnberg" ist ein Netzwerk von Bildungsträgern unter Leitung der ARGE Nürnberg, das im Rahmen der Initiative „Perspektive 50plus" als eines von 62 Regionalprojekten vom Bundesministerium für Arbeit und Soziales gefördert wird.

heute die Fähigkeit, sich auf dem Arbeitsmarkt adäquat darzustellen und zu vermarkten, immer wichtiger (vgl. DOSTAL 2004, S. 206).

Die Zielgruppe älterer Langzeitarbeitsloser ist in sich höchst heterogen hinsichtlich ihrer Qualifikationsmerkmale, der Dauer der Arbeitslosigkeit sowie gesundheitlicher Beeinträchtigungen und bringt dementsprechend sehr unterschiedliche Potenziale mit. Über diese Gruppe liegen hinsichtlich der genannten Merkmale und ihrer Wirkungszusammenhänge nur wenige Studien vor. Dennoch lässt sich trotz der genannten Heterogenität innerhalb der Zielgruppe deren Problemlage mithilfe übergreifender Beschreibungsmerkmale skizzieren (vgl. u. a. BRÖKER/SCHÖNIG 2005; MEHLICH 2005; GOTTWALD/FRANKE 2008):

- durch den Disuse-Effekt in der Arbeitslosigkeit werden vorhandene Qualifikationen entwertet, und das erworbene Wissen veraltet;
- Langzeitarbeitslose leiden durch fehlende soziale Bezüge unter mangelnder Anerkennung und Selbstbestätigung;
- die Gruppe älterer Arbeitsloser ist vielfach mit stereotypen Vorurteilen im Bezug auf ihre Leistungsfähigkeit und -bereitschaft konfrontiert;
- ältere Langzeitarbeitslose weisen in der Regel multiple Vermittlungshemmnisse auf, neben dem Alter sind dies häufig gesundheitliche Einschränkungen.

Ein negatives Selbstbild und mangelndes Selbstbewusstsein sind die Folge der genannten Entwicklungen – desto stärker, je länger die Dauer der Arbeitslosigkeit und die damit verbundenen Prozesse der sozialen Exklusion. Damit gehen mangelnde Kenntnisse und wenig Bewusstsein von eigenen Stärken und Schwächen einher. Die Folge ist eine negative Selbsteinschätzung der eigenen Arbeitsmarktchancen. Infolgedessen sinkt die Motivation, und die Betroffenen ziehen oftmals den Übergang in die Frühverrentung vor (vgl. GOTTWALD/FRANKE 2008, S. 82). Die motivationale Verfasstheit der Betroffenen ist als entscheidend anzusehen für die individuellen Bewältigungsstrategien und Handlungsoptionen, welche dafür ausschlaggebend sind, ob der Weg aus der Arbeitslosigkeit erfolgreich beschritten werden kann (vgl. ALTHAMMER 2007).

Hier ist anzusetzen, indem über das behutsame Freilegen und Bewusstmachen von Kompetenzen und Potenzialen das Selbstbewusstsein gestärkt und damit auch die Chancen auf dem Arbeitsmarkt verbessert werden. Ein Ansatz, die gleichwohl bestehenden Kompetenzen sichtbar und damit auch am Arbeitsmarkt verwertbar zu machen, besteht in der Bilanzierung ebendieser Kompetenzen. Aufgrund weit zurückreichender formaler Qualifikations- und Kompetenznachweise bei älteren Arbeitsuchenden gilt es, insbesondere die überfachlichen Kompetenzen in den Blick zu nehmen. Vor diesem Hintergrund sind für die Zielgruppe der Älteren Verfahren zur Bilanzierung von formell und informell erworbenen Kompetenzen besonders relevant. Mittels dieser sind die Beurteilungskriterien in den Vordergrund zu stellen, die vor allem Älteren als besondere Stärken zugesprochen werden und aus Sicht von Personalverantwortlichen auch als einstellungsrelevante Kriterien bewertet werden. Höchste Priorität haben danach – so die Ergebnisse einer Unternehmensbefragung (vgl. Gottwald/Keck 2008) – Soft Skills bzw. die Persönlichkeit (s. Abbildung 1).

Abbildung 1: **Auswahlkriterien für ältere Arbeitslose**

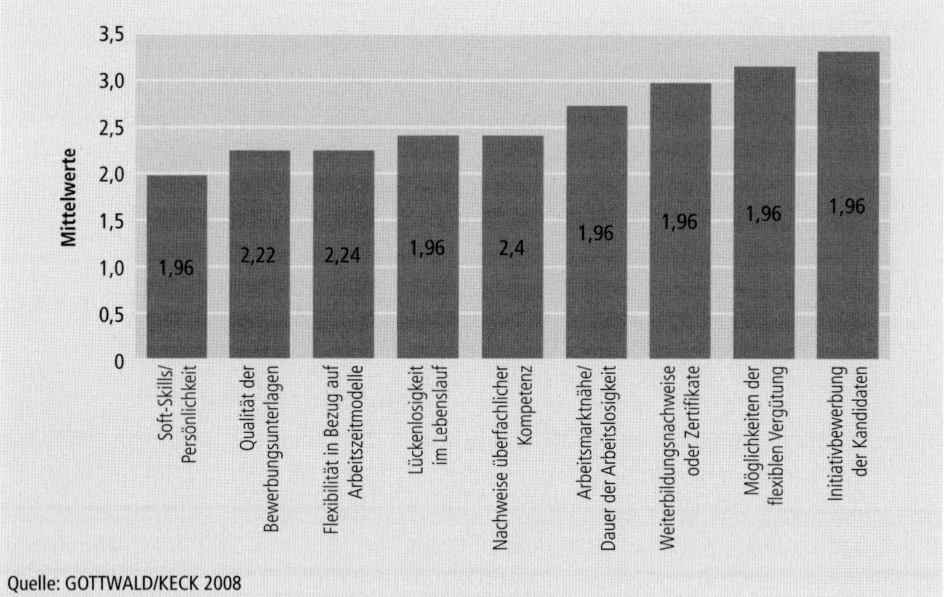

Quelle: GOTTWALD/KECK 2008

Mittelwerte (1= „sehr wichtig" bis 7 „völlig unwichtig")

Zunehmend werden in einer Arbeitswelt, die auf Flexibilität, Verantwortung und Selbstständigkeit setzt, personale Kompetenzen wie Disziplin, Qualitätsbewusstsein und Loyalität wichtiger. Gerade Älteren werden positive Merkmale im Bereich dieser Arbeitstugenden zugesprochen (vgl. Gottwald/Keck 2008, S. 98).

3 Zielsetzungen und Entwicklungsschritte des Verfahrens

Die zuvor genannten Besonderheiten der Gruppe älterer Langzeitarbeitsloser aufnehmend, zielt die Kompetenzbilanzierung KomPakt50 darauf ab, den Arbeitsuchenden vorhandene Kompetenzen bewusst zu machen. Insbesondere bei der Suche nach einem neuen Arbeitsplatz und bei der Bewerbung ist das Bewusstsein der eigenen Leistungsfähigkeit unabdingbar und trägt zu einer erhöhten Beschäftigungsfähigkeit bei. Gleichzeitig kann das Wissen über eigene Potenziale zu reflektiertem Handeln beitragen und die Grundlage für die weitere, stärker selbstgesteuerte Kompetenz- und Persönlichkeitsentwicklung der Arbeitsuchenden bilden. Im Sinne der Empowerment-Strategie geht es dabei um den Respekt vor der Lebensautonomie des Langzeitarbeitslosen, um Prozessorientierung der Beratung und um radikale Zukunftsorientierung des Beratungsprozesses (vgl. Herriger 1997, S. 113 ff.).

3.1 Die Entwicklung des Verfahrens als zyklischer Prozess

Aufgrund der genannten konzeptionellen Überlegungen wurde das Verfahren KomPakt50 entwickelt, wobei in einem zyklischen Prozess Theorie, Empirie und praktische Erfahrungen bei der Erarbeitung des Verfahrens aufeinander bezogen wurden.

Zu Beginn erfolgte eine Literaturauswertung. Ziel dieses Arbeitsschrittes war die begriffliche Fassung beruflicher Handlungskompetenz, insbesondere mit Fokus auf diejenigen Kompetenzen, die besonders Älteren zugeschrieben werden (u. a. DGFP 2004; Bröker/Schönig 2005; Lehr 2005; Stössel 2007). Weiterhin wurden etwa 9000 Stellenangebote aus der Datenbank eines Projektpartners im regionalen Beschäftigungspakt im Hinblick auf geforderte persönliche Stärken analysiert. In einem Workshop wurden die im Beschäftigungspakt beteiligten Praktiker der Bildungsträger in die Entwicklung einbezogen, um die alltäglichen Erfahrungen mit den Teilnehmern in die Verfahrensentwicklung zu integrieren.

Eine erste Version des Verfahrens wurde zwischenzeitlich von ausgewählten Teilnehmern erprobt und reflektiert sowie mit Trainern (und damit den Praktikern) mehrfach diskutiert. Auf dieser Basis ist eine weitere Version des Verfahrens entwickelt worden, die einem methodisch kontrollierten Testlauf unterzogen wurde. Diese Erprobung fand im Februar 2007 beim Bildungsträger bfz Nürnberg im Rahmen der Qualifizierungsmaßnahme „AktivFirma" statt.

Diese Maßnahme, die sechs Monate dauert, setzt auf die eigenständige Erschließung von Arbeitsmöglichkeiten und hat den Erwerb der dafür erforderlichen Kompetenzen zum Ziel (vgl. Geldermann/Gottwald 2007). In der „AktivFirma" organisieren die Teilnehmenden ihre Stellensuche und Bewerbungsaktivitäten selbst. Sie arbeiten in unterschiedlichen Abteilungen eigenständig am Ziel ihrer Eingliederung in den ersten Arbeitsmarkt. Die älteren Langzeitarbeitslosen strukturieren die Jobsuche, arbeiten in Teams anhand konkreter Zielvereinbarungen und werden dabei von zwei Trainern unterstützt.

Die Erprobung von KomPakt50 wurde nach knapp der Hälfte der Laufzeit der skizzierten Bildungsmaßnahme durchgeführt. Damit konnte zum einen gewährleistet werden, dass eine Fremdeinschätzung der Teilnehmer durch einen Trainer möglich war, zum anderen, dass ausreichend Zeit zur Verfügung stand, um aus den Ergebnissen der Kompetenzbilanzierung im Rahmen der Qualifizierungsmaßnahme „AktivFirma" Konsequenzen zu ziehen.

Zur Evaluation der Verfahrenserprobung wurden ein Reflexionsworkshop mit den Teilnehmern und eine Expertenbefragung der Trainer durchgeführt sowie eine Nachbefragung mittels eines teilstandardisierten Fragebogens vorgenommen (vgl. Elsholz/Hammer 2008, S. 226). Neben konkreten Hinweisen, etwa zur sprachlichen Fassung einzelner Aspekte, die zur Verbesserung der Praxistauglichkeit des Verfahrens verwendet wurden, wurde von den Langzeitarbeitslosen vor allem die ihnen durch das Verfahren entgegengebrachte Wertschätzung hervorgehoben. Die kontrollierte Praxiserprobung war der letzte Schritt in der Entwicklung des Verfahrens. Die hier vorgestellte vorläufige Endfassung von KomPakt50 beruht damit auf einem zyklischen Prozess, der konzeptionelle Überlegungen, theoretische Bezüge, praktische Anforderungen und empirische Überprüfung vermittelt.

3.2 Instrumente und Ablauf des Verfahrens KomPakt50

Das Verfahren KomPakt50 gliedert sich in zwei wesentliche Schritte: in die parallel stattfindende Selbst- und Fremdeinschätzung anhand eines Fragebogens und in den anschließenden Kompetenzdialog. Im ersten Teil geht es darum, anhand von Fragebogen eine item-bezogene Selbsteinschätzung überfachlicher Kompetenzen durch den Teilnehmer bzw. eine Fremdeinschätzung durch den Trainer vorzunehmen. Im zweiten Teil steht dann die gemeinsame Reflexion in einem Kompetenzdialog im Mittelpunkt, und es wird in einem Reflexionsgespräch ein Ergebnisdokument für Trainer und Teilnehmer erstellt.

Abbildung 2: **Ablauf des Verfahrens KomPakt50**

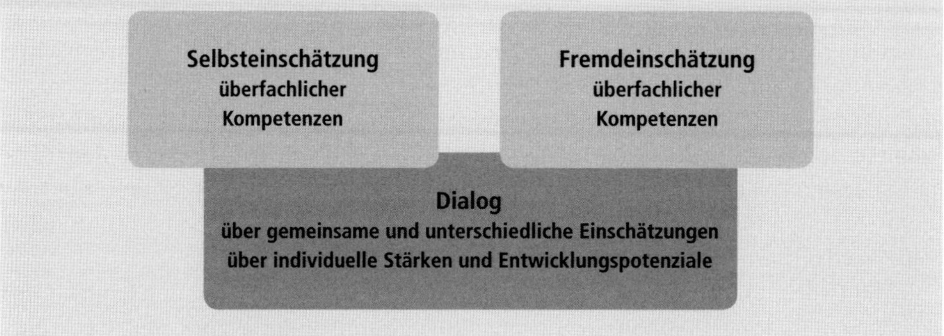

Quelle: f-bb gGmbH, eigene Darstellung

Das Verfahren bezieht sich in Anlehnung an die Definition der beruflichen Handlungskompetenz auf die Erfassung der überfachlichen Dimensionen Methoden-, Sozial- und Selbstkompetenz. Dabei liegt ein weiter Kompetenzbegriff zugrunde: „Unter Kompetenzen sind Fähigkeiten, Methoden, Wissen, Einstellungen und Werte zu verstehen, deren Erwerb, Entwicklung und Verwendung sich auf die gesamte Lebenszeit eines Menschen bezieht“ (Dehnbostel 2001, S. 76).

- *Methodenkompetenz* wird als Fähigkeit verstanden, Aufgaben und Probleme zielgerichtet, strukturiert und effektiv bearbeiten zu können und dabei erlernte Denkmethoden, Arbeitsverfahren, Lösungs- und Lernstrategien selbstständig anzuwenden und weiterzuentwickeln. KomPakt50 erfasst Methodenkompetenz mit den Konstrukten Planungsfähigkeit, Zeitmanagement, Zielorientiertheit, Effizienz und Lösungsorientiertheit.
- *Sozialkompetenz* umfasst eine Vielzahl an persönlichen Dispositionen, die es ermöglicht, soziale Beziehungen aufzubauen und sich mit anderen Menschen rational und verantwortungsbewusst auseinanderzusetzen. Sozialkompetenz erschließt sich in den Dimensionen Kommunikationsfähigkeit, Kritik- und Konfliktfähigkeit, Teamorientierung, Zuverlässigkeit und Verantwortungsbereitschaft.
- *Selbstkompetenz* zeigt sich in der Bereitschaft, sein Arbeitsumfeld aktiv mitzugestalten und sich dabei Bedingungen zu schaffen, die eine Weiterentwicklung der Persönlichkeit im Rahmen der Arbeit ermöglichen. Selbstkompetenz drückt sich im Fragebogen in den Eigenschaften Motivation, Belastbarkeit, Flexibilität, Lernbereitschaft/Lernfähigkeit, Gesundheitsbewusstsein und Selbstdarstellungsfähigkeiten aus.

Zur Beschreibung der Kompetenzbereiche wurden in der Umsetzung möglichst praxisnahe und alltagssprachliche Formulierungen gewählt, um die Handhabbarkeit des Verfahrens zu erhöhen. Sozialkompetenz wird als „Fähigkeit, mit anderen Menschen umzugehen“ beschrieben, die Selbstkompetenz als „Persönliches Wollen und Können“ und die Methodenkompetenz als „Fähigkeit zur Erledigung von Arbeitsaufgaben“. Die einzelnen Items werden in einer Viererskala von „stimmt voll und ganz“ bis zu „stimmt überhaupt nicht“ eingeschätzt. In der Fremdeinschätzung des Trainers ist zudem eine Kategorie enthalten, nach der keine Einschätzung möglich ist, da sich in der Erprobung des Verfahrens gezeigt hat, dass eine differenzierte Fremdeinschätzung in manchen Bereichen kaum zu treffen ist.

Abbildung 3: **Ausschnitt aus dem Fragebogen zur Selbsteinschätzung**

Sozialkompetenz – Fähigkeit, mit anderen Menschen umzugehen Sozialkompetenz umfasst eine Vielzahl an persönlichen Verhaltensweisen, welche es ermöglicht, in Arbeitsprozessen mit anderen erfolgreich und verantwortungsbewusst zusammenzuarbeiten – von der Kommunikation und Kooperationsfähigkeit bis hin zur Teamfähigkeit.				
	stimmt voll und ganz ☺☺	☺	☹	**stimmt überhaupt nicht** ☹☹
Kommunikationsfähigkeit				
Ich frage nach, wenn mir irgendwas unklar ist.	☐	☐	☐	☐
Das, was ich sagen will, kann ich eindeutig formulieren.	☐	☐	☐	☐
Während eines Gesprächs achte ich auch auf die Körpersprache meines Gesprächspartners (verschränkte Arme, Blickkontakt).	☐	☐	☐	☐
Im Umgang mit fremdsprachigen Kollegen bemühe ich mich um eine verständliche Sprache.	☐	☐	☐	☐
Auf wichtige Gespräche bereite ich mich besonders vor, z. B. indem ich mir vorher überlege, wie ich mich am besten verhalten kann.	☐	☐	☐	☐
Kritik- und Konfliktfähigkeit				
Ich bin in der Lage, andere sachlich zu kritisieren.	☐	☐	☐	☐
Wenn mich jemand kritisiert, denke ich darüber nach, ob ich an meinem Verhalten etwas ändern sollte.	☐	☐	☐	☐
Ich lasse andere ausreden, auch wenn ich weiß, dass ich mit ihrer Meinung nicht einverstanden bin.	☐	☐	☐	☐
Entscheidungen anderer kann ich annehmen.	☐	☐	☐	☐

Im Anschluss an die Selbst- und Fremdeinschätzung erfolgt der Dialog über die unterschiedlichen Einschätzungen. Dieser „Kompetenzdialog“ stellt den Kristallisationspunkt des Verfahrens dar, der allerdings ohne den vorhergehenden Prozess der Auseinandersetzung mit den einzelnen Kompetenzen und Items der Fragebogen nicht möglich ist. In dem Gespräch geht es darum, Gemeinsamkeiten und Unterschiede in der Wahrnehmung zu besprechen und Stärken herauszuarbeiten. Die ausgefüllten Fragebogen dienen dabei als Gesprächsanlass und helfen, das Gespräch zu strukturieren. Über die Begründung der einzelnen Einschätzungen – und zwar sowohl der Selbst- als auch der Fremdeinschätzungen – entwickelt sich ein Dialog. Ist dem Trainer eine Fremdeinschätzung nicht möglich, so kann auch ausschließlich die Begründung der Selbsteinschätzung des Teilnehmers Ausgangspunkt der gemeinsamen Reflexion sein.

In einem Ergebnisdokument werden die wesentlichen Inhalte des Kompetenzdialogs festgehalten. Es wird nach den größten Übereinstimmungen und nach Unterschieden in der Selbst- und Fremdwahrnehmung gefragt. Darüber hinaus werden im Gespräch Schlussfolgerungen erörtert und im Ergebnisbogen festgehalten. Konkrete Bewerbungsaktivitäten und -strategien sind dabei ebenso Thema wie die weitere Qualifizierung und Kompetenzentwicklung im Rahmen der Fördermaßnahme. Der Ergebnisbogen wird von beiden Gesprächspartnern parallel ausgefüllt. Das Dokument des Teilnehmers ist nur für seinen eigenen Gebrauch bestimmt. Dieser Vertrauensschutz soll die Offenheit des Teilnehmers fördern: Niemand bewertet oder verwendet seine persönlichen Notizen. Der Trainer wiederum fertigt ein eigenes Ergebnisdokument an, das Grundlage und Hilfsmittel für den weiteren Coaching- und Trainingsprozess ist. So verfügen beide Beteiligten über ein manifestiertes Ergebnis des Gesprächs.

Die Praxiserprobung hat gezeigt, dass Selbst- und Fremdwahrnehmung meist übereinstimmten. Zu grundlegenden Diskrepanzen kam es kaum. Trainer und Teilnehmer hoben in der Befragung zur Praxiserprobung positiv hervor, dass das Verfahren Gesprächsanlässe liefere, um gezielt förderliche und hinderliche Bedingungen der Arbeitsaufnahme zu thematisieren, die im „Alltag" einer Qualifizierungsmaßnahme im Normalfall nicht besprochen werden.

4 Zur Verortung des Verfahrens

Das Verfahren KomPakt50 wurde speziell für ältere Langzeitarbeitslose entwickelt. Dies findet seinen Niederschlag in Besonderheiten, die das Verfahren von anderen Ansätzen zur Kompetenzbilanzierung unterscheiden (vgl. Erpenbeck/von Rosenstiel 2007; ABWF 2006).

Das Verfahren betont überfachliche Kompetenzen. Bevorzugt werden solche Items, die die besonderen Stärken Älterer zum Ausdruck bringen (vgl. Lehner 2005; Stössel 2007) und Aspekte abbilden, die bei einer Bewerbung Älterer Vorteile gegenüber jüngeren Bewerbern versprechen. Dies gilt etwa für Fragen zur Loyalität und Verlässlichkeit.

Es wurden aber auch besondere Vermittlungshemmnisse aufgenommen, die bei der Zielgruppe einer erfolgreichen Arbeitssuche entgegenstehen. Dies betrifft Aspekte des Gesundheitsverhaltens und des äußeren Erscheinungsbilds.

Die Fragebogen wurden bewusst wenig komplex gestaltet. So wurden die Fragen durch Beispiele erläutert und einfach skaliert. Dies soll das Verfahren sowohl für Bildungsträger als auch für die älteren Langzeitarbeitslosen gut handhabbar machen.

KomPakt50 ist ein Reflexionsverfahren durch das individuelle Stärken der Älteren diskursiv herausgearbeitet werden sollen. Ziel ist eine Erhöhung der Arbeits- und Beschäftigungsfähigkeit (vgl. Elsholz/Hammer 2008). Im unübersichtlichen Feld von Kompetenzanalysen und Kompetenzmessverfahren hat Gillen (2006) eine Unterscheidung zwischen zwei Ansätzen herausgearbeitet, die zwei grundsätzliche Orientierungen von Verfahren und Instrumenten verdeutlicht. Diese idealtypische Unterscheidung erweist sich auch für eine Einordnung des Verfahrens KomPakt50 als hilfreich. Gillen identifiziert zum einen Verfahren, die sich eher am Subjekt orientieren und diese als „entwicklungsorientierte Verfahren" beschreibt. Dem stellt sie Instrumente gegenüber, die sich eher an Arbeitsanforderungen als Bezugspunkt ausrichten und die in diesem Sinne „anforderungsorientierte Verfahren" sind. Letztere orientieren sich vorrangig an Tätigkeitsbeschreibungen oder Arbeitsplatzanalysen und werden zum Zwecke der betrieblichen Weiterbildungsplanung eingesetzt. Das Verfahren KomPakt50 ist hingegen den entwicklungsorientierten Verfahren zuzurechnen, denn es geht um eine Standortbestimmung der älteren Arbeitslosen, die die subjektive Einschätzung von Kompetenzen in den Mittelpunkt stellt.

Abbildung 4: **Orientierungen von Verfahren der Kompetenzanalyse**

	Anforderungsorientierte Verfahren	**Entwicklungsorientierte Verfahren**
Zentrale Zielsetzung	Verbesserung der betrieblichen Weiterbildungsplanung durch Soll-Ist-Vergleich	Standortbestimmung des Individuums zur Berufswege- und/ oder Weiterbildungsplanung
Ausgangspunkt des Verfahrens	Tätigkeitsbeschreibungen, Arbeitsplatzanalysen	Subjektive Kompetenzeinschätzung
Zentrale Methode	Fremdeinschätzung	Selbsteinschätzung
Ergebnis des Verfahrens	Beschreibung der Kompetenzen, die zur Erfüllung der Arbeitsaufgaben bzw. der Tätigkeit notwendig sind	Einschätzung der individuellen Kompetenzbestände/Kompetenzbilanz

Quelle: eigene Darstellung in Anlehnung an GILLEN 2006, S. 113

Die Gegenüberstellung von anforderungsorientierten und entwicklungsorientierten Verfahren stellt keine Dichotomie dar, sondern sie zeigt idealtypisch zwei Extreme auf, zwischen denen sich Verfahren der Kompetenzanalyse und -bilanzierung verorten lassen. So bedient sich KomPakt50 nicht ausschließlich der Selbsteinschätzung, wie dies für entwicklungsorientierte Verfahren charakteristisch ist, sondern bezieht eine Fremdeinschätzung ein. Am Ende entwicklungsorientierter Verfahren steht in der Regel eine Übersicht über persönliche Kompetenzbestände und damit eine Form der individuellen Kompetenzbilanz.

Die Unterscheidung wird hier aufgeführt, um das Verfahren KomPakt50 im Feld kompetenzanalytischer Verfahren zu verorten.

5 Perspektiven zur Weiterentwicklung des Verfahrens

Die Gestaltung des Verfahrens KomPakt50 ist in seiner derzeitigen Form vor allem auf das Konzept der „AktivFirma" im Rahmen des genannten regionalen Beschäftigungspakts bezogen. Für einen breiteren Einsatz scheint in der Folge eine Ausdifferenzierung des Konzepts notwendig, damit es unter verschiedenen Rahmenbedingungen eingesetzt und der Zielgruppe „Ältere Arbeitslose" in ihren Differenzierungen umfassend gerecht werden kann.

Mit der Entwicklung des Verfahrens KomPakt50 wurden vor allem zwei Ziele verfolgt, nämlich das Empowerment und die Verbesserung der Qualifizierung durch die Bildungsträger. Mögliche Entwicklungsrichtungen hängen dabei davon ab, welche Ziele mit dem Einsatz des Verfahrens verfolgt werden. Es deuten sich Perspektiven der Weiterentwicklung auf unterschiedlichen Ebenen an (siehe Abbildung 5):

- Bezogen auf die *Teilnehmer* ist eine weitere Differenzierung angezeigt. Das Verfahren wurde bisher vor allem von Muttersprachlern angewendet. Bei Migrantinnen und Migranten mit geringen deutschen Sprachkenntnissen wäre der Einsatz schwierig. Das Verfahren kann und muss für die sehr heterogene Zielgruppe der älteren Arbeitslosen auch auf den spezifischen Arbeitskontext differenziert bezogen werden. Dasselbe gilt für konkrete Qualifizierungsmaßnahmen, in deren Kontext es eingesetzt werden soll.
- Aufseiten der *Bildungsträger* ist eine stärkere Prozessbegleitung angezeigt, um die Schlussfolgerungen aus der Kompetenzbilanzierung gezielt zu evaluieren. In seiner bisherigen Anwendung findet das Verfahren einmalig, etwa zur Hälfte der Laufzeit der Qualifizierungsmaßnahme nach drei Monaten, Anwendung. Zwar beinhaltet das Verfahren mit seinen zwei Schritten und dem Dialogelement bereits eine Empowermentstrategie, doch geht es im Weiteren darum, diesen Prozesscharakter weiter auszubauen, um den Aspekt der Kompetenzförderung zu stärken.

- Ein Nutzen kann sich für die *ARGEn bzw. Optionskommunen* ergeben, wenn es gelingt, die Kompetenzbilanzierung mithilfe von KomPakt50 auch für die im Sozialgesetzbuch geforderte Dokumentation der Integrationsfortschritte zu nutzen. Die Implementierung der sogenannten „Betreuungsstufen“ innerhalb des Fallmanagements der ARGE bietet die Chance, die Aktivitäten innerhalb der Integrationsarbeit umfassender abzubilden. KomPakt50 kann in diesem Zusammenhang im Rahmen von Fördermaßnahmen wie der „AktivFirma“ eine Standortbestimmung im Hinblick auf den Kompetenzbestand und die erforderlichen Förderprozesse liefern und Integrationsfortschritte abbilden, sofern eine Fortschreibung der Kompetenzprofile erfolgt.

Abbildung 5: **Nutzenaspekte und Perspektiven des Verfahrens KomPakt50**

	Personen	**Bildungsträger**	**ARGEn/Optionskommunen**	**Betriebe**
Bereits realisiert	Reflexion und besseres Wissen über eigenes Kompetenzprofil; Bewussteres Auftreten bei Bewerbungen	Verbesserung der Beratung und Qualifizierung durch Profilbildung		Bewerber können nach KomPakt50 eigene Kompetenzen besser darstellen
Herausforderungen/Weiterentwicklung	Differenzierung mit Blick auf spezielle Zielgruppen (An- und Ungelernte, Migranten)	Stärkere Prozessbegleitung durch Fortschreibung des Kompetenzprofils	Profilbildung zur Dokumentation der Integrationsfortschritte	Zertifizierung (?) Verknüpfung inner- und außerbetrieblicher Verfahren

Schließlich sollte KomPakt50 als außerbetriebliches Verfahren mit betrieblichen Verfahren und Anforderungen in Verbindung gebracht werden. In diesem Zusammenhang sei nochmals an die Unterscheidung zwischen entwicklungsorientierten und anforderungsorientierten Verfahren erinnert. In Unternehmen dominieren weitgehend Letztere (vgl. Dietsche/Schneider 2007). Die erforderliche Verbindung von entwicklungs- und anforderungsorientierten Ansätzen ist noch kaum realisiert. KomPakt50 bietet hierfür einen Ansatz, der jedoch mit betrieblichen Ansätzen verbunden werden muss, um über seinen bisherigen Verwendungszusammenhang hinaus weitere Akzeptanz zu finden.

6 Zusammenfassung

Das dargestellte Verfahren KomPakt50 ist ein Beispiel für die Entwicklung eines theoretisch reflektierten und praktisch erprobten Verfahrens zur Kompetenzbilanzierung älterer Langzeitarbeitsloser. Die Erprobung des Verfahrens mit älteren Arbeitssuchenden in einem regionalen Beschäftigungspakt hat gezeigt, dass der Prozess der Kompetenzbilanzierung von den Betroffenen als große Hilfestellung wahrgenommen wird. Besonders der Dialog über die Selbst- und die Fremdeinschätzung erweist sich dabei als wesentliches Element, weil er die Chance der Reflexion bietet. Das Verfahren fördert die Sensibilisierung für die eigenen Stärken und Schwächen und unterstützt die Entwicklung von Selbstvermarktungsstrategien der Zielgruppe am Arbeitsmarkt. Auch im Sinne der Steigerung individueller Integrationsfortschritte lieferte die Erprobungsphase wichtige Hinweise für mögliche Erfolge des Einsatzes in der Praxis: Es hat sich gezeigt, dass vielfach die Fremdeinschätzung positiver war als die Selbsteinschätzung. Der Dialog konnte zur Stärkung des Selbstbewusstseins beitragen. Zugleich gewinnt das begleitende Fachpersonal in der Fördermaßnahme durch die Auswertung von Fremd- und Selbsteinschätzung im gemeinsamen Reflexionsprozess wichtige Hinweise für Beratung und Qualifizierung.

Das vorgestellte Verfahren der Kompetenzbilanzierung entspricht dem Fokus von Integrationsmaßnahmen, die neben Stabilisierung und Aktivierung auf die Verbesserung der Selbstvermarktungsfähigkeit zielen. Der nunmehr erreichte und dargestellte Stand der Verfahrensentwicklung erlaubt den Einsatz als Regelinstrument im Rahmen der angeführten Qualifizierungsmaßnahme. Zugleich deuten sich weitere Optionen an, um das Verfahren auch für andere Adressaten nutzbar zu machen. Mit Blick auf Unternehmen geht es dabei insbesondere darum, die Ergebnisse einer Kompetenzbilanzierung so transparent zu machen, dass für die Betriebe damit im Prozess der Personalauswahl eine Erleichterung entsteht. Aus berufspädagogischer Perspektive stellt sich damit die Frage und Herausforderung, wie entwicklungsorientierte Verfahren der Kompetenzanalyse so gestaltet werden können, dass sie auch einem anforderungsorientierten Blick standhalten. Es geht also darum, die divergierenden Orientierungen der beiden Entwicklungsrichtungen von Kompetenzanalysen zu integrieren – eine Aufgabe, der sich nicht nur das Verfahren KomPakt50 stellen muss.

Literatur

ABWF e.V. (Hrsg.): Kompetenzen bilanzieren. Auf dem Weg zu einer europaweiten Kompetenzerfassung. Münster u. a. 2006

ALTHAMMER, Verena: Motivierende Faktoren und Hemmnisse für ältere Langzeitarbeitslose. In: HUBER, Andreas; KRÄUSSLICH, Bernhard; STAUDINGER, Thomas: Erwerbschancen für Ältere – Probleme, Handlungsmöglichkeiten, Perspektiven. Augsburg 2007, S. 119–128

BRÖKER, Andreas H.; SCHÖNIG, Werner: Marktzugänge von Langzeitarbeitslosen trotz vermittlungshemmender Merkmale. Frankfurt 2005

DGFP Deutsche Gesellschaft für Personalführung e.V.: Personalentwicklung für ältere Mitarbeiter. Grundlagen, Handlungshilfen, Praxisbeispiele. Bielefeld 2004

DIETSCHE, Regula; SCHNEIEDER, Charlotte: Kompetenzmanagement ist oft eine Frage der Interpretation. In: HR today. Das Schweizer Human Resource Management-Journal (2007)9, S. 51–53

DEHNBOSTEL, Peter: Perspektiven für das Lernen in der Arbeit. In: AG QUEM (Hrsg.): Kompetenzentwicklung 2001 – Tätigsein – Lernen – Innovation. Münster u. a. 2001, S. 53–93

DOSTAL, Werner: Kompetenzförderliche arbeitsmarktpolitische Maßnahmen. In: Arbeitsgemeinschaft betriebliche Weiterbildungsforschung e. V. (Hrsg.): Kompetenzentwicklung 2004. Münster 2004, S. 301–370

ELSHOLZ, Uwe; HAMMER, Veronika: Kompetenzen bilanzieren: KomPakt50 als neues Verfahren einer zielgruppengerechten Kompetenzanalyse. In: LOEBE, H.; SEVERING, E. (Hrsg.): Integration Älterer Arbeitsloser in den Arbeitsmarkt. Bielefeld 2008, S. 217–230

ERPENBECK, John; ROSENSTIEL, Lutz von (Hrsg.): Handbuch Kompetenzmessung. Erkennen, verstehen und bewerten von Kompetenzen in der betrieblichen, pädagogischen und psychologischen Praxis. 2. Aufl.. Stuttgart 2007

FLICK, Uwe: Triangulation in der qualitativen Forschung. In: ders. (Hrsg.): Qualitative Forschung. Ein Handbuch. Reinbek bei Hamburg 2000, S. 309–318

FREILING, Thomas; GOTTWALD, Mario: Beschäftigungspakte in den Regionen – Darstellung und Diskussion eines Evaluationskonzeptes zur Bewertung der Wirksamkeit arbeitsmarktpolitischer Innovationsprojekte. In: Zeitschrift für Evaluation (2006)2, S. 333–345

GELDERMANN, Brigitte; GOTTWALD, Mario: Die AktivFirma als innovativer Förder- und Qualifizierungsansatz für ältere Langzeitarbeitslose. In: Berufsbildung in Wissenschaft und Praxis (2007)2, S. 26–29

GILLEN, Julia: Kompetenzanalysen als berufliche Entwicklungschance. Eine Konzeption zur Förderung beruflicher Handlungskompetenz. Bielefeld 2006

GOTTWALD, Mario; FRANKE, Jana: Ältere Arbeitslose charakterisieren: ALG II-Empfänger als ein unbekanntes Wesen? In: LOEBE, H.; SEVERING, Eckart (Hrsg.): Integration Älterer Arbeitsloser. Bielefeld 2008, S. 73–90

GOTTWALD, Mario; KECK, Stefan: Beschäftigungschancen älterer Arbeitsloser aus Sicht Nürnberger Unternehmen – Eine Studie zur Weiterentwicklung regionaler Integrationsstrategien. In: LOEBE, Herbert; SEVERING, Eckart (Hrsg.): Integration Älterer Arbeitsloser. Bielefeld 2008, S. 91–111

Herriger, Norbert: Empowerment in der Sozialen Arbeit. Stuttgart 1997

Lehr, Ursula: Gegenrede: Ältere Arbeitnehmer im sich wandelnden Arbeitsmarkt. Heute gejagt – morgen gefragt? In: Weiterbildung. Zeitschrift für Grundlagen, Praxis und Trends (2005)3, S. 20–23

Lehner, Maria: Die Arbeitsmarktchancen Älterer in Anbetracht des demographischen Wandels – drei Regionen im Vergleich. Augsburg/Bobingen 2005

Stössel, Dieter: Was halten Unternehmen von älteren Mitarbeitern? Eine Zusammenfassung empirischer Studien. In: Loebe, H.; Severing, E. (Hrsg.): Demografischer Wandel und Weiterbildung. Strategien einer alterssensiblen Personalpolitik. Bielefeld 2007, S. 117–129

Autoren

Dr. Uwe Elsholz
Technische Universität Hamburg-Harburg
Institut für Technik, Arbeitsprozesse und Berufliche Bildung
Eißendorfer Straße 40
21073 Hamburg
Tel.: 040/42878-3718
Fax: 040/42878-4064
uwe.elsholz@tu-harburg.de

Mario Gottwald
Forschungsinstitut Betriebliche Bildung (f-bb)
Obere Turnstraße 8
90429 Nürnberg
Tel.: 0911/2777965
Fax: 0911/2777950
gottwald.mario@f-bb.de

Erich Barthel, Thomas Mattes, Olaf Zawacki-Richter

Der Kompetenzkapitalindex – eine Methode der Kompetenzbilanzierung[1]

Abstract

In Erweiterung der Diskussion zur Bestimmung von Humankapital in Unternehmen soll mit dem Kompetenzkapitalindex ein Weg aufgezeigt werden, wie die aktuelle theoretische Diskussion um das Management der Humanressourcen mit dem praktischen Bedarf an integrierten Ansätzen zur gleichzeitigen Förderung individueller wie organisationaler Bedingungen des Unternehmenserfolgs verknüpft werden kann. Der Aufbau und die Funktionsweise eines solchen Kompetenzkapitalindex werden dargestellt, und es wird gezeigt, dass die Messung der Kompetenzen in Abhängigkeit von der Unternehmensstrategie erfolgt. Die Erfassung des Kompetenzkapitals wird mit bereits bestehenden Verfahren durchgeführt. Die multiplikative Verknüpfung individueller und organisationaler Kompetenzen im Kompetenzkapitalindex verdeutlicht die gegenseitige Abhängigkeit der theoretisch wie praktisch nicht eindeutig ineinander überführbaren Kompetenzebenen.

1 Grundlage der Kompetenzbilanzierung

Der Erfolg von Unternehmen wird heute vielfach verknüpft mit weichen, nicht unmittelbar messbaren Faktoren der Organisation. Insbesondere reicht die Bilanzierung von harten Faktoren nicht aus, um nachhaltige Wettbewerbsvorteile zu erzielen (Barthel u. a. 2004). Die Voraussetzungen für den Erfolg von Unternehmen sind weder auf der individuellen noch auf der organisationalen Ebene alleine ausreichend zu finden. Vielmehr beeinflussen sich beide Seiten gegenseitig. Becker spricht in diesem Zusammenhang von einer Personalentwicklung im weiten Sinn, in der sich Personal- und Organisationsentwicklung gegenseitig bedingen (Becker 2005). In Erweiterung der Diskussion zur Bestimmung von Humankapital in Unternehmen (vgl. Barthel u. a. 2004; Scholz u. a. 2006) soll mit dem Kompetenzkapitalindex ein Weg aufgezeigt werden, der die aktuelle theoretische Diskussion um das Manage-

1 Die diesem Beitrag zugrunde liegenden Arbeiten wurden im Rahmen des Projekts Kompetenzkapital – Betriebliches Kompetenzmanagement zur Verbindung von Kompetenzentwicklung und Humankapital aus Mitteln des Bundesministeriums für Bildung und Forschung (BMBF) sowie aus Mitteln des Europäischen Sozialfonds (ESF) gefördert. Die von den Verfassern vertretenen Auffassungen stimmen nicht unbedingt mit der Meinung des BMBF überein, das ferner keine Gewähr für die Richtigkeit, Genauigkeit und Vollständigkeit der Angaben sowie Beachtung privater Rechte Dritter übernehmen kann.

ment der Humanressourcen mit dem praktischen Bedarf an integrierten Ansätzen zur gleichzeitigen Förderung individueller wie organisationaler Bedingungen des Unternehmenserfolgs verknüpft. Kompetenzkapital scheint uns der passende Ausdruck für das sich selbstorganisierende Handeln und Lernen kompetenter Individuen in kompetenten Organisationen. Die gegenseitige (im positiven Falle sich verstärkende) Verflechtung schafft das größtmögliche Potenzial zur flexiblen Gestaltung und Erreichung der strategischen Unternehmensziele. Notwendig ist hierfür ein integriertes Kompetenzmanagement, das nachhaltig die Entwicklung individueller und organisationaler Kompetenzen fördert, die Grundlage nachhaltiger Wettbewerbsvorteile sein können.

Die Herausforderungen für Forschung und Praxis liegen in einer wechselseitigen Verflechtung der individuellen Kompetenzentwicklung mit einer lernförderlichen Unternehmenskultur, Teamentwicklung und strategischen Organisationsentwicklung. Die Kompetenzbewertung sollte in ein Steuerungs- und Orientierungsinstrument münden, das in der Lage ist, individuelle und organisationale Kompetenzen integriert abzubilden.

Der Aufbau und die Funktionsweise eines solchen Kompetenzkapitalindex werden in den folgenden Abschnitten vorgestellt. In den einzelnen Teilbereichen zur Messung von individuellen und organisationalen Kompetenzen soll nach Möglichkeit auf etablierte und erprobte Ansätze zurückgegriffen werden, um eine valide Anwendung in der Praxis sicherzustellen. Der Kompetenzkapitalindex ist somit ein anwendbares Instrument der kompetenzbasierten Humankapitalbestimmung und der humankapitalorientierten Kompetenzbilanzierung.
Folgende Thesen sind für unsere Überlegungen leitend:

1. Die Bewertung der Kompetenzen der Individuen wie auch der Organisation benötigt die Strategie des Unternehmens als Voraussetzung.
2. Das Kompetenzkapital eines Unternehmens ist das Produkt aus individuellen und organisationalen Kompetenzen.

2 Die Elemente im Kompetenzkapitalindex

2.1 Individuelle Kompetenzen

Zur Beschreibung der Individualkompetenzen orientieren wir uns am Ansatz von Erpenbeck/Heyse (1999).

Mit dem Ansatz lassen sich die unterschiedlichen Kompetenzdimensionen auf der Ebene des Individuums operationalisieren. Kompetenzen werden in Kompetenztypen, -klassen und -gruppen eingeteilt. Die vier Kompetenzklassen (Schlüsselkompetenzen) sind in der Kompetenzforschung weitgehend anerkannt:

1. personale Kompetenzen (Fähigkeit, reflexiv und selbstorganisiert zu handeln, sich selbst einschätzen zu können, Zuverlässigkeit, Lernbereitschaft),
2. aktivitäts- und umsetzungsorientierte Kompetenzen (z. B. Flexibilität, Selbstständigkeit, Kreativität),
3. fachlich-methodische Kompetenzen (z. B. Sachlichkeit, Projektmanagement),
4. sozialkommunikative Kompetenzen (z. B. Teamfähigkeit, Kritikfähigkeit, Durchsetzungsvermögen).

Für eine kompetenzbasierte Personalentwicklung werden die Anforderungsprofile aus den strategischen Unternehmenszielen abgeleitet (z. B. mithilfe des Kompetenz-Explorers KODE-X®) (vgl. Erpenbeck/von Rosenstiel 2003; Heyse/Erpenbeck/Max 2005). Die Erfassung von personalen, aktivitäts- und umsetzungsorientierten, fachlich-methodischen und sozialkommunikativen Kompetenzen (Erpenbeck/Heyse 1999) kann mit etablierten Kompetenzmessverfahren (z. B. mit dem Instrument KODE®) durchgeführt werden (Erpenbeck/von Rosenstiel 2003).

Die Ergebnisse aus der individuellen Kompetenzmessung können dann im Rahmen einer Gap-Analyse auf das Zielprofil, d. h. einen Kompetenzkanal, in dem sich die Individualkompetenzen bewegen sollten, abgebildet werden, um daraus geeignete Maßnahmen der Kompetenzentwicklung ableiten und ergreifen zu können.

Abbildung 1 stellt auf der linken Seite den Kompetenzatlas nach Erpenbeck/von Rosenstiel (Erpenbeck/von Rosenstiel 2003) dar, der 64 Einzelkompetenzen umfasst. Aus diesen Einzelkompetenzen werden in der Folge diejenigen Kompetenzen ausgewählt, die für eine bestimmte Stelle oder eine Abteilung als strategisch relevant eingestuft werden. Die Auswahl umfasst in der Regel zwölf bis sechzehn Kompetenzen, wie auf der rechten Seite von Abbildung 1 dargestellt. Die gelb eingezeichneten Balken repräsentieren den Kompetenzkanal, den ein Mitarbeiter als Stelleninhaber bezüglich seiner individuellen Kompetenzen aufweisen sollte. Durch entsprechende Kompetenzmessung kann die Lage des Individuums bestimmt werden. Im dargestellten Fall weist das Individuum hinsichtlich der Kompetenz Konzeptionsstärke einen Wert von 9 aus und liegt damit über dem durch das Stellenprofil geforderten Maximalwert von 8. Bei den Kompetenzen Fachwissen und Glaubwürdigkeit erreicht der Mitarbeiter die durch das Stellenprofil geforderten Minimalwerte nicht.

Nach erfolgter Kompetenzmessung lassen sich die Einzelergebnisse aggregieren. Um eine für das Kompetenzmanagement handhabbare Darstellungsform zu erreichen, wird ein Personalportfolio vorgeschlagen, das auf Odiorne zurückgeht und im Folgenden diskutiert wird (Odiorne 1984).

Abbildung 1: **Darstellung der Individualkompetenzen über einen Kompetenzatlas und deren Abbildung auf ein Zielprofil (Kompetenzkanal)**

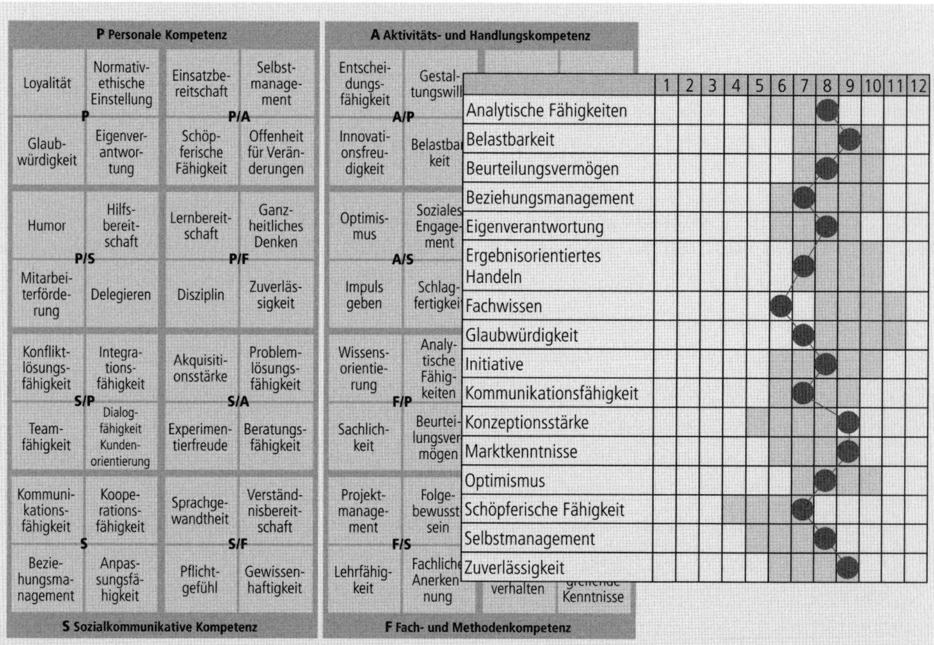

Quelle: Vgl. KODE® und KODE-X® in Erpenbeck/von Rosenstiel 2003

Odiorne schlägt zur Erfassung und Steuerung des Humankapitals im Unternehmen den Einsatz eines Personalportfolios vor, das auf dem Portfolioansatz der Boston Consulting Group (BCG) und einem Lebenszyklusmodell beruht. Die Mitarbeiter werden als „portfolio of assets" gesehen: „The two dimensions for valuation of human capital are potential and performance. [...] Growth in portfolio valuation refers to changes in the value of assets over some future time period. In human capital theorie, growth translates into the idea of Potential." (Odiorne 1984, S. 35).

Die grundlegende Annahme von Odiorne (1984) ist, dass jeder Beschäftigte auf individuelle Weise einen Zyklus durchläuft, wobei die folgenden vier Typen unterschieden werden:

- „Start-up level employees include those who were recently hired or those who are young and inexperiencHrsg. Employees at this level are a kind of human resources investment.
- Growth level employees are beyond their apprenticeship and are beginning to acquire higher-level skills and experience at a rapid rate (middle managers, project managers; experience between five and fifteen years).

- Mature level employees are usually between 40 and 60 years of age and have arrived at the level of professional competence at which they are making maximum contribution to the firm. However, their Potential for further growth is usually limited (senior officers, senior unit chiefs).
- Decline level employees are those whose usefulness to the firm has begun to decline, which may occur because of fading health, technological obsolescence, diminished energy levels, or loss of motivation." (ODIORNE 1984, S. 62).

Klimecki und Gmür kritisieren, dass Odiorne zwar zielgruppenspezifische Maßnahmen des Personalmanagements ableitet, er jedoch keinen deutlichen Strategiebezug des Personalportfolios herstellt. Im Gegensatz zu Odiorne gehen Klimecki und Gmür davon aus, dass alle vier Gruppen eine wichtige Entwicklungsfunktion übernehmen (KLIMECKI/GMÜR 2001). Das Personalmanagement muss eine ausgewogene Verteilung in allen vier Feldern erreichen. Es sollte ein strategisches Gleichgewicht angestrebt werden. Hierbei unterschieden Klimecki und Gmür (2001) zwischen den Spannungsfeldern Stabilisierung und Flexibilisierung sowie der sachlich-rationalen und sozialemotionalen Funktion. Die von Odiorne als „Decline level employees" bezeichneten Mitarbeiter weisen z. B. in diesem Zusammenhang eine wichtige Stabilisierungsfunktion auf, wodurch sie trotz niedrigerer Leistungspotenziale eine wichtige Funktion für das strategische Gleichgewicht übernehmen.

Schreyögg und Kliesch weisen darauf hin, dass Lebenszykluskonzepte grundsätzlich mit Problemen behaftet sind: „Im Hintergrund steht ein nicht näher begründeter Biologismus, der eine zwangsläufige Entwicklung in diesem Zyklus suggeriert" (SCHREYÖGG/KLIESCH 2003, S. 23). Es ist jedoch bekannt, dass der Lebenszyklus durch Entwicklungsmaßnahmen oder Revitalisierungsaktivitäten gestaltbar ist. Genau hier kann ein strategisch ausgerichtetes Kompetenzmanagement ansetzen.

Das Personalportfolio von Odiorne ist ein komparativ-statisches Verfahren, dass um eine Entwicklungsperspektive erweitert werden muss. Persch weist außerdem auf die Gefahr einer Stigmatisierung von Mitarbeitern hin. Dies trifft insbesondere auf die Einschätzung des zukünftigen Entwicklungspotenzials zu: „Während sich die Leistungsdimension noch weitgehend objektivieren lässt, z. B. durch den Vergleich von Zielvereinbarungen mit den tatsächlich erzielten Arbeitsergebnissen, werden Potenzialanalysen von zahlreichen subjektiven Faktoren beeinflusst." (PERSCH 2003, S. 211)

Ein auf Personalportfolios basierendes Personalmanagement muss daher im Hinblick auf verschiedene Anforderungsniveaus durchlässig und offen gestaltet sein, sodass eine Spitzenkraft als Nachwuchs in ein höheres Niveau aufsteigen oder ein Fragezeichen-Kandidat als Leistungsträger in einem niedrigeren Niveau einsteigen kann.

Ein solches Mehrebenen-Personalportfolio ist in Abbildung 2 dargestellt. Unterschieden wird nach den Dimensionen Potenzial und Leistung, mit denen sich vier Felder aufspannen lassen:

- Nachwuchs: Hohes Potenzial bei (noch) geringer Leistung,
- Leistungsträger: Hohe Leistung mit (derzeit) geringem Potenzial für weitergehende Aufgaben,
- Spitzenkräfte: Hohe Leistung und hohes Potenzial,
- Fragezeichen: Geringe Leistung und (derzeit) geringes Potenzial.

Die Zuordnung ist dabei dynamisch, d. h., Individuen, die die geforderten Kompetenzniveaus ihrer Stelle überschreiten, können bei Wechsel auf Stellen mit höheren Kompetenzniveaus dieser Ebene wieder als Nachwuchs eingestuft werden. Auch können Mitarbeiter, die das geforderte Kompetenzniveau ihrer Stelle unterschreiten, auf einer niedrigeren Ebene als Leistungsträger klassifiziert werden.

In Anbetracht der Problemfelder bei der Bestimmung von Mitarbeiterpotenzialen (Becker 2005) ist die Kategorisierung der Mitarbeiter möglichst objektiv durch Selbst- und Fremdeinschätzungen (360°-Feedback) durchzuführen.

Abbildung 2: **Durchlässige und niveauabhängige Personalportfolios**

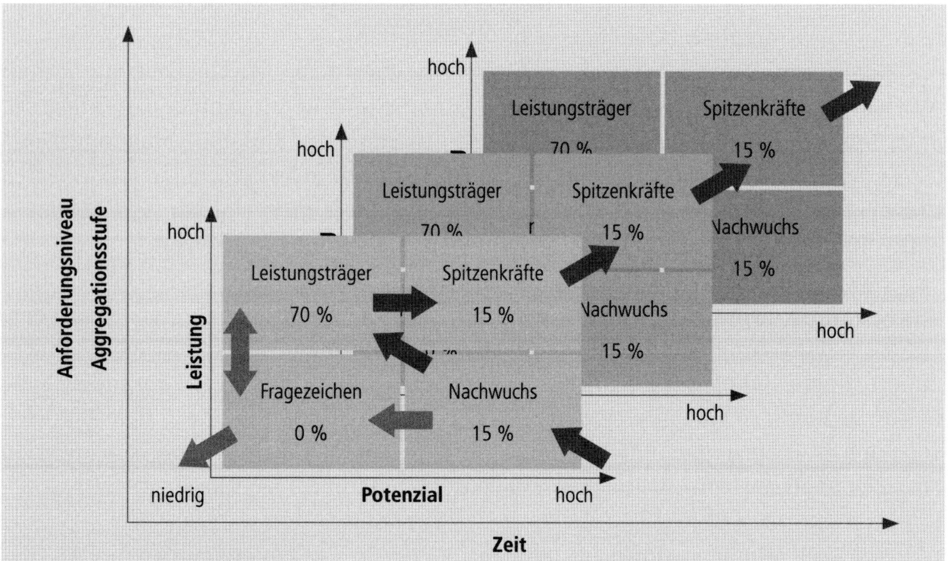

Quelle: Wilkens/Keller/Schmette 2006

Um als Unternehmen einen Überblick über die Leistung und das Potential seiner Mitarbeiter zu bekommen, kann ein Index für das individuelle Kompetenzkapital gebildet werden. Dieser ergibt sich aus der Abweichung der angestrebten Kompetenzen zu den tatsächlich vorhandenen Kompetenzen im Unternehmen.

2.2 Organisationale Kompetenzen

Der angestrebte Kompetenzkapitalindex umfasst neben den individuellen Kompetenzen der Mitarbeiter des Unternehmens auch die organisationalen Kompetenzen. Organisationale Kompetenzen können grundsätzlich nach dem Modell von Schreyögg und Kliesch konzipiert werden (vgl. Wollersheim/Zawacki-Richter/Barthel 2007). Da es unser Anliegen ist, einen Indexwert für Kompetenzkapital zu bilden, ist es sinnvoll, akzeptable Bewertungen für die Dimensionen des Modells zu erhalten. Tatsächlich ist es möglich, die Dimensionen organisationaler Kompetenzen nach Schreyögg und Kliesch (2003) auf die Befähiger im EFQM-Modell (Zink 2004) zu übertragen. Hierdurch können in einem zweiten Schritt Messungen dieser Kompetenzdimensionen ermöglicht werden. Es ergeben sich die folgenden Entsprechungen:

Tabelle 1: **Organisationale Kompetenzen nach Schreyögg und Kliesch (2003) und ihre Entsprechung im EFQM-Modell**

Dimensionen organisationaler Kompetenz	EFQM-Enabler
Organisationales Verknüpfungs-Know-how • Know-how in Bezug auf die Verknüpfungsleistung selbst, also wie Anschlüsse hergestellt werden	*Prozesse* • Wie die Organisation ihre Prozesse gestaltet, managt und verbessert, um ihre Politik und Strategie zu unterstützen und ihre Kunden und andere Interessengruppen voll zufriedenzustellen und die Wertschöpfung für diese zu steigern
Organisationales Kooperationsvermögen • Fähigkeit der effektiven Nutzung von Beziehungen bzw. Netzwerken • Emotionales Vermögen • Internationale Anschlussfähigkeit	*Mitarbeiter* Wie die Organisation das Wissen und das gesamte Potenzial ihrer Mitarbeiter auf individueller, teamorientierter und organisationsweiter Ebene managt, entwickelt und freisetzt und wie sie diese Aktivitäten plant, um ihre Politik und Strategie und die Effektivität ihrer Prozesse zu unterstützen *Partnerschaften und Ressourcen* • Wie die Organisation ihre externen Partnerschaften und internen Ressourcen plant und managt, um ihre Politik und Strategie und die Effektivität ihrer Prozesse zu unterstützen
Organisationales Interpretationsvermögen • Fähigkeit, komplexe (interne und externe) Umwelt zu strukturieren • Beurteilungvermögen der Probleme (Chancen und Risiken) und entsprechende Selektion	*Politik und Strategie* • Wie die Organisation ihre Vision und Mission durch eine klare, auf die Interessengruppen ausgerichtete Strategie einführt und wie diese durch entsprechende Politik, Pläne, Ziele, Teilziele und Prozesse unterstützt wird *Führung* • Wie Führungskräfte die Vision und die Mission erarbeiten und deren Erreichen fördern; wie sie die für den langfristigen Erfolg erforderlichen Werte erarbeiten, diese durch entsprechende Maßnahmen und Verhaltensweisen umsetzen und durch persönliches Mitwirken dafür sorgen, dass das Managementsystem der Organisation entwickelt und eingeführt wird

Abbildung 3: **RADAR Scoring Matrix® der EFQM-Befähiger**

Elements	Attributes	0 %	25 %	50 %	75 %	100 %
Approach	**Sound** • approach has a clear rationale • approach has defined processes • approach focuses on stakeholder needs	No evidance or anecdotal	Some evidence	Evidence	Clear evidence	Compre-hensive evidence
	Integrated • approach supports policy and strategy • approach is linked to other approaches as appropriate	No evidance or anecdotal	Some evidence	Evidence	Clear evidence	Compre-hensive evidence
	Total	0 5 10	15 20 25 30 35	40 45 50 55 60	65 70 75 80 85	90 95 100

Elements	Attributes	0 %	25 %	50 %	75 %	100 %
Deploy-ment	**Implemented** • approach is implemented	No evidance implemen-tation	Implemented in ¼ of rele-vant areas	Implemented in ½ of rele-vant areas	Implemented in ¾ of rele-vant areas	Implemented in all relevant areas
	Systematic • approach is developed in a structure way with the method used for deployment being planned and executed soundly	No evidance or anecdotal	Some evidence	Evidence	Clear evidence	Compre-hensive evidence
	Total	0 5 10	15 20 25 30 35	40 45 50 55 60	65 70 75 80 85	90 95 100

Elements	Attributes	0 %	25 %	50 %	75 %	100 %
Assess-ment & Review	**Measurement** • regular measurement of the effectiveness of the approach is carried out • regular measurement of the effectiveness of the deployment is carried out • measures selected are appro-priate	No evidance or anecdotal	Some evidence	Evidence	Clear evidence	Compre-hensive evidence
	Learning *is used to:* • identify best practice and im-provement opportunities	No evidance or anecdotal	Some evidence	Evidence	Clear evidence	Compre-hensive evidence
	Improvement *Output from measurement and learning is analysed and used to:* • identify, prioritise, plan and implement improvement	No evidance or anecdotal	Some evidence	Evidence	Clear evidence	Compre-hensive evidence
	Total	0 5 10	15 20 25 30 35	40 45 50 55 60	65 70 75 80 85	90 95 100

Quelle: Wilkens/Keller/Schmette 2006

Die Gegenüberstellung ermöglicht im nächsten Schritt die durch die EFQM erarbeiteten Operationalisierungen zu nutzen, um das Konstrukt der organisationalen Kompetenz messen zu können. Das Ziel, einen Kompetenzkapitalindex für die organisationale Ebene zu bilden lässt sich mithilfe der weithin akzeptierten RADAR Scoring Matrix® der EFQM-Befähiger erreichen (vgl. ZINK 2004).

Durch die Bewertung der EFQM-Befähiger Prozesse, Mitarbeiter, Partnerschaften/Ressourcen, Politik/Strategie und Führung wird der Forderung Rechnung getragen, bei der Entwicklung organisationaler Kompetenzen auch die Strategie sowie personalpolitische Instrumente als Querschnittsfunktionen mit einzubeziehen. Mögliche Indikatoren der genannten EFQM-Befähiger sind in der folgenden Tabelle dargestellt. Sie werden durch Subkriterien weiter operationalisiert und hierdurch im Rahmen einer Untersuchung messbar. In Abhängigkeit der erzielten Ausprägung nach der RADAR Scoring Matrix® kann jedem Kriterium ein Prozentwert beigemessen werden.

Tabelle 2: **EFQM-Befähiger und deren Definition & Bewertungsindikatoren**

EFQM-Befähiger	**Definition & Bewertungsindikatoren (EFQM 2002)**
Prozesse	Definition: Excellent organisations design, manage and improve processes in order to fully satisfy, and generate increasing value for, customers and other stakeholders. • Processes are systematically designed and managed • Processes are improved, as needed, using innovation in order to fully satisfy and generate increasing value for customers and other stakeholders • Products and Services are designed and developed based on customer needs and expectations • Products and Services are produced, delivered and serviced • Customer relationships are managed and enhanced
Mitarbeiter	Definition: Excellent organisations manage, develop and release the full potential of their people at an individual, team-based and organisational level. They promote fairness and equality and involve and empower their people. They care for, communicate, reward and recognise, in a way that motivates staff and builds commitment to using their skills and knowledge for the benefit of the organisation. • People resources are planned, managed and improved • People's knowledge and competencies are identified, developed and sustained • People are involved and empowered • People and the organisation have a dialogue
Partnerschaften und Ressourcen	Definition: Excellent organisations plan and manage external partnerships, suppliers and internal resources in order to support policy and strategy and the effective operation of processes. During planning and whilst managing partnerships and resources they balance the current and future needs of the organisation, the community and the environment. • External partnerships are managed • Finances are managed • Buildings, equipment and materials are managed • Technology is managed • Information and knowledge are managed
Politik und Strategie	Definition: Excellent Organisations implement their mission and vision by developing a stakeholder focused strategy that takes account of the market and sector in which it operates. Policies, plans, objectives, and processes are developed and deployed to deliver the strategy. • Policy and Strategy are based on the present and future needs and expectations of stakeholders • Policy and Strategy are based on information from performance measurement, research, learning and external related activities • Policy and Strategy are developed, reviewed and updated • Policy and Strategy are communicated and deployed through a framework of key processes

EFQM-Befähiger	Definition & Bewertungsindikatoren (EFQM 2002)
Führung	Definition: Excellent Leaders develop and facilitate the achievement of the mission and vision. They develop organisational values and systems required for sustainable success and implement these via their actions and behaviours. During periods of change they retain a constancy of purpose. Where required, such leaders are able to change the direction of the organisation and inspire others to follow. • Leaders develop the mission, vision, values and ethics and are role models of a culture of Excellence • Leaders are personally involved in ensuring the organisation's management system is developed, implemented and continuously improved • Leaders interact with customers, partners and representatives of society • Leaders reinforce a culture of Excellence with the organisation's people • Leaders identify and champion organisational change

Erfolgt eine Beurteilung aller genanten Bereiche durch die RADAR Scoring Matrix® so kann ein Durchschnittswert gebildet werden. Dieser repräsentiert den Index des Kompetenzkapitals auf der organisationalen Ebene.

3 Kompetenzkapitalindex

Die Basis für den zu bildenden Kompetenzkapitalindex sehen wir in einer multiplikativen Verknüpfung von individuellen und organisationalen Kompetenzen. Anregungen für die multiplikative Verknüpfung fanden wir in den Betrachtungen zur Innovation in der Teamarbeit von Gebert (2004). Er arbeitete heraus, dass die Prozesse in Teams Barrieren für die erfolgreiche Umsetzung individueller Kompetenzen sein können. Umgekehrt können Prozesse nur dann erfolgreich genutzt werden, wenn die entsprechenden individuellen Ressourcen gegeben sind.
Danach ergibt sich ein Kompetenzkapitalindex (K_K) wie folgt:

$$K_K = K_I * K_O$$

mit
K_I = Index für individuelle Kompetenzen (Index aus Abweichung der angestrebten individuellen Kompetenzen zu den tatsächlich vorhandenen individuellen Kompetenzen im Unternehmen),
K_O = Index für organisationale Kompetenzen (Index aus Abweichung der angestrebten organisationalen Kompetenzen zu den tatsächlich vorhandenen organisationalen Kompetenzen im Unternehmen).

Zusammenfassend lässt sich die Vorgehensweise zur Ermittlung des Kompetenzkapitalindexes schematisch wie folgt darstellen.

Abbildung 4: **Ermittlung des Kompetenzkapitalindex**

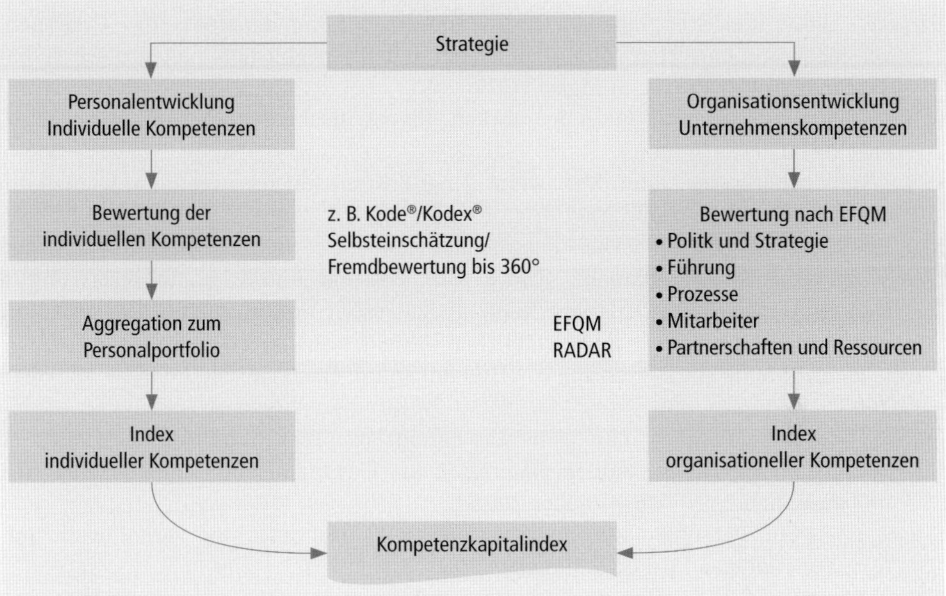

Quelle: Wilkens/Keller/Schmette 2006

Nur eine solche ganzheitliche Betrachtung aus Perspektive der Personal- und Organisationsentwicklung wird dem Anspruch eines Integrierten Kompetenzmanagements (IKM) gerecht. Der Kompetenzkapitalindex stellt somit das kulminierte Ergebnis der quantitativen Bewertung individueller und organisationaler Kompetenzen dar.

Literatur

Barthel, Erich; Gierig, Rauno; Kühn, Ilmhart-Wolfram: Humankapital in Unternehmen – Ansätze zur Bewertung. In: Hasebrook, Joachim; Zawacki-Richter, Olaf; Erpenbeck, John (Hrsg.): Kompetenzkapital – Verbindungen zwischen Kompetenzbilanzen und Humankapital. Frankfurt a. M. 2004, S. 75–96

Becker, Manfred: Personalentwicklung. Bildung, Förderung und Organisationsentwicklung in Theorie und Praxis (4. Aufl.). Stuttgart 2005

Berthel, Jürgen: Personal – Management: Grundzüge für Konzeptionen betrieblicher Personalarbeit (4th ed.). Stuttgart 1995

Ciupka, Dirk: Strategisches Personalmanagement und Führungskräfteentwicklung. Hamburg 1991

EFQM (2002): Das EFQM Modell für Business Excellence. – URL: http://www.deutsche-efqm.de/(Stand: 16.12.2003)

Erpenbeck, John; Heyse, Volker: Die Kompetenzbiographie – Strategien der Kompetenzentwicklung durch selbstorganisiertes Lernen und multimediale Kommunikation. Münster 1999

Erpenbeck, John; Rosenstiel, Lutz von (Hrsg.): Handbuch Kompetenzmessung – Erkennen, verstehen und bewerten von Kompetenzen in der betrieblichen, pädagogischen und psychologischen Praxis. Stuttgart 2003

Gebert, Diether: Innovation durch Teamarbeit. Eine kritische Bestandsaufnahme. Stuttgart 2004

Heyse, Volker; Erpenbeck, John; Max, Horst (Hrsg.): Kompetenzen erkennen, bilanzieren und entwickeln. Münster 2004

Klimecki, Rüdiger G.; Gmür, Markus: Personalmanagement. Stuttgart 2001

Pawlowsky, Peter; Menzel, Daniela; Wilkens, Uta: Wissens- und Kompetenzerfassung in Organisationen. In: Quem (Hrsg.): Kompetenzmessung im Unternehmen – Lernkultur und Kompetenzanalysen im betrieblichen Umfeld. Münster 2005, S. 341–451

Persch, Peter-Roman: Die Bewertung von Humankapital: eine kritische Analyse. München 2003

Odiorne, George S.: Strategic management of human resources. San Francisco 1984

Quem (Hrsg.): Kompetenzmessung im Unternehmen – Lernkultur und Kompetenzanalysen im betrieblichen Umfeld. Münster 2005

Scholz, Christian: Personalmanagement: informationsorientierte und verhaltenstheoretische Grundlagen (3rd ed.). München 1993

Scholz, Christian; Stein, Volker; Bechtel, Roman: Human Capital Management. Wege aus der Unverbindlichkeit (2. Aufl.). München 2006

Schreyögg, Georg; Kliesch, Martina: Rahmenbedingungen für die Entwicklung Organisationaler Kompetenz (No. 48). QUEM-Materialien. Berlin 2003

Wollersheim, Jutta; Zawacki-Richter, Olaf; Barthel, Erich: Management organisationaler Kompetenzen. In: Barthel, Erich; Erpenbeck, John; Hasebrook, Joachim; Zawacki-Richter, Olaf (Hrsg.): Kompetenzkapital heute. Wege zum Integrierten Kompetenzmanagement. Frankfurt am Main 2007, S. 193–230

Zink, Klaus J.: TQM als integratives Managementkonzept. Das EFQM Excellence Modell und seine Umsetzung. München 2004

Autoren

Prof. Dr. Erich Barthel
Frankfurt School of Research and Management
Management Research Centre
Prodekan und Professor für Unternehmenskultur und Personalführung
Sonnemannstraße 9–11
60314 Frankfurt am Main
Tel.: 069/154008207
Fax: 069/1540084207
e.barthel@frankfurt-school.de

Thomas Mattes
Frankfurt School of Research and Management
Gastwissenschaftler
Management Research Centre
Sonnemannstraße 9–11
60314 Frankfurt am Main
t.mattes@frankfurt-school.de

Dr. Olaf Zawacki-Richter
FernUniversität Hagen
Vertretung des Lehrstuhls für Bildungstechnologie
Universitätsstraße 11 (TGZ)
58084 Hagen
Tel.: 02331/9872982
Fax: 02331/9874891
olaf.zawacki-richter@fernuni-hagen.de

III. Kompetenz und Lernort Betrieb

Barbara Burger, Andreas Saniter

Zertifizierung beruflicher Handlungskompetenzen im betrieblichen Kontext – Probleme der Operationalisierung und erste Lösungsansätze aus dem Modellversuch Move Pro Europe

Abstract

Der Kompetenzbegriff, wiewohl in der Berufs- und Wirtschaftspädagogik bereits seit Jahrzehnten etabliert, findet über den Umweg der Large-Scale-Studies in der Allgemeinbildung mittlerweile auch im betrieblichen Kontext in der Gestaltung und Bilanzierung von Bildungsabschnitten Berücksichtigung. Ein Berufsbildungs-PISA wurde auf den Weg gebracht, nachdem die Initiative von Achtenhagen und Baethge, initiiert vom BMBF und betreut durch die DFG bzw. das DIPF Zweifel daran aufkommen ließ, ob die methodologischen Standards der TIMSS- und PISA-Untersuchungen in einem Berufsbildungs-PISA zu halten sein würden. Aus unseren Erfahrungen möchten wir festhalten: Auch wenn eine Orientierung an Fähigkeiten, die über – einfach abprüfbare – Fertigkeiten hinausgehen, natürlich prinzipiell sehr wünschenswert ist, gilt es zu beachten, das Kind nicht mit dem Bade auszuschütten. In unseren Augen gehen sowohl Ansätze, die eine Elementarisierung und damit eine exakte, statistisch belastbare Messbarkeit implizieren (Psychometrie) als auch Ansätze, die den Kontext (zu) weit ausblenden (Schlüsselkompetenzen) jeweils am Kern der Sache vorbei. Basierend auf den Erfahrungen aus über drei Jahren eines Wirtschaftsmodellversuchs, insbesondere der Erkenntnis, dass zu abstrakt gehaltene Instrumente bei der Verbreitung an der Basis diffundieren, schlagen wir eine Methode vor, die sich konsequent an den Bedürfnissen und Fähigkeiten der unmittelbar betroffenen Akteure orientiert – und die eigentliche Kompetenzbezogenheit des vorgeschlagenen Instruments von der Dimension der Formulierung in die Dimension der Beurteilung verschiebt.

1 Hintergrund

Dieser Beitrag ist, wie auch bereits der Vortrag auf der AGBFN-Tagung in Nürnberg, ein mittelbares Produkt des BMBF-geförderten und BIBB-betreuten betrieblichen Modellversuchs (MV) Move Pro Europe aus der Schwerpunktreihe Prozessorientierung in der dualen Erstausbildung. Durchführungsträger dieses von September 2004 bis August 2008 laufenden Projekts ist die EADS Deutschland GmbH, die wissenschaftliche

Begleitung liegt beim Institut Technik und Bildung (ITB) der Uni Bremen. Der Modellversuch verfolgt das Hauptziel, die fachliche Kompetenzentwicklung und berufliche Identitätsbildung der Auszubildenden durch eine lernförderliche Reihung und Gestaltung der betrieblichen Lernstationen zu gewährleisten bzw. zu erhöhen. Zu Beginn des Modellversuchs wurden durch den Durchführungsträger in Hinblick auf die eigene Ausbildungspraxis und berufsbildungspolitische Leitlinien sechs Unterziele formuliert, von denen uns eines direkt auf das hier behandelte Thema führt: Der Modellversuch strebt an, Transparenz über die vorhandenen Kompetenzen zu schaffen.

Dieses Unterziel speist sich aus zwei Fragestellungen. Mit Bestehen der Kammerprüfungen erlangt der Auszubildende einen Qualifikationsnachweis, der ihm bestätigt, was er darf. Schon allein aus Zeit- bzw. Kapazitätsgründen kann und muss er bei der Prüfung nur einen Bruchteil seiner beruflichen Handlungskompetenz durch Handlungen und Sprechhandlungen nachweisen – offen bleibt die Frage:

Über welche Kompetenzen verfügt ein Auszubildender am Ende seiner Ausbildung?

Die zweite, weiterführende Fragestellung greift den zunehmenden Legitimationsdruck auf, dem sich das deutsche duale System auf europäischer Ebene ausgesetzt sieht. Es gilt, den vermuteten Mehrwert, den eine duale, prozessorientierte Ausbildung gegenüber schulischen oder modularen Systemen bietet, fassbar zu machen und transparent zu beschreiben, um in den systemischen Diskussionen empirische Befunde vorlegen zu können. Dies führt zur Frage:

Wie lassen sich diese Kompetenzen beschreiben und nachweisen?

Ein weiterer Pfad zur Entwicklung eines Instruments zur Kompetenztransparenz ergab sich im Verlauf des Modellversuchs aus der konkreten Arbeit in den beteiligten Betrieben. Die im Kontext der „Theorie und Praxis der Kompetenzfeststellung im Betrieb" wesentlichen, zum Zeitpunkt der Erstellung dieses Beitrags bereits abgeschlossenen Arbeitspakete und die daraus resultierenden Schlüsse werden im Folgenden kurz skizziert.

Der erste Arbeitsschritt bestand in der Ermittlung der Beruflichen Arbeitsaufgaben (BAG) der beiden beteiligten Berufe Fluggerätmechaniker und Elektroniker für luftfahrttechnische Systeme. Methodisch erfolgte dies mittels Experten-Facharbeiter-Workshops (vgl. z. B. Kleiner 2004) an den fünf beteiligten Standorten Augsburg, Bremen, Hamburg, Manching und Nordenham. In semistrukturierten Gesprächen mit jeweils 10–15 erfahrenen Facharbeitern wurden deren wesentliche Arbeitsaufgaben erhoben und in berufsspezifischen BAG-Listen (Bezeichnungen und Beispiel in Anhang 1) zusammengefasst. Diese Listen wurden jeweils mit den beteiligten Facharbeitern und Führungskräften der teilnehmenden Standorte in erneuten Workshops sowie in Schriftform durch weitere ca. 100 Betriebe der Luftfahrtbranche validiert. Sie bilden somit eine solide Basis des Anforderungsprofils an die moderne Facharbeit beider Berufe im Fluggerätebau – ohne bereits Aussagen über den Erwerb der relevanten Fähigkeiten oder die im Einzelnen benötigten Kompetenzen zu treffen.

Unter anderem um diesen hohen Aggregations- bzw. Abstraktionsgrad zu reduzieren, haben wir die Bauplätze der an dem Modellversuch teilnehmenden Werke den BAG zugeordnet und diese bezüglich ihrer konkreten Ausgestaltung und Lernhaltigkeit untersucht. Methodisch haben wir uns dabei an der BAG-Analyse (Haasler 2004) orientiert, diese jedoch zur Lernstationsanalyse (LSA) weiterentwickelt. Ein Ausschnitt der Dokumentation einer dieser Analysen findet sich in Anhang 2. Eine der unmittelbaren Erfahrungen, und somit der zweite Anlass, das Thema der Kompetenzfeststellung verstärkt in den Fokus zu nehmen, war, dass viele an der Ausbildung in den Werkshallen Beteiligte (Ausbildungsbeauftragte: ABB) den Wunsch nach einem Ausbildungspass o. Ä. äußerten, in dem ihnen die bisher erworbenen Kompetenzen der Auszubildenden (ob in der Lehrwerkstatt oder in den Hallen) transparent dargestellt seien. Hauptergebnis der Analysen war, dass aufgrund der größtenteils manufakturähnlichen Produktionsweise sämtliche Lernstationen ein hohes Lernpotential aufweisen – nun gilt es zu gewährleisten, dass dieses auch genutzt wird.

Unmittelbare Folge und Ziel der Lernstationsanalysen war die Entwicklung eines optimierten, lernförderlichen Durchlaufplans für die betrieblichen Lernstationen in gemeinsamen Workshops der jeweils beteiligten Ausbilder mit der wissenschaftlichen Begleitung. Durch die Orientierung an den Beruflichen Arbeitsaufgaben stand hier eine enge Verknüpfung von zusammengehörenden Lerninhalten im Vordergrund – so konnten beispielsweise die Zeiträume zwischen den vorbereitenden Lehrgängen in der Lehrwerkstatt und den sich auf die dort vermittelten Inhalte beziehenden betrieblichen Einsätzen erheblich reduziert werden. Diese optimierten Durchlaufpläne bilden jedoch nur die Papierlage ab, in der Ausbildungspraxis können sie aufgrund betrieblicher Abläufe und auch der schieren Anzahl der Auszubildenden (der Standort Airbus Hamburg bildet alleine für den Beruf Fluggerätmechaniker über 100 Jugendliche pro Jahr aus) nur annähernd realisiert werden. Das bedeutet aber auch, dass die Kompetenzentwicklung der Individuen noch nicht einmal angebotsseitig synchron gefördert und damit verlaufen kann – während ein Auszubildender sich beispielsweise bereits zu einem kompetenten Mitarbeiter in der Struktur entwickelt hat, ist ein anderer in den gleichen Zeiträumen schwerpunktmäßig in der Flugzeugausrüstung beschäftigt gewesen. Eine erfolgreiche, den Ausbildungsverlauf eng begleitende Kompetenzbilanzierung kann also drittens als Steuerungsinstrument der Durchlaufplanung für die Ausbilder dienen.

Viertens schließlich verfolgen wir intensiv die Diskussionen über ein eventuelles „Berufsbildungs-PISA", wenn auch weder die Gesellschaften der EADS in Deutschland noch das ITB der Uni Bremen an diesem Projekt aktiv beteiligt sind. Dort wird, wie in den allgemeinbildenden Large-Scale-Assessments, angestrebt, die Leistungsfähigkeit von Bildungssystemen über die Performanz von Lernenden bei der Bearbeitung von Aufgaben zu kompetenzbasierten Standards zu vergleichen bzw. zu beurteilen. In unseren Augen bedingt die Auswahl und Formulierung der Standards die Art der Aufgaben und präjudiziert die Ergebnisse. So teilen wir die im Positionspapier des Bildungsausschusses des Kuratoriums der deutschen Wirtschaft für Berufsbildung (KWB) geäußerten Bedenken bezüglich der Auswahl beruflicher Standards:

> *„Die Wirtschaft befürchtet vielmehr, dass das vorgeschlagene Instrumentarium (...) eindeutig darauf abzielt, wissensbezogene Kompetenzdimensionen in den Vordergrund zu rücken." (KWB 2007)*

In diesem Papier stellt das Kuratorium einen Katalog an Kriterien zusammen, deren Erfüllung Voraussetzung für die Teilnahme an dem Projekt sein sollten. Zuvorderst wird verlangt:

> *„Die angewandten Kompetenzfeststellungsinstrumente müssen berufliche Handlungsfähigkeit angemessen berücksichtigen und erfassen" (ebd.).*

Auch dieser Forderung können wir uns nur anschließen, nicht jedoch ohne erneut zu betonen, dass die Formulierung der Standards die „Kompetenzfeststellungsinstrumente" bestimmt. Abschließend sei noch ergänzt, dass der ungebrochene Trend zur Elementarisierung der Kompetenz und zur „Vermessung des Geistes" (Psychometrik) auch in der Allgemeinbildung zunehmend kritisch hinterfragt wird. So konstatieren die Naturwissenschaftsdidaktiker Schecker und Parchmann:

> „Ein psychometrisch optimales Item lässt sich einer *ganz bestimmten Zelle* der Kompetenzmatrix zuordnen." (Schecker/Parchmann 2006, S. 52)

Im Folgenden weisen die Autoren jedoch auf die Diskrepanz zwischen derartigen Items und nach Erkenntnissen der Lehr- und Lernforschung formulierten komplexen, lernhaltigen Aufgaben hin – um somit implizit die Frage aufzuwerfen, ob denn das, was die Psychometriker mit größter Genauigkeit vermessen, auch dem entspricht, was Allgemeinbildung (nicht: -wissen!) ausmacht.

2 Kompetenz, die wir meinen

Wohl kaum ein Begriff bestimmt die aktuellen Diskussionen und Veröffentlichungen in der Bildungsforschung in einem nur annähernd vergleichbaren Maße wie der der Kompetenz. So soll an dieser Stelle keinesfalls der Eindruck oder Anspruch einer

Begriffsklärung geweckt werden – wir werden nur kurz den in unserem Zusammenhang relevanten Bedeutungszusammenhang darlegen. Wie in der Literatur zumeist üblich, verorten auch wir die Kompetenz auf der Ebene der Dispositionen, der nicht angeborenen, also lernbaren (und verlernbaren) Fähigkeiten. Wir möchten aber ergänzen, dass in unseren Augen die in der breiten Öffentlichkeit wohl bekannteste Bestimmung aus der sog. Klieme-Expertise zu kurz greift, da sie Kompetenzen auf kognitive Dispositionen reduziert:

> *„In Übereinstimmung mit Weinert (2001, S. 27f.) verstehen wir unter Kompetenzen die bei Individuen verfügbaren oder von ihnen erlernbaren kognitiven Fähigkeiten und Fertigkeiten, bestimmte Probleme zu lösen, sowie die damit verbundenen motivationalen, volitionalen und sozialen Bereitschaften und Fähigkeiten, die Problemlösungen in variablen Situationen erfolgreich und verantwortungsvoll nutzen zu können." (Klieme u. a. 2003, S. 72)*

Neben dieser Beschränkung, d. h. der Vernachlässigung von Handlungsdispositionen, die ja prinzipiell ergänzbar wären, ist jedoch die angestrebte hochgradige Spezifizierung – die dann zu den oben bereits zitierten kleinteiligen Items und entsprechenden Kompetenzbits führt – nicht in die Berufsbildungsforschung zu übertragen: Ist das Ziel einer Ausbildung die Fähigkeit zur vollständigen Handlung in komplexen Situationen (z. B. Hacker 1998), so kann diese nicht mit schmalen Items gemessen werden.

Auf der anderen Seite gilt es jedoch auch Abstand zu den Schlüsselqualifikationen zu halten – im Gegensatz zu Erpenbeck und von Rosenstiel (Erpenbeck/von Rosenstiel 2003, S. XI), die von Selbstorganisationsdispositionen sprechen und die (kontextfreien) Schlüsselqualifikationen explizit als Kompetenzen in ihrem Sinne bezeichnen, stellen wir den Kontext der berufsförmig organisierten Facharbeit in den Vordergrund. Ob ein Auszubildender Teamfähigkeit o. Ä. im Allgemeinen aufweist oder nicht, für die vollständige Arbeitshandlung ist ausschließlich von Belang, dass er bei allen konkreten, einem Kompetenzfeld zuordbaren Arbeitsaufträgen ein verlässlicher Kollege ist – in diesem Sinne sprechen wir also eher mit Bremer von Kompetenz als Disposition zur Selbstoperationalisierung (Bremer 2005, S. 290).

3 Dimensionen der Kompetenzfeststellung

Unterhalb der eben skizzierten grundsätzlichen konzeptionellen Verständnisunterschiede gibt es eine Reihe an Dimensionen, die es bei der Kompetenzfeststellung generell zu berücksichtigen gilt. Außer dem zentralen (in Zeiten, in denen von lernenden Organisationen oder Kompetenzportfolios von Abteilungen gesprochen wird, nicht so banalen) Aspekt, wessen Kompetenzen erfasst und transparent dargestellt werden sollen, sind mindestens folgende weitere Fragen zu beantworten:

- **Für wen** sollen Handlungskompetenzen transparent werden?
  Mögliche Adressaten wären z. B. die Lernenden selbst, Ausbilder (AB) und betriebliche Ausbildungsbeauftragte (ABB), Personalabteilungen, nationale und internationale Institutionen der Berufsbildung (BIBB, IHK, Hochschulen) oder das nationale und internationale Beschäftigungssystem. Eine Positionierung bezüglich dieser Frage hat unmittelbare Folgen für die Formulierung der Kompetenzen (Grad der Fachlichkeit und der Abstraktion).
- **Wie** werden Kompetenzen **erhoben?**
  Erhebungsinstrumente oder -Verfahren könnten beispielsweise sein: Fragebogen, Beobachtung und Gespräch, Testaufgaben, praktische Arbeitsaufgaben. Bei dieser Frage gilt es, einen vertretbaren Mittelweg zwischen Aufwand der Erhebung und Qualität der Aussagen zu finden. So kann bei großen Fallzahlen (Large-Scale-Studies) die Kompetenz sicher nicht in gleichem Maße aufgeschlüsselt und beschrieben werden wie in qualitativen Einzelfallstudien – bei denen dann wiederum Zweifel an der Repräsentativität legitim werden.
- Wie werden Kompetenzen **beurteilt?**
  Denkbar wären eine einfache positive oder negative Bestätigung des Vorhandenseins der Kompetenz, quantitative sowie qualitativ-deskriptive oder qualitativ-performanzorientierte Aussagen zur Kompetenz. Eine reine Ja/Nein- oder quantitative Skala erhöht zwar die Übersichtlichkeit, reduziert aber die Aussagekraft beträchtlich. Die Definition und Interpretation dessen, was 100 % entspräche (ein Experte in dem Gebiet, ein guter Auszubildender?) sowie die Entscheidung, wann die Schwelle zum „Ja“ überschritten wäre, sind kaum objektiv zu treffen. Von daher halten wir qualitative Skalen trotz ihrer (offensichtlichen) Subjektivität für aussagekräftiger. Wir unterscheiden in zwei Arten: Auf der einen Seite qualitativ-deskriptive Skalen (vgl. z. B. Markowitsch u. a. 2006), in denen der Grad der Kompetenz anhand der Schwierigkeit der Aufgaben unterschieden wird, z. B. von „einfach planmäßig“, über „notwendige Anpassungen vornehmen“ und „Vorbeugung treffen“ bis zu „neue Verfahren entwickeln“. Auf der anderen Seite qualitativ-performanzorientierte Verfahren, bei denen als fester Bezugspunkt die komplette, fachmännische Ausführung der komplexen Handlung steht. Die Beschreibung des Kompetenzgrades erfolgt dann in Relation zu diesem Bezugspunkt, d. h., es wird unterschieden, ob ein Lernender eine Arbeitshandlung „nur beobachtet“ hat, „unter Anleitung mitgearbeitet“, „unter Aufsicht gearbeitet“ oder „selbstständig gearbeitet“ hat.

- Auf welcher **Abstraktionsebene** sollten Handlungskompetenzen gefasst werden?

Dieser in unseren Augen zentralen Frage ist das nächste Unterkapitel gewidmet.

4 Ebene der Kompetenzfeststellung

In Abb. 1 sind die denkbaren Ebenen der Kompetenzfeststellung visualisiert. Die Graphik beinhaltet auf der y-Achse zwei Dimensionen: sowohl (monoton steigend) den Abstraktionsgrad als auch die (uneinheitliche) Spezifität. Während die obersten beiden (Berufliche Handlungskompetenz und Berufliche Arbeitsaufgaben) sowie die untersten beiden (Wissen/Fertigkeiten und Arbeitsschritte) Ebenen allgemein zu verstehen sind, zeichnen sich die dazwischenliegenden (Arbeitsprozesse an Lernstationen (LS) und Arbeitsvorgänge (Takte)) durch ihre je Bauplatz ausgeprägte Spezifität aus.

Abbildung 1: **Mögliche Ebenen der Feststellung. BAG: Berufliche Arbeitsaufgaben; LS: Lernstation**

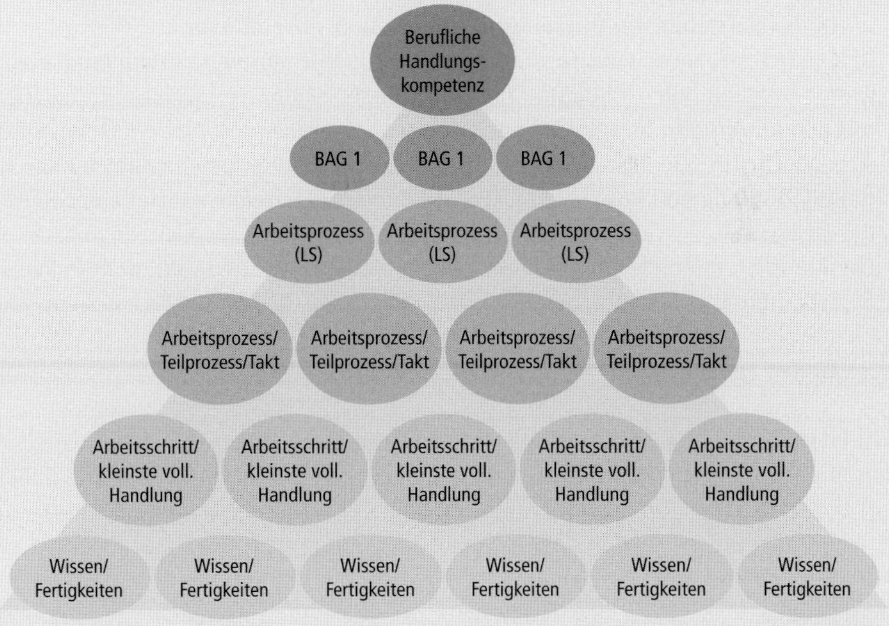

Quelle: Eigene Darstellung

Basierend auf dieser Graphik sind wir zu folgenden Thesen gelangt:

1. Theoretisch ließen sich alle der in Abb. 1 dargestellten Ebenen zur Feststellung von Kompetenz nutzen (mit Ausnahme der untersten Ebene, dort würde es schwerfallen, von Kompetenz zu sprechen).
2. Die zur Visualisierung verwendeten Ellipsen sind weder als Bausteine zu verstehen noch summativ (im Sinne von x Arbeitsschritte ergeben einen Arbeitsvorgang) und auch nicht linear in dem Sinne, dass sich Teilbereiche (Module) abtrennen ließen. Die Ebenen stehen in relationalen (nicht funktionalen) Verhältnissen. Die jeweilige Beherrschung einiger der Elemente der jeweils unteren Ebene ist eine notwendige, nicht jedoch hinreichende Bedingung für die jeweils nächsthöhere Ebene.
3. Berufliche Handlungskompetenz als ganzheitliches Konstrukt lässt sich unterhalb der Ebene der Beruflichen Arbeitsaufgaben (Klassen funktional gleicher, strukturell ähnlicher Arbeitsaufgaben, vgl. Anhang 1) nicht mehr sinnvoll erfassen.
4. Ein Kompetenznachweis auf der Ebene der Beruflichen Arbeitsaufgaben wäre daher inhaltlich wünschenswert, ist aber aufgrund der Abstraktheit und Komplexität der BAG und der erforderlichen Konkretisierung eines Nachweisinstrumentes in der betrieblichen Praxis nicht unmittelbar durchführbar.
5. Arbeits(teil)prozesse sind in ihrer Spezifität zur Kompetenzfeststellung nur begrenzt tauglich, zur Erzeugung von Transparenz für Adressaten untauglich, die mit den konkreten, bauplatzspezifischen Arbeitsprozessen nicht vertraut sind.
6. Arbeitsschritte wie z. B. vollständiges Einrichten eines Arbeitsplatzes oder Nieten unabhängig von konkretem Niet und zu verfügendem Material einschließlich der Organisation und der Qualitätssicherung böten sich als kleinste vollständige Handlungen, die nicht an konkrete Arbeitsplätze gebunden und nicht in Wissen, Fertigkeiten und Kompetenz differenziert sind, zur Kompetenzfeststellung an.

5 Unser Instrument

In Abbildung 2 ist der Entwurf für den Kompetenznachweis zur BAG 1 (vgl. Anhang 1) dokumentiert. Dazu haben wir in den einzelnen EADS-Werken alle Arbeitsschritte der Abteilungen, deren Tätigkeiten schwerpunktmäßig der BAG 1 zugeordnet werden konnten, in der linken Spalte aufgeführt. Als Ergebnis entstand eine Liste aller zu einer BAG gehörenden, in den Werken der EADS vorkommenden Arbeitsschritte (Vereinigung der Teilmengen der jeweiligen Standortergebnisse). Die identifizierten Arbeitsschritte sind weitergehend detailliert und auf der Ebene der zur vollständigen Handlung nötigen Fertigkeiten und Wissensaspekte beschrieben (s. unterste Ebene in Abb. 1). Die Beschreibung auf dieser Detaillierungsstufe ist im

Kompetenznachweis normalerweise nicht sichtbar, da den Akteuren bekannt. Falls Interesse oder die Notwendigkeit besteht, sich über diese unterste Abstraktionsstufe Klarheit zu verschaffen, können diese Details eingeblendet werden. Am Beispiel des Arbeitsschritts „Bauteile mithilfe von ACB-/ABB-Presse (Gummikoffer-/Blasenpresse) umformen" haben wir diese Einträge offengelegt. Hier wird deutlich, dass die Arbeitsschritte entgegen ihrer knappen und tätigkeitsorientierten Formulierung jeweils eine vollständige Handlung mitsamt des hierzu notwendigen Wissens und der jeweiligen fachübergreifenden (Schlüssel-)Kompetenzen umfassen.

Der Einsatz des Kompetenznachweis-Instruments ist durch folgende wesentliche Elemente gekennzeichnet: Die für den jeweiligen Ausbildungsabschnitt Verantwortlichen (d. h. die Ausbilder in der Ausbildungswerkstatt oder im Labor bzw. die betrieblichen Ausbildungsbeauftragten in den Fachabteilungen) geben ihre Beurteilung der Handlungskompetenz des Auszubildenden in Relation zur Facharbeit ab. Die gewählte 4-stufige Skala repräsentiert die verschiedenen Formen der Mitarbeit innerhalb der Praxisgemeinschaft der Facharbeiter und damit das Zutrauen in einen potentiellen zukünftigen Kollegen. Jedem Arbeitsschritt sind mehrere Zeilen zugeordnet, um die mehrmalige Mitarbeit an den jeweiligen Arbeitsschritten und damit die Lernfortschritte und Kompetenzentwicklung in einem Dokument darstellen zu können.

Über die Angabe der jeweiligen Abteilung, in der die Arbeitsschritte beurteilt wurden, und das Bestätigungsdatum erschließen sich dem Ausbilder, der den Auszubildenden über dessen gesamte Ausbildung begleitet, aber ggf. auch einem Ausbildungsbeauftragten in einer späteren Abteilung, die genaueren Lernumstände. So wird z. B. transparent, dass die einzige Begegnung eines Auszubildenden mit einem Arbeitsschritt schon viele Monate zurückliegt und noch dazu in einer Abteilung stattgefunden hat, in der nur einfache Varianten eines Arbeitsschritts vorkommen. Mit diesen Informationen kann der anstehende Abteilungseinsatz, in dem der gleiche Arbeitsschritt ebenfalls vorkommt, genau auf die Lernvoraussetzungen des Jugendlichen abgestimmt werden.

Entscheidendes Moment dieses Instrumentes ist, dass der Nachweis und damit die Verantwortung für eine Kompetenzbescheinigung in die jeweilige Praxisgemeinschaft verlagert ist, d. h. keine künstlichen Prüfungssituationen mit externen Verantwortlichen stattfinden. Der jeweilige Facharbeiter bestätigt mit seiner Unterschrift die Qualität der Mitarbeit des Auszubildenden.

Im vorigen Abschnitt (These 3) haben wir jedoch behauptet, dass es unterhalb der Beruflichen Arbeitsaufgaben keinen Sinn macht, von beruflicher Handlungskompetenz zu sprechen und (in These 2), dass es keine summative Zusammensetzung höherer Elemente aus Bestandteilen niedriger Ebenen gibt, d. h. sich eine Verwendung obigen Bogens als Laufzettel (im Sinne von: alle Unterschriften gesammelt bedeutet die BAG bestanden) verbietet. In unserem Vorschlag kommen an diesem Punkt die Ausbilder mit ihrer pädagogischen Expertise und die Qualitätsbeauftragten als betriebliche Zertifizierungsberechtigte ins Spiel: Stellen diese fest, dass der Kompetenznachweisbogen einem Auszubildenden bescheinigt, einen Großteil der Arbeitsschritte zu einer BAG mindestens „unter Aufsicht bearbeiten" zu können, kann der Auszubildende ein „BAG-Zertifikat" erlangen. Dazu muss er einen für diese Arbeitsaufgabe charakteristischen Arbeitsauftrag selbstständig durchführen und sich sowohl im Arbeitsprozess als auch im Arbeitsprodukt einer gemeinsamen Bewertung des Abteilungsausbildungsbeauftragten und des Ausbilders stellen. Im Falle der BAG 1 könnte dies dadurch geschehen, dass ein Auszubildender alle für die Erstellung eines Bauteils notwendigen Arbeitsschritte zusammenhängend durchführt. Der Auszubildende „begleitet" ein Werkstück von der Programmierung der Fräsmaschine bis zur abschließenden Nachbearbeitung und Qualitätssicherung und wird dabei seinerseits von Ausbilder und/oder Ausbildungsbeauftragtem und/oder Qualitätsbeauftragtem begleitet. Diese Zertifikate bleiben in der Verfügung des Auszubildenden mit Einsichtsmöglichkeit des Ausbilders – sie sollen nicht die Kammerprüfungen ersetzen oder auch nur in die Bewertung mit einfließen.

Nach Abschluss der Ausbildung besteht die Möglichkeit eines doppelten Mehrwerts: Auf der einen Seite können die Zertifikate firmenintern als Nachweis der Befähigung zu den jeweils entsprechenden Arbeitsaufgaben Verwendung finden – der Einarbeitungs- und Zertifizierungsaufwand (z. B. für Tätigkeiten, die unternehmensintern eine spezielle persönliche Zertifizierung verlangen) wird reduziert und der Einsatz bei anspruchsvollen Aufgaben kann schneller stattfinden[1].

Auf der anderen Seite ermöglicht dieses Instrument Transparenz bei Bewerbungen auf dem Arbeitsmarkt: Bewirbt sich ein Facharbeiter, der in der Fluggerätproduktion gelernt hat, auf eine Instandhaltungsstelle bei einer Fluggesellschaft, so ist der Facharbeiterbrief sicher eine notwendige Voraussetzung – die Personalverantwortlichen interessiert aber möglicherweise weniger, was der Kandidat bei der sehr eng zugeschnittenen Aufgabe in der Abschlussprüfung geleistet hat, sondern vielmehr, welche Kompetenzen er in anderen Tätigkeitsbereichen beispielsweise in der BAG 6 (Funktionsprüfungen und Einstellarbeiten am Fluggerät) erworben hat und gut nachvollziehbar belegen kann.

1 Bei Airbus wird mit dem „Häusermodell" gearbeitet, einer elaborierten Darstellung der Befähigungen eines Individuums und der Notwendigkeiten für einen Arbeitsplatz. Zurzeit verlässt ein Auszubildender die Ausbildung „blank", d. h. mit leerem Haus. Die einzelnen Befähigungen sind in nachgelagerten Schulungen zu erwerben.

Abbildung 2: **Kompetenznachweisbogen zur BAG 1**

Kompetenznachweis zur BAG1: Herstellen von metallischen Bauteilen für Fluggeräte oder Bodengeräte								
Bezeichnung des Arbeitsschritts	**Bewertung**							
	Beobachtet	unter Anleitung mitgearbeitet	unter Aufsicht gearbeitet	Selbstständig gearbeitet		Abt.	Datum	Unterschrift
Bauteile mithilfe von NC-Maschinen bohren und fräsen								
Bauteile maschinell bzw. manuell entgraten								
Bauteile maschinell bzw. manuell kanten								
Bauteile mithilfe von ACB-/ABB-Pressen (Gummikoffer-/Blasenpresse) umformen								
Unterschiedliche Umformeigenschaften der Pressen (ABB/ACB) kennen.								
Verschiedenartige Umformkörper an beiden Pressen (Druckgräben; Ziehgräben; ...) verwenden.								
Beide Pressen auf- und abrüsten.								
Beurteilen, welche Teile in einem, welche in zwei Arbeitsgängen gepresst werden.								
Den Umformvorgang an den Pressen sachgerecht ausführen.								
An der Presse mit den Kollegen kooperieren, die einzelnen Arbeitsschritte mit den Kollegen abstimmen.								
Teile transportgerecht an den nächsten Arbeitsschritt übergeben.								
Bauteile runden								
Bauteile senken								
Bauteile wärmebehandeln								

Quelle: Projekt MOVE PRO EUROPE

6 Erfahrungen

Mit dem skizzierten Vorgehen zum Kompetenznachweis wurden im weiteren Verlauf des Modellversuchs folgende Erfahrungen gesammelt:

- Die Beschreibung von Kompetenzen auf der Ebene von Arbeitsschritten, d. h. kleinsten vollständigen Handlungen bereitet den Facharbeitern der jeweils untersuchten Arbeitsprozesse i. d. R. keine großen Schwierigkeiten. In einem von den Autoren moderierten Gesprächsprozess waren sie in der Lage, ihre Arbeitsaufgaben auf dieser Abstraktionsebene zu beschreiben und relevante Kriterien für eine qualitative Unterscheidung von Arbeitsschritten (z. B. nach eingesetztem Material oder Arbeitsverfahren) anzugeben.
- Die für die BAG jeweils passende Abstraktionsebene zur Beschreibung und Unterscheidung von Arbeitsschritten variierte. So wurde in den BAG, die die Wartung und Instandhaltung von Fluggeräten betreffen (BAG Nr. 8, 9 und 10 der Fluggerätmechaniker/-innen), eine höhere Abstraktionsebene für sinnvoll erachtete, da sonst die Zahl der zu unterscheidenden Arbeitsschritte unübersichtlich groß geworden wäre. Auch für komplexe BAG (z. B. die BAG 5 der Fluggerätmechaniker: Montage und Demontage von Geräten und Systemen in/an die Fluggerätzelle) wurde eine überschaubare Gesamtmenge an Arbeitsschritten genannt und als repräsentativ bewertet, sodass ein entsprechend gestaltetes Kompetenznachweisinstrument in der Arbeitspraxis handhabbar bleibt.
- Schwierigkeiten in der Definition von Arbeitsschritten ergaben sich jedoch bei der BAG 4 der Fluggerätmechaniker/-innen: Fügen und Lösen von Strukturbauteilen und Luftfahrzeugzellen. Da hier die Variationsmöglichkeiten von verschiedenen Materialien (Metall, Leichtmetall Verbundstoffe), Verbindungsarten (insbesondere Nietarten) und entsprechend einzusetzenden Werkzeugen sehr groß sind, war es schwierig, sich über Standorte hinweg auf eine relevante Auswahl und passende Abstraktionsebene zu einigen. Hier, wie auch bei den Arbeitsschritten in den BAG zur Instandhaltung, sollten ggf. konkret durchgeführte Aufgaben als illustrierende Beispiele der Kompetenzbeschreibung in ein Nachweissystem aufgenommen werden.
- Die performanzorientierte Bewertungsskala, wie sie in Abb. 2 sichtbar wird, entstammt einem Vorschlag aus dem EADS-Standort Manching. Sie stellt eine sehr allgemeine, d. h. breit einsetzbare Beschreibung der qualitativen Art und Weise der Mitarbeit an konkreten Arbeitsaufgaben dar. Die Formulierung der einzelnen Stufen bietet eine Bewertungsspanne vom absoluten Anfänger bis zum selbstständig arbeitenden Mitarbeiter. Im weiteren Modellversuchsverlauf regten Ausbildungsverantwortliche an, diese Skala aufgabenspezifischer zu formulieren. So werden z. B. einige Aufgaben von Facharbeitern nicht selbstständig

durchgeführt, weil sie speziell zertifizierten Mitarbeitern vorbehalten sind. Die Aufgaben „normaler" Facharbeiter beschränken sich hierbei auf unterstützende Mitarbeit. In solchen Fällen sollte die Skala entsprechend weniger Stufen umfassen. Grundsätzlich sollte die letzte Stufe der Skala dem Facharbeiterniveau entsprechend formuliert sein.

- Im Rahmen des Modellversuchs wurde ein Muster eines Kompetenznachweis-Instruments erarbeitet. Mustercharakter hat es insofern, als noch keine Regularien vereinbart wurden, wie das Instrument konkret einzusetzen und zu verwenden ist. Zu Modalitäten der Nutzung (wer, wann, in welcher Weise, wofür) können hier daher nur die im nächsten Abschnitt beschriebenen Vorschläge unterbreitet werden, Erfahrungen liegen zu dieser Frage noch nicht vor.
- Eine Abschätzung der Praxistauglichkeit des Instruments kann daher nur sehr vorsichtig formuliert werden. Es stimmt jedoch zuversichtlich, dass die Airbus-Standorte in Deutschland ihr Beurteilungs- und Fördersystem für Auszubildende nach den beschriebenen Prinzipien überarbeiten wollen. Insbesondere ist vorgesehen, die bisher bestehende quantitativ angelegte Beurteilungsskala (Prozentwerte von 0 % bis 100 % in Zehnerabstufungen) in die vorgeschlagene performanzorientierte Skala zu überführen und die Beschreibung der Lerninhalte in den Beurteilungsbogen zu überprüfen.
- Erprobung einer reduzierten Variante am Standort Hamburg: Im Zuge der Neuorganisation der Ausbildung in der Ausrüstungsmontage haben sich die beteiligten Ausbilder, Facharbeiter (Ausbildungsbeauftragten) und Meister auf die zur BAG 5 gehörenden – als Tätigkeit bezeichneten – Arbeitsschritte verständigt, die in den betreffenden Hallen relevant sind und dort gelernt werden können bzw. sollen (vgl. erste Spalte in Abb. 3).

Die explizite Aufführung des Wissens und der Fertigkeiten (unterste Ebene der Abb.1) in der Checkliste war nicht notwendig, da diese bereits in den Fertigungshandbüchern von Airbus Deutschland (80-T-Vorschriften) zusammengefasst sind. So werden in der zweiten Spalte nur Verweise auf die entsprechenden Vorschriften aufgeführt.

Integrativer Bestandteil der Neuorganisation der Ausbildung in der Hamburger Ausrüstungsmontage ist, dass die Auszubildenden gemeinsam mit dem Ausbildungsbeauftragten aus dem Fachbereich bestimmen, wie lange sie an einem Bauplatz lernen. So konnte auf die abgestufte qualitativ-performanzorientierte Bestätigung verzichtet werden, da die Auszubildenden so lange und intensiv arbeiten, bis sie die Tätigkeit selbstständig durchführen können. Dieses wird in der 3. Spalte durch den Ausbildungsbeauftragten bestätigt.

Abbildung 3: **Checkliste des Standortes Hamburg für die Ausrüstungsmontage**

Checkliste für Tätigkeitsnachweise **Name/Auszubildender:** ____________________

Prozessorientierte Ausbildung in der Ausrüstungsmontage

Tätigkeit	BO-T-Anweisung	Datum, Unterschrift Ausbildungsbeauftragter	Datum, Unterschrift Meyer/Reimer
Sichern mit Splinten	BO-T-34-3014		
Sichern mit Draht	BO-T-34-3011		
Elektrische Verkabelung	BO-T-40-0101		
Montage v. Rohren d. Klimaanlage	BO-T-34-0107		
Herstellen von Masseverbindungen	BO-T-40-3312		
Einbau v. Schlauch- u. Rohrleitungen	BO-T-34-0109		
Anziehen v. Schrauben u. Muttern	BO-T-34-3050		
Kennzeichnen v. definiert angezogenen Schraubverbindungen	BO-T-34-3006		
Geräteanhänger	CT 176		

Halle 261

	KW 36	KW 37	KW 38	KW 39	KW 40	KW 41
	1 2 3 4 5	8 9 10 11 12	15 16 17 18 19	22 23 24 25 26	29 30 1 2 3	6 7 8 9 10
	Bpl 52 LD	Bpl 52 LD	Bpl 52 LD	Bpl 52 LD	Bpl 62 UD	Bpl 62 UD

KW 42	KW 43	KW 44	KW 45	KW 46	KW 47	KW 48
13 14 15 16 17	20 21 22 23 24	27 28 29 30 31	3 4 5 6 7	10 11 12 13 14	17 18 19 20 21	24 25 26 27 28
Bpl 62 UD	Bpl 62 UD	T	Bpl 66 LD	Bpl 66 LD	Bpl 66 LD	Bpl 66 LD

Quelle: Projekt MOVE PRO EUROPE

In der 4. Spalte bestätigen die die Versetzung organisierenden Ausbilder schließlich, dass die assoziierten Lehrgänge und evtl. notwendige Lernschleifen erfolgreich durchgeführt wurden.

Als Steuerungsinstrument hat sich die Hamburger Checkliste bewährt, Vergleichbares wird auch für die Strukturmontage (BAG 4 der Fluggerätmechaniker) sowie für zentrale BAG der Elektroniker für luftfahrttechnische Systeme erstellt.

Noch offen ist die Frage, in welcher Form die durch den vollständig unterschriebenen Bogen bestätigte Beherrschung der Arbeitsschritte der jeweiligen BAG auch in das Airbus-eigene Zertifizierungsmodell (Häusermodell, s. Fußnote [1]) übernommen werden kann. Aktuell (Stand: Ende 2008) laufen bezüglich dieser Frage Gespräche zwischen den Ausbildern und der für die Zertifizierung verantwortlichen Qualitätssicherung.

7 Zusammenfassung und Ausblick

In Tabelle 1 haben wir die in Abschnitt 3 aufgeworfenen Dimensionen noch einmal übersichtlich dargestellt. In den Spalten 2–4 sind mögliche Ausprägungen eingetragen, diese erheben jedoch keinen Anspruch auf allgemeine Vollständigkeit, d. h., es wären theoretisch weitere Adressaten einer Kompetenzfeststellung möglich.

Eine erste Einsatzvariante unseres Modells (der erste Schritt im unter Abschnitt 5 beschriebenen Verfahren) ist in der Tabelle hellgrau markiert: Es geht hierbei darum, die Kompetenz von Auszubildenden für die unmittelbar an der Ausbildung Beteiligten (Ausbilder (AB), Auszubildende und betriebliches Ausbildungspersonal) im Rahmen eines firmeninternen Zertifizierungsmodells transparent darzustellen. Als Abstraktionsebene haben wir hierbei die Arbeitsschritte gewählt, da diese einerseits von den jeweiligen Facharbeitern umfassend beurteilt werden können und andererseits noch keine produkt- oder prozessspezifischen Eigenheiten aufweisen. Die Erhebung schließlich erfolgt mittels Beobachtung und ergänzenden Gesprächen, die in eine qualitativ-performanzorientierte Beurteilung münden.

Tabelle 1: **Einordnung unseres Modells in die Dimensionen der Kompetenzfeststellung**

Dimension der Kompetenzfeststellung	**Mögliche Ausprägung**			
Adressat	AB/Azubi	ABB	Firma	Berufsbildungsinstitutionen
Ebene	BAG	Prozess	Vorgang	Schritt
Erhebung	Fragebogen	Beobachtung	Test	Praktische Aufgabe
Beurteilung	Ja/Nein	Quantitativ	Qualitativ-deskriptiv	Qualitativ-performanzorientiert

Quelle: Projekt MOVE PRO EUROPE

Die bereits im letzten Abschnitt skizzierte zweite Einsatzvariante haben wir mittelgrau markiert: Kann ein Auszubildender die wesentlichen Arbeitsschritte zu einer BAG selbstständig oder zumindest unter Beobachtung, so kann er ein „BAG-Zertifikat“ anhand der Bearbeitung einer praktischen Aufgabe erwerben, das dann ggf. Berücksichtigung und Verwendung in einem weiteren Adressatenkreis (Ausbildungsfirma/andere Firmen der gleichen oder verwandter Branchen) finden kann.

Dunkelgrau ist das Matrixelement „Berufsbildungsinstitutionen“ markiert, da wir anregen darüber nachzudenken, ob die Arbeitsschritte des hier skizzierten Kompetenzfeststellungsverfahrens als „Standards“ für eine Überprüfung der Leistungsfähigkeit beruflicher Bildungssysteme geeignet sein könnten. In unseren Augen läge hier sogar die Stärke einer „Berufsbildungs-PISA-artigen“ Studie: In der Allgemeinbildung müssen Standards ausschließlich normativ gesetzt werden (scientific literacy) und können nicht aus ausgewählten Anwendungszusammenhängen abgeleitet werden. In der beruflichen Bildung könnten jedoch durch die hier vorgeschlagene Orientierung an der Facharbeit sehr praxisrelevante und damit im Verwendungskontext aussagekräftige berufliche Standards formuliert werden. Die Gefahr, dass die erhobenen Kompetenzen, mit denen, die in der Berufspraxis verlangt werden, nur am Rande zu tun haben, wäre minimiert. Die Formulierung von Standards auf der Ebene der kleinsten vollständigen Handlung hätte zugleich einschneidende Konsequenzen für das Design einer möglichen Vergleichsstudie: Die von den Protagonisten eines Large-Scale-Assessments angestrebte computergestützte oder in schriftlicher Form durchgeführte Befragung verböte sich – der zeitliche und personelle Aufwand wäre zugegebenermaßen entsprechend höher. Während sich dieser Aufwand durch die Reduktion auf einige Berufe und in diesen auf einige BAG noch begrenzen ließe, liegt die Hauptschwierigkeit in der Reliabilität einer solchen Studie: Ein besonderes Augenmerk müsste darauf gerichtet sein, dass die Standards, wiewohl aus der Praxis, nicht dazu führen, dass Auszubildende aus bestimmten Firmen, Standorten oder Bildungsgängen systematisch bevorzugt bzw. benachteiligt werden – die Standards müssten also faktisch den allen Bildungsverläufen eines Berufs gemeinsamen berufspropädeutischen Kern abbilden. An dieser Stelle ist unseres Erachtens eine umfangreiche Vorbereitung unumgänglich: Nach mehrjähriger intensiver Arbeit im Modellversuch sind wir in der Lage, Arbeitsschritte (Schnittmengen und Vereinigungen) für die BAG an den fünf teilnehmenden Standorten der EADS für die beiden Berufe Fluggerätmechaniker und Elektroniker für luftfahrttechnische Systeme anzugeben – inwieweit diese beispielsweise auch für Auszubildende an kleinen Sportflughäfen oder bei Produzenten von Segelfliegern relevant sind, können wir (noch) nicht beurteilen. Am Beispiel der zur BAG 1 gehörenden Arbeitsschritte böten sich beispielsweise die Umformverfahren nicht an, diese sind produktabhängig, folglich nicht an allen Stätten der Einzelteilproduktion ähnlich und somit für einen Vergleich ungeeignet. Hingegen ist der erste Schritt (Bauteile mithilfe von NC-Maschinen bohren und fräsen) ein Kernelement der BAG 1 und würde sich in unseren Augen als ein Standard des Berufs Fluggerätmechaniker anbieten.

Abschließend möchten wir unseren Dank an die Ausbilder und Ausbildungsleiter der beteiligten Standorte der EADS in Deutschland aussprechen, ohne deren kritische Anregungen und Vorschläge das Instrument niemals diesen Reifegrad erlangt hätte.

Literatur

Bremer, Rainer: Lernen in Arbeitsprozessen – Kompetenzentwicklung. In: Rauner, Felix (Hrsg.): Handbuch Berufsbildungsforschung. Bielefeld 2005, S. 282–294

Erpenbeck, John; Rosenstiel, Lutz von: Einführung Kompetenzbegriff und Kompetenzverständnis. In: Erpenbeck, John; Rosenstiel, Lutz von (Hrsg.): Handbuch Kompetenzmessung. Erkennen, verstehen und bewerten von Kompetenzen in der betrieblichen, pädagogischen und psychologischen Praxis. Stuttgart 2003, S. IX–XL

Haasler, Bernd: Hochtechnologie und Handarbeit. Berufsbildung, Arbeit und Innovation. Bielefeld 2004

Hacker, Winfried: Allgemeine Arbeitspsychologie. Bern 1998

Kleiner, Michael: Berufswissenschaftliche Qualifikationsforschung im Kontext der Curriculumentwicklung. Dissertation: Universität Bremen 2004

Klieme, Eckhard u. a.: Zur Entwicklung nationaler Bildungsstandards. Bundesministerium für Bildung und Forschung. Bonn 2003

KWB: Large-Scale-Assessment in der beruflichen Bildung. Stellungnahme des Kuratoriums der deutschen Wirtschaft für Berufsbildung. Bonn 30.8.2007

Markowitsch, Jörg u. a.: Zur Problematik eines European Credit Transfer System in Vocational Education and Training (ECVET). In: Grollmann, Philipp u. a. (Hrsg.): Europäisierung Beruflicher Bildung – eine Gestaltungsaufgabe. Hamburg 2006, S. 173–197

Schecker, Horst; Parchmann, Ilka: Modellierung naturwissenschaftlicher Kompetenz. In: ZfDN (2006)12, S. 45–66

Anhang 1

BAG-Liste des Berufs Fluggerätmechaniker/-in

1. Herstellen von metallischen Bauteilen für Fluggeräte oder Bodengeräte
2. Herstellen von Bauteilen aus Kunststoffen oder Verbundwerkstoffen für Fluggeräte oder Bodengeräte
3. Bedienen und Überwachen von automatisierten Anlagen in der Fluggeräteherstellung
4. Fügen und Lösen von Strukturbauteilen und Luftfahrzeugzellen
5. Montage und Demontage von Geräten und Systemen in/an die Luftfahrzeugzelle
6. Funktionsprüfungen und Einstellarbeiten am Fluggerät
7. Funktionsprüfungen und Einstellarbeiten am Triebwerk
8. Wartung und Inspektion von Fluggeräten
9. Analyse und Behebung von Störungen an Systemkomponenten
10. Analyse und Behebung von Schäden an Strukturbauteilen
11. Qualitätsprüfungen

BAG 1: Herstellen von metallischen Bauteilen für Fluggeräte oder Bodengeräte
Von Fluggerätmechanikern werden sowohl Bauteile für die Struktur des Fluggeräts (z. B.: Stringer, Spante, Hautbleche) als auch für die Ausrüstung (z. B.: Hydraulikleitungen) entsprechend der gültigen Bauvorschriften, Normen und Spezifikationen hergestellt. Außerdem stellen sie Bauteile für Bodengeräte und Fertigungsmittel her. Basis für die Herstellung der unterschiedlichen Bauteile sind Bleche, Blechstreifen oder Halbzeuge. Nach sorgfältiger Planung erfolgt die Bearbeitung überwiegend durch den Einsatz von spanenden oder umformenden Verfahren (z. B. bohren, sägen, feilen, umformen von Profilen, Innen- oder Außengewinde schneiden (z. B. bei Hydraulikleitungen)). Es werden manuelle und maschinelle Fertigungsverfahren eingesetzt. Die manuellen Verfahren erfolgen dabei nicht nur auf Grundlage von technischen Zeichnungen sondern z. T. mithilfe von Vorrichtungen (z. B. Konturschablonen). Insbesondere bei der Bearbeitung von Großblechen ist vor der Durchführung von umformenden Fertigungsverfahren eine Warmbehandlung notwendig um den Umformgrad zu erhöhen. Warmbehandlungen werden außerdem zur Änderung der Stoffeigenschaften eingesetzt. Da im Fluggerätbau ein möglichst geringes Gewicht der Bauteile von zentraler Bedeutung ist, werden bei vielen Bauteilen die Wandstärken optimiert (z. B. durch chemisches oder mechanisches Materialabtragen). Die Kennzeichnung der Bauteile, z. T. auch der Oberflächenschutz, sowie die Qualitätsprüfung und Auftragsdokumentation sind integrative Bestandteile dieser Beruflichen Arbeitsaufgabe. Die Qualitätskontrolle erfolgt bereits beim Herstellungsprozess (z. B. auf Rissbildung beim Umformen und auf Einhaltung der vorgegebenen Toleranzen). Beschädigte Bauteile werden je nach Grad der Beschädigung instand gesetzt oder ersetzt. Noch nicht dokumentierte, wiederholt auftretende Fehler werden zusätzlich an die zuständigen Konstruktionsabteilungen gemeldet. Die Dokumentation der durchgeführten Arbeiten und ist ein integrativer Bestandteil der Beruflichen Arbeitsaufgabe. Im Rahmen der Dokumentation erfolgt z. T. eine elektronische Bestätigung der eigenen Arbeit. Die Aufgabe endet mit dem Weitertransport oder der Vorbereitung des Weitertransports der fertigen Bauteile.

Anhang 2

Auszug aus der Lernstationsanalyse Einzelteile Airbus-Werk Bremen
Soll eine komplexe neue Baureihe gefertigt werden, so entwickelt als Erstes das Technologieteam die Fertigungsmittel (Pressschablonen) zur möglichst kostengünstigen (Material sparenden) Produktion nach Auftrag von der Konstruktion/Entwicklung. Nach Fertigung eines Erstmusters wird dieses mittels einer NC-Messmaschine auf Übereinstimmung mit dem Auftrag (CAD-Datei) und der Zeichnung geprüft, diese Prüfung ist zu dokumentieren und das Prüfstück in das Erstmusterlager zu

transportieren. Das Prüfteam führt ferner regelmäßige Werkstoffprüfungen mittels Wirbelstrommessungen und Härtezange und Teileprüfungen durch.

Der eigentliche Fertigungsprozess beginnt mit der Programmierung einer der Schneidemaschinen. Diese erfolgt auf Basis der CAD-Dateien der Konstruktionsabteilung. Hier stehen eine 3-D-Laserschneidemaschine (für bereits gepresste Halbzeuge) sowie 2-Platten-Fräsmaschinen zur Verfügung. Das Laserschneiden eignet sich jedoch nur für V2A-Stahl, da bei Alu der Materialabtrag schwer zu kontrollieren ist.

Mittels eines SAP/R3-gesteuerten „Arbeitsplan-Generierungs-Systems" werden die Aufträge gesteuert.

Umrissfräsen: Die Fräsmaschinen wählen die Blechart- und Dicke nach Programmierung, die Platte wird mit Unterdruck gehalten und 2 Spindeln fräsen mit Minimalschmierung die Konturen – wenn möglich, sollten die Spindeln sich synchron bewegen.

Gleitschliff- oder Vibrationsentgraten: Nach Abschluss des Fräsens werden die Bauteile auf Werktischen den Einzelaufträgen zugeordnet und durch die Bürstentgratanlagen geschickt. Das entgratete Bauteil wird kontrolliert, im Regelfall ist keine manuelle Nacharbeit erforderlich.

Eine ggf. notwendige materialabhängige Wärmebehandlung (ca. 400° im Luftumwälzofen, abschrecken in Glykol) schließt sich an.

Die Gummikofferpresse und die Blasenpresse unterscheiden sich durch die maximale Tiefe (140 mm vs. 170 mm bei der Blasenpresse) sowie die Möglichkeit, bei dieser Fett zur Fliessunterstützung zu verwenden. Die zu verformenden Bauteile werden auf die Schablonen (Festholzformen) gelegt, Bohrungen o. Ä. müssen geschützt werden. In der Blasenpresse wird nun automatisch eine Gummimatte auf die Bauteile gelegt, bevor die mit Rizinusöl gefüllte „Gummiblase" die Teile mit einem Druck von 300 bis 700 bar verformt. Die Kofferpresse verfährt ähnlich – nur dass statt der Blase ein „Gummikoffer" den Druck auf die Teile ausübt. Viele Teile durchlaufen die jeweilige Presse zweimal: Erst werden sie „grob" auf den (über den) richtigen Winkel gebracht, die Feinjustage erfolgt beim 2. Durchgang. Je nach Bauteil wird die Wärmebehandlung vor und/oder nach dem 2. Durchgang wiederholt.

Abschließend werden die Teile nachbearbeitet: Mittels Stauch-/Streckmaschinen und Hämmern werden Spannungen im Material entfernt. Evt. Halterungen oder Materialüberschüsse werden abgeschnitten und ggf. Löcher aufgebohrt. Nach einer Eigenprüfung (Werkstoffprüfung) werden die Teile schließlich zum Transport zum Oberflächenschutz bereitgelegt. Ggf. werden nach dem Oberflächenschutz noch Annietmuttern angebracht.

Autoren

Dr. Barbara Burger
Premium AEROTEC GmbH
Haunstetter Straße 225
86179 Augsburg
Tel.: 0821/80163516
Fax: 0821/80162075
barbara.burger@premium-aerotec.com

Dr. Andreas Saniter
Institut Technik und Bildung
Universität Bremen
Am Fallturm 1
28359 Bremen
Tel.: 0421/2182549
Fax: 0421/2189009
asaniter@uni-bremen.de

Klaudia Haase

Kompetenzfeststellung in europäischen Unternehmen: Verfahren und Verwertbarkeit

Abstract

Der Beitrag gibt einen Überblick über Verfahren der Kompetenzfeststellung in und für Unternehmen. Unterschieden werden drei Verfahrenstypen: (1) Unternehmensspezifische/unternehmensinterne Kompetenzfeststellung, (2) unternehmensübergreifende und branchenspezifische Kompetenzfeststellung und (3) qualifikationsspezifische Kompetenzfeststellung in Übereinstimmung mit den Standards des Bildungssystems. Ausführlicher dargestellt werden die Ergebnisse zweier Leonardo da Vinci-Projekte sowie Verfahren der arbeitsbezogenen Kompetenzfeststellung in Frankreich und Großbritannien, den Niederlanden und Norwegen. Abschließend wird auf das Instrument for Competence Assessment *(ICA) von Lantz und Friedrich näher eingegangen, das auf die Erfassung eines möglichst vollständigen arbeitsbezogenen Kompetenzprofils zielt.*

Im Arbeitsbereich kann die Dokumentation und Anerkennung erworbener Kompetenzen für vielfältige Zwecke genutzt werden und von Nutzen sein. Viele Unternehmen und Betriebe haben eigene Verfahren der Kompetenzfeststellung entwickelt, etwa im Rahmen von Human Ressource-Management-Systemen oder ISO-Anforderungen. Rahmenbedingungen und Umsetzung einer arbeitsbezogenen Kompetenzfeststellung variieren in europäischen Unternehmen allerdings erheblich (Haase 2006).[1] Ein systematischer Überblick über die aktuelle Praxis der Kompetenzfeststellung in den Unternehmen existiert jedoch nicht, auch weil diese in vielen Fällen einen internen und vertraulichen Charakter hat. Die bestehende Vielfalt der Kompetenzbewertung in Unternehmen lässt sich nach dem Geltungsanspruch der jeweiligen Referenzstandards differenzieren: rein unternehmensspezifische Bewertungsverfahren auf der Grundlage interner Standards einerseits und an staatlich anerkannten Verfahren orientierte Bewertungsmodelle auf der Grundlage nationaler Standards andererseits. Im Fall der unternehmensinternen Kompetenzbewertung definiert das Unternehmen Anforderungs- und Qualitätsstandards, entwickelt ein Verfahren und vergibt Zertifikate, deren Relevanz sich auf das Unternehmen oder auf die jeweilige

1 Das Internationale Monitoring ist ein Bestandteil des Forschungs- und Entwicklungsprogramms „Lernkultur Kompetenzentwicklung". Das Programm wird gefördert aus Mitteln des Bundesministeriums für Bildung und Forschung sowie aus Mitteln des Europäischen Sozialfonds. Download im Internet: http://www.didaktik-und-diagnostik.de/static/common/files/39/Statusbericht%20GruFo%2016,%20Maerz%202006.pdf

Branche erstrecken kann. Kompetenzfeststellung in Unternehmen, die sich an nationalen Qualifikationsstandards orientiert, ist hingegen meist mit dem Erwerb eines staatlich anerkannten Abschlusses verbunden. Die Teilnehmenden werden zwar vom Unternehmen auf die Zertifizierung vorbereitet; der Bewertungsprozess selbst obliegt dann aber im Regelfall entsprechend akkreditierten Einrichtungen.

Neben Referenzstandards und Verwendungszusammenhängen lassen sich Verfahren arbeitsbezogener Kompetenzbewertung auch hinsichtlich ihres Initiators unterscheiden: Arbeitnehmer oder Unternehmen. Die systematische Reflexion und Bewertung der Lernbiografie im Rahmen eines Bilanzierungsprozesses erworbener Kompetenzen nehmen jenseits bereichsspezifischer Interessen an Bedeutung erkennbar zu. So wurden im Rahmen des BLK-Verbundprojektes „Weiterbildungspass mit Zertifizierung informellen Lernens“ 2004 allein in Deutschland 51 Initiativen festgestellt, mit dem Ziel individuelle Aktivitäten des lebenslangen Lernens zu erfassen und zu bewerten (Arnswald u. a. 2004).

Tabelle 1: **Formen arbeitsbezogener Kompetenzfeststellung**

Bezugssystem / Merkmal	**Unternehmen**	**Branche**	**Bildungssystem**
Reichweite	• Unternehmens-spezifisch • Unternehmens-intern	• Branchenspezifisch • Unternehmens-übergreifend	• Qualifikationsspezifisch • Unternehmens- und branchenübergreifend
Qualitätsanforderungen	• Anerkennung in Übereinstimmung mit Unternehmens-standards • Anerkennung an das Unternehmen gebunden	• Anerkennung in Übereinstimmung mit Branchenstandards • Anerkennung z. B. an einen Verband gebunden	• Anerkennung in Übereinstimmung mit Standards und Richtlinien des Bildungssystems • Möglichkeit der staatlichen Anerkennung
Ziel	• Betriebliche Fördermaßnahme • Unternehmens-zertifikat	• Allgemeine Trainingsmaßnahme • Branchenzertifikat	• Formelle Weiterbildung • Bildungszertifikat/Qualifikation

In diesem Beitrag sollen vorliegende Verfahren der Kompetenzfeststellung *in* und *für* Unternehmen auf allgemeine Strukturmerkmale hin betrachtet und, soweit möglich, an Praxisbeispielen verdeutlicht werden (siehe Tabelle 1). Unterschieden werden je nach Bezugssystem die folgenden Verfahrenstypen:

- Unternehmensspezifische/unternehmensinterne Kompetenzfeststellung,
- Unternehmensübergreifende und branchenspezifische Kompetenzfeststellung,
- Qualifikationsspezifische Kompetenzfeststellung in Übereinstimmung mit den Standards des Bildungssystems.

Ein Instrument zur arbeitsbezogenen Kompetenzfeststellung, das quer zu der gewählten Systematik in unterschiedlichen Bereichen und auf verschiedenen Ebenen eingesetzt werden kann, wird abschließend vorgestellt (*Instrument for Competence Assessment* von Lantz und Friedrich 2003).

1 Unternehmensspezifische und unternehmensinterne Kompetenzfeststellung

Unternehmensspezifische Bewertung erworbener Kompetenzen erfolgt in Bezug auf ein definiertes Anforderungsprofil des Unternehmens. Das Zertifikat enthält die Anerkennung des Profils in Übereinstimmung mit den Unternehmensstandards und ist an das Unternehmen gebunden. Die Anerkennung von arbeits(platz)bezogenen Kompetenzen wurde beispielsweise von der italienischen Niederlassung eines Automobilkonzerns realisiert, um die Professionalität der Mitarbeiter im Verkaufsbereich und die Qualität der Kundenbetreuung zu verbessern (SAIP 2005). Für diese beiden Bereiche wurden Unternehmensstandards entwickelt, die für sämtliche Konzernniederlassungen in Europa gelten. Darüber hinaus erhielt die Niederlassungsvertretung in jedem Land die Möglichkeit, zusätzlich regional spezifische Aspekte oder Anforderungen zu berücksichtigen. Die gemeinsamen Standards bilden das Bezugssystem für die Bewertung der Mitarbeiter. Das Verfahren setzt sich aus drei Komponenten zusammen:

- die Erfassung von früherem Lernen,
- darauf aufbauende individuell spezifische Trainingsmaßnahmen und
- ein abschließendes Assessment.

Im Bereich der Kundenbetreuung können Mitarbeiter mit mindestens zehnjähriger Arbeitserfahrung entweder direkt oder aber nach einer verkürzten Trainingsphase zum abschließenden Assessment zugelassen werden. Das gilt ebenso für Teilnehmer, die bereits ein vergleichbares Zertifikat in anderen Arbeitsbereichen der Automobilindustrie nachweisen können. Das Verfahren der Kompetenzfeststellung umfasst darüber hinaus ein Selbsteinschätzungselement. Das Unternehmenszertifikat, das die Teilnehmer mit erfolgreichem Absolvieren des Assessments erwerben, enthält die Anerkennung des Profils in Übereinstimmung mit den Unternehmensstandards und ist marken- bzw. konzerngebunden. Seine Akzeptanz beschränkt sich dementsprechend auf das Europäische Unternehmensnetzwerk.

2 Unternehmensübergreifende und branchenspezifische Kompetenzfeststellung

Die Bewertung erworbener Kompetenzen erfolgt in Bezug auf ein branchenspezifisches Zertifizierungssystem, welches von dem beziehungsweise einem führenden Branchenverband autorisiert ist. Die Mitglieder des Verbandes erkennen das Zertifikat an, das nicht mit einer staatlichen Anerkennung verbunden ist. Im privatwirtschaftlichen Sektor Rumäniens beispielsweise haben Unternehmen in Eigenregie unternehmens- bzw. branchenspezifische Systeme der Zertifizierung erworbener Kompetenzen eingeführt, die nicht zuletzt für eine regelmäßige Evaluation der Kompetenzen der Beschäftigten als sinnvoll betrachtet werden (SAIP 2005). Die Verfahren sind nicht auf nationaler Ebene verankert und führen nicht zu einem staatlich anerkannten Abschluss. Die rumänische Handelsbank *(Commercial Bank of Romania)* zum Beispiel hat ein Zertifizierungssystem implementiert, welches vom *National Adult Training Board for Competences* im Bankenwesen autorisiert ist. Die regelmäßige Evaluation des Wissens und der Kompetenzen der Beschäftigten dient in diesem Fall nicht nur der Zertifizierung von vorhandenen Kompetenzen, sondern auch der Feststellung von etwaigem „Kompetenzverlust", wie er beispielsweise aus wechselnden Arbeitsplatzdispositionen resultieren kann. „Regarding the evaluation and certification if people didn't know something or they lost their competence, because in the last time they have worked in another department (for example) after evaluation they will follow a training program for this field" (ebd., S. 42). Wesentliches Merkmal hierbei ist eine prozessorientierte Perspektive, mit der individuelle Kompetenzentwicklungen im Verlauf berücksichtigt werden sollen.

Die Entwicklung von Instrumenten und Verfahren der Kompetenzbewertung für Unternehmen einer Branche ist ebenfalls Gegenstand europäisch geförderter Projekte, von denen zwei Beispiele aus dem Leonardo da Vinci-Programm vorgestellt werden.

2.1 Leonardo da Vinci-Projekt *Accumulated Knowledge and Skills*

Im Rahmen des Ende 2004 abgeschlossenen Projektes *Accumulated Knowledge and Skills* (AKS) wurde ein eCurriculum Vitae speziell für den europäischen Elektrotechniksektor entwickelt. An dem Projektverbund beteiligten sich Organisationen und Unternehmen aus Dänemark, Griechenland, Norwegen, Schweden und dem Vereinigten Königreich. Dieser Entwicklung liegt ein weitgefasster „Knowledge and Skills"-Begriff zugrunde, der berufsbezogenes Lernen gleichermaßen enthält. „In this project we define an individual's ‚accumulated knowledge and skills' as all the knowledge, expertise, competence, skills, insight, and other attributes that the person possesses, that can be of value in their work ...“ (www.aks-international.com) Das Angebot richtet sich vor allem an Arbeitnehmer oder Arbeitssuchende der betreffenden Branche. Eingeführt und begleitet wird das Verfahren durch ein webgestütztes Instruktionstool. Mithilfe des Curriculum Vitae können personale Daten, berufliche und allgemeine persönliche Kompetenzen dargestellt werden. Hierzu sind die Vorlagen für Nutzerinnen und Nutzer elektronisch verfügbar. Zur Auswertung und Bewertung der *Accumulated Knowledge and Skills*-Dokumentation ist ein Gespräch zwischen Arbeitnehmer und Arbeitgeber vorgesehen, das nach verbindlichen Richtlinien zu führen und streng vertraulich zu behandeln ist. Um diesen sogenannten Entwicklungsdialog zu unterstützen, entwickelte die Projektgruppe einen „Ability to take action“-Fragebogen. Die Aktivitäten der Bewertungsphase sollen in einem individuell zugeschnittenen Entwicklungsplan münden, wobei die darin festgehaltenen Maßnahmen seitens des Arbeitgebers initiiert beziehungsweise gefördert werden können.

2.1 Leonardo da Vinci-Projekt *Informal Learning Opportunities in the Workplace*

Einrichtungen aus sechs europäischen Ländern (Deutschland, Frankreich, Großbritannien, Lettland, Schweden und Spanien) haben sich im Leonardo da Vinci-Projektverbund *Informal Learning Opportunities in the Workplace (INFLOW)* zusammengeschlossen (Mrs Consultancy 2005).[2] Gemeinsam sollten Modelle entwickelt werden

- zur Erfassung und Anerkennung von informellem Lernen in kleinen und mittleren Unternehmen (KMU), etwa im Hinblick auf Kommunikations- und Teamfähigkeiten;
- für den Transfer informeller Lernergebnisse zwischen den Beschäftigten eines Unternehmens;
- zur Dokumentation und zum Nachweis informellen Lernens, beispielsweise durch ein ePortfolio oder in anderer elektronischer Form.

Des Weiteren ging es um die Entwicklung von Methoden zur Akkreditierung informeller Lernleistungen, die Erprobung der Modelle am Arbeitsplatz im Maschinenbausektor (speziell in Großbritannien) und um die Übertragbarkeit der Modelle auf die verschiedenen Teilnehmerländer sowie auf verschiedene Branchen. Das Projekt konzentriert sich hierbei zunächst auf die Produktions- und Dienstleistungsbranche im Hotel- und Gaststättengewerbe sowie auf den Ingenieursdienstleistungssektor.

2 Die Federführung des Projektes lag bei einer der britischen Einrichtungen. Für nähere Informationen siehe die Internetseite: http://www.inflow.eu.com

Als untersuchungsrelevant für die Förderung von informellem Lernen am Arbeitsplatz wurden die folgenden Faktoren identifiziert (Mrs Consultancy 2005):

- unternehmensbezogene Kontextfaktoren, wie der Grad an Autonomie der Mitarbeiterinnen und Mitarbeiter am Arbeitsplatz, Ausmaß und Art der Unterstützung durch die Leitungsebene, Organisationsstruktur etc.;
- sozialer Kontext, wie positive Arbeitsbeziehungen und Möglichkeiten zur Kommunikation am Arbeitsplatz;
- Bereitstellung fachlicher Unterstützungsangebote, wie Coaching und Mentoring;
- Zugang zu informellen Lernmöglichkeiten und deren Anerkennung für alle Arbeitsbereiche gleichermaßen *(equality of opportunity)*.

Als Ergebnis des 2007 abgeschlossenen Projektes liegt ein Modell zur Erfassung und Bewertung informellen Lernens für Arbeitgeber und Arbeitnehmer vor (Simmonds 2005). Allgemeine und tätigkeitsspezifische Fähigkeiten sollen innerhalb der informellen Lernprozesse am Arbeitsplatz nachgewiesen werden. Hierzu unterscheidet das Modell Problemlösung und Kommunikation als Subkategorien dieser Lernprozesse. Als Beispiele möglicher Fähigkeiten und Kompetenzen der Problemlösung werden genannt:

- das Verstehen eines Businessproblems;
- die Ableitung eines Aktionsplans zur Problemlösung;
- die Fähigkeit, den Erfolg des Aktionsplanes bezüglich der Problemlösung zu beurteilen;
- die Überprüfung der Prozesse als Teil des Unternehmensziels „Kontinuierliche Verbesserung“.

Bezüglich der Bewertung und Anerkennung der erfassten Kompetenzen werden Schnittstellen zum *European Qualifications Framework* beziehungsweise zu den *National Qualifications Frameworks* (in den unterschiedlichen Levels 1–8) und zum Europass konstatiert (Simmonds 2005). Diese werden jedoch nicht ausgeführt. Des Weiteren wurden verschiedene elektronische Portfolios, darunter einige internetbasierte, und elektronische Bewertungsbogen entwickelt sowie das Europäische Curriculum Vitae in sämtlichen Sprachen der teilnehmenden Länder angewendet (Layte 2007). Zur Fortführung der Projektarbeit, die insbesondere auf die Implementierung der Verfahren und Instrumente zielt, wurde die Folgeinitiative EIPIL *(European Initiative for the Promotion of Informal Learning)* gestartet.[3]

3 Nähere Informationen hierzu können der Internetseite http://www.eipil.net entnommen werden.

3 Qualifikationsspezifische Kompetenzfeststellung in Übereinstimmung mit den Standards des Bildungssystems

Referenz der Bewertung erworbener Kompetenzen sind die im nationalen Bildungssystem verankerten Richtlinien und Standards der jeweils angestrebten Qualifikation. Je nach Ergebnis erhalten die Teilnehmer ein Teilzertifikat zusammen mit der Empfehlung, weitere Bildungsmaßnahmen zu absolvieren, um einen staatlich anerkannten Abschluss zu erwerben. Im Folgenden soll dies exemplarisch veranschaulicht werden.

3.1 Arbeitsbezogene Kompetenzfeststellung in Frankreich

Der gesetzlich verankerte Anspruch von Erwerbspersonen auf Bilanzierung ihrer Kompetenzen prägt die Kompetenzbewertung in französischen Unternehmen entscheidend. Im Rahmen des Bilanzierungsprozesses werden allgemeine und berufsbezogene Kompetenzen erfasst, um ein berufliches Ziel näher zu bestimmen, die einzelnen Entwicklungsschritte auszuführen und daraus gegebenenfalls Maßnahmen abzuleiten. Erwerbspersonen, Arbeitsverwaltung oder Unternehmen wenden sich hierfür an akkreditierte Zentren, welche die Kompetenzfeststellung durchführen. Bei dem *bilan de compétences* handelt es sich um ein multidimensionales Verfahren der Kompetenzdokumentation, mit dem per se keine Zertifizierung und staatliche Anerkennung der festgestellten Kompetenzen verbunden ist; diese kann jedoch in eine Akkreditierung münden. Dazu reichen Interessierte ein Kompetenzportfolio an einer entsprechend ausgewiesenen Einrichtung ein und werden im Regelfall aufgefordert, zusätzlich eine Prüfung abzulegen.

Zum Kompetenzverständnis finden sich in den offiziellen Dokumenten nur sehr wenige Anhaltspunkte; des Weiteren lässt die offene Zielsetzung der Kompetenzbilanzierung den durchführenden Einrichtungen einen erheblichen Deutungsspielraum bei der Vereinbarung konkreter Verwertungszwecke (Delamare Le Deist/Winterton 2005). Zur Methodenanwendung enthält die einschlägige gesetzliche Regelung ebenfalls nur sehr allgemeine Richtlinien. Der Bilanzierungsprozess ist danach von qualifizierten Beratern durchzuführen, die angewandten Methoden müssen zuverlässig sein und die erhobenen Informationen vertraulich behandelt werden. Die generellen Vorgaben führen in der Praxis zu erheblicher Heterogenität hinsichtlich der jeweils zum Einsatz kommenden Verfahren. Kritisch zu bewerten ist daher das Verfahren unter dem Gesichtspunkt der Qualitätssicherung, wenn es um die Angemessenheit der Methodenauswahl oder der Bilanzierungsdokumentation, des sogenannten Synthesedokuments, geht (Thömmes 2003). Die Unterlagen, die im Laufe der Bilanzierung erarbeitet wurden, sind von der Einrichtung innerhalb eines festgeschriebenen Zeitraums zu vernichten. Das Synthesedokument erfüllt somit auch die Funktion eines Qualitätsnachweises des Bilanzierungsprozesses. In der Folge geht es oft eher um den Nachweis einer wissenschaftlichen Ansprüchen genügenden Arbeit als um die Verständlichkeit und Handhabbarkeit des *bilan de compétences* für die eigentlichen Nutzerinnen und Nutzer (Gutschow 2003, S. 136).

Das Gesamtverfahren muss als eher subjektiv eingeschätzt werden, da seine Güte von der Definition und Einhaltung der zwischen Berater und Nutzer vereinbarten Verwertung abhängt und nicht generell beurteilt werden kann. Weil auch das Kompetenzverständnis und damit der gewählte Kompetenzansatz auf keiner definierten, übereinstimmenden Grundlage beruht, entscheidet maßgeblich die Professionalität der jeweiligen Einrichtung und des Beraters über die inhaltlich-konzeptionelle Ausgestaltung und operationale Umsetzung (Haasler/Schnitger 2005, S. 54).

Die Nationale Kommission für berufliche Zertifizierung[4] *(Commission Nationale de la Certification Professionnelle)* überwacht das Verfahren der 2002 mit dem Gesetz zur *modernisation sociale* eingeführten Anerkennung von Erfahrungslernen. Damit wurde die Validierung erworbener Kompetenzen insbesondere auch für berufliche Qualifikationen systematisiert und erweitert. Die Bewertungsstandards orientieren sich an der jeweils angestrebten spezifischen Qualifikation. Je nach Ergebnis wird nur ein Teilzertifikat erteilt und werden dem Teilnehmer Weiterbildungsmaßnahmen empfohlen. Die *Validation des acquis de l' expérience* wird von verschiedenen Stellen gefördert, so von der Regierung, den lokalen Verwaltungsbehörden oder Unternehmen; für Teilnehmer des Verfahrens fallen nur dann Kosten an, wenn sie diese für rein persönliche Zwecke ohne Arbeitsbezug beantragen. Überwiegend eingesetzte Verfahren sind (SAIP 2005, S. 22 f.):

- *Histoire de vie:* Hierbei handelt es sich um ein biografisches Instrument, bei dem die Lernerfahrungen nach einer vorgegebenen Struktur erfasst und geordnet werden; das so erstellte Curriculum Vitae soll regelmäßig aktualisiert werden.
- *Autobiographie raisonée:* Dieses Instrument dokumentiert in einem ersten Teil die Daten zur Person des Bearbeiters. In einem zweiten Teil werden die Erfahrungen ausgewertet und nach den Bereichen formale Bildung, nonformelle Bildung, soziale Aktivitäten und berufliche Aktivitäten systematisiert. „The continuity between the different experiences is an acquis, the discontinuity is a lack of acquis“ (ebd., S. 22).
- *Profil expérientel:* Das Erfahrungsprofil ist ähnlich wie die beiden vorgenannten Instrumente angelegt. Die Erfahrungen werden nach den Bereichen „Familie, Bildung, Arbeit, freiwilliges Engagement und ähnliche Erfahrungen“ sowie nach

4 Die Kommission setzt sich zusammen aus Repräsentanten des Ministeriums, der Sozialpartner, des Fachbereichs, der Handelskammern und der Regionen.

„Situation, Ort, persönliche Erfahrungen, Erwartungen, Projekt und Ziel" geordnet. Die so erfassten Daten sollen auf Konsistenz und Kohärenz geprüft und für etwaige Defizite und identifizierte Diskrepanzen geeignete Maßnahmen festgelegt werden.

- *Interviews* werden oftmals zusätzlich eingesetzt, um Auskunft über die Motivation des Teilnehmers zu erhalten. Der Interviewer fasst die erhobenen Informationen zusammen und klassifiziert diese nach einer vorgegebenen Struktur, die einer Prüfungskommission als eine weitere Datenbasis für ihre Bewertung dient.
- *Portfolios* zählen zu den am häufigsten verwendeten Instrumenten. Die Kandidaten werden unterstützt bei der Identifizierung und Darstellung der erworbenen Kompetenzen.

Im privaten Unternehmenssektor gibt es seit 1998 die Vereinigung für die Zertifizierung beruflicher Kompetenzen *(Association pour la certification des compétences professionnelles)*, gegründet vom nationalen Dachverband der Industrie- und Handelskammern. Das Angebot richtet sich an Erwerbstätige, die am Arbeitplatz erworbenes Lernen validieren und zertifizieren lassen wollen. Dazu reichen Arbeitnehmer ein Portfolio ein, das dem zuständigen Bewertungsausschuss vorgelegt wird. Ein so erworbenes Zertifikat gilt jedoch eher als Wertschätzung der Lernleistungen und weniger als eine formale Qualifikation, die auf dem Arbeitsmarkt anerkannt wird. Dies wird insbesondere auf fehlende verbindliche Bestimmungen für Inhalte, Verwendungszusammenhänge und Bewertungskriterien zurückgeführt (Charraud 2005).

3.2 Arbeitsbezogene Kompetenzfeststellung in Großbritannien

In Großbritannien wurde Anfang der Neunzigerjahre ein kompetenzbasiertes Aus- und Weiterbildungssystem, die *National Vocational Qualifications,* in den Unternehmen eingeführt mit dem Ziel, eine alternative Form nationaler beruflicher Befähigungsnachweise zu entwickeln (Haase 2005). Zugleich war damit der Anspruch verbunden, Erfahrungslernen anzuerkennen, was zu Ansätzen wie der Akkreditierung von früherem Lernen und der Akkreditierung von Erfahrungslernen geführt hat.

Die *National Vocational Qualifications* (NVQs), bestehend aus modular aufgebauten Kompetenzeinheiten, sollen am Arbeitsplatz bzw. im Arbeitsprozess erworben werden können. Dazu wurde ein sehr ausdifferenzierter Rahmen von Standards, Bewertungs- und Nachweisverfahren entwickelt. „Ideally the NVQ system is intended to be competence based, industry specific, assessed in the workplace, based on common and nationally agreed standards, and free from age barriers and time constraints. For employees, the NVQ was intended to provide recognition for their ability to work to set standards of performance, increase job satisfaction, provide incentive for achievement and enhance opportunities for career development“ (Mc Adam/Crowe 2004, S. 138).

National Vocational Qualifications beruhen auf sogenannten nationalen Kompetenzstandards, mit denen die für eine Tätigkeit oder eine Berufsausübung erforderlichen Kompetenzeinheiten bzw. Leistungsstandards festgelegt werden. Hierbei werden fünf Niveaustufen (Level) unterschieden, die durch Kriterien wie Breite, Komplexität und Übertragbarkeit definiert sind. Die Kompetenzfeststellung wird überwiegend im Kontext beruflicher beziehungsweise betrieblicher Weiterbildungsmaßnahmen durchgeführt, weniger im Rahmen der beruflichen Erstqualifizierung. Die Kompetenzfeststellung erfolgt üblicherweise anhand eines Portfolios, das Beispiele relevanter Arbeitsprodukte, Ergebnisse einschlägiger Projekte oder sonstige besondere Leistungen, Bescheinigungen ehemaliger und derzeitiger Arbeitgeber über die Aufgaben und Zuständigkeiten am Arbeitsplatz, Referenzen, Empfehlungsschreiben etc. enthalten kann. Ausgehend von der Identifizierung jeglicher Nachweise und Belege, die bereits vorliegen, werden die Teilnehmer bei der Suche nach Möglichkeiten unterstützt, fehlende Nachweise zu erbringen. Die Präsentation der Nachweise richtet sich nach keiner vorgegebenen Struktur; die präsentierten Inhalte müssen jedoch einen nachvollziehbaren Bezug zu der angestrebten Qualifikation aufweisen. Der Antragsteller reicht das Portfolio bei einem akkreditierten Bewertungszentrum ein. Die Kompetenznachweise werden im Bewertungsverfahren mit den geforderten Standards der beantragten *National Vocational Qualification*-Einheit abgeglichen. Sofern die vorliegenden Nachweise als nicht ausreichend bewertet werden, fordert der Prüfer zusätzliche Nachweise an. Das Ergebnis der Bewertung kann zwar grundsätzlich zur vollen Anerkennung führen, was faktisch aber in eher wenigen Fällen erreicht wird. In der Praxis ist eine Kombination aus Portfolio und weiteren Nachweisforderungen die Regel (Ertl 2003).

Seither wurde von Arbeitgebern, Arbeitnehmern, Bildungs- und Forschungseinrichtungen nachhaltige Kritik an den *National Vocational Qualifications* geübt (z. B. Delamare Le Deist/Winterton 2005; Erraut 2003; Handley 2003). Diese bezieht sich vor allem auf die übermäßige Bürokratie, die komplizierte Fachterminologie und die Umsetzung des Kompetenzkonzepts, was alles in allem die Akzeptanz des Systems bei maßgeblichen Akteuren in diesem Feld beeinträchtigte. Nach den vorliegenden Erfahrungen zielt ein zentraler Einwand gegen das Kompetenzmodell der *National Vocational Qualifications* darauf, dass das Bewertungsverfahren die Ergebnisse informellen Lernens nicht oder nicht ausreichend berücksichtigt. Weiter wird die mangelnde theoretische Fundierung kritisiert, da das zugrunde liegende Kompetenzmodell den systematischen Wissenserwerb nicht einbezieht. Nach Delamare Le Deist und Winterton spiegeln sich in dieser massiven Kritik jedoch auch die prinzipiellen Vorbehalte von Bildungseinrichtungen gegenüber einem kompetenzbasierten Ansatz (Delamare Le Deist/Winterton 2005, S. 34).

Eine qualitative Fallstudie der Universität Ulster untersuchte, welcher Nutzen und welche Wirkung dem in einem Unternehmen implementierten NVQ-System aus Unternehmens- bzw. aus Mitarbeiterperspektive zugeschrieben werden (Mc Adam/Crowe 2004). Die Untersuchung fand in einem Unternehmen statt, das als Weltmarktführer in der Produktion von Verpackungsmaterialien gilt und insgesamt über 16.000 Mitarbeiterinnen und Mitarbeitern in 36 Ländern beschäftigt. Die Daten wurden mittels 60 halbstrukturierten Interviews erhoben. Die Fallstudie sollte Anhaltspunkte zu problematischen Aspekten der NVQ-Praxis geben, die so auch in anderen Unternehmen zu erwarten sind und hinsichtlich des universalen Anspruchs der NVQ-Anwendung zu diskutieren wären.

Die Ergebnisse liefern keine eindeutigen Hinweise auf positive Effekte, die aus Sicht des Unternehmens beziehungsweise der Mitarbeiterinnen und Mitarbeiter direkt auf NVQ zurückgehen (Mc Adam/Crowe 2004). Die Befragten geben an, dass sie aus ihren Fehlersuchprozessen oder durch Lernen von ihren Kollegen größeren Nutzen gezogen hätten als aus NVQ-Maßnahmen. Sie stellen zahlreiche Mängel innerhalb des NVQ-Verfahrens fest. Dazu gehören beispielsweise die komplexe, für die Nutzerinnen und Nutzer nur schwer verständliche Sprache der Modulbeschreibungen und die hohe Wiederholungsrate von Fragen zwischen verschiedenen Modulen. Zudem lässt das weit verbreitete Kopieren von solchen NVQ-Portfolios, die bereits früher von Arbeitskolleginnen und -kollegen erstellt wurden, erhebliche Zweifel an der Wirksamkeit des NVQ-Prozesses für die Nutzer aufkommen, und zwar sowohl im Hinblick auf die Trainingsmaßnahmen als auch auf die Kompetenzfeststellung. Viele der Befragten schlagen im Unterschied zu der bestehenden Praxis ein workshopbasiertes Trainings- und Assessmentkonzept vor. Zusammenfassend kommt die Studie zu dem Schluss, dass einige erhebliche Veränderungen hinsichtlich der Inhalte, Abläufe und Assessments des NVQ-Systems notwendig sind, um ein für alle Beteiligten nützlicheres Instrument zu schaffen.

3.3 Arbeitsbezogene Kompetenzfeststellung in den Niederlanden

Die Politik zur Feststellung erworbener Kompetenzen, *Erkenning van Verworven Competenties,* ist in den Niederlanden weitestgehend dezentralisiert. Es existieren derzeit kaum gesetzliche Grundlagen auf nationaler Ebene hinsichtlich der Kompetenzbewertung in den verschiedenen Bereichen. Während die bestehenden Initiativen vornehmlich von Interessenverbänden, Sozialpartnern und bereichsspezifischen Dachorganisationen ausgehen, bevorzugt die niederländische Regierung den Bottom-up-Ansatz zur Förderung von *Erkenning van Verworven Competenties* (EVC). Um das

System der Erfassung und Anerkennung von Kompetenzen nachhaltig zu stützen, gründete die Regierung im Jahr 2001 das Kenniscentrum EVC und legte die Verantwortlichkeit zur Initiierung von geeigneten Maßnahmen in die Hand des Zentrums.

Eine 2005 erschienene Studie des Kenniscentrums EVC[5] und der Foundation European Centre Valuation Prior Learning (EC-VPL) befasst sich mit dem Verständnis des niederländischen Begriffs *Erkenning van Verworven Competenties* (EVC) und dessen Positionierung im europäischen Kontext. Danach entspricht EVC weitgehend dem Ansatz der Validierung von früherem Lernen.[6] „We call recognition and validation only a small vision and a reactive approach on EVC. A broader, desirable and proactive approach combines recognition and validation with the development of competencies. The broader approach on EVC includes stimulating learning and knowledge development“ (Duvekot/Eggert 2005, S. 152). Mit EVC wird die Erfassung, Bewertung und Entwicklung von Kompetenzen angestrebt. Nach diesem Ansatz sind die Ergebnisse von Lernprozessen Gegenstand der Kompetenzfeststellung und zwar unabhängig von den spezifischen individuellen Lernwegen.

Von der Berücksichtigung lebenslang und lebensumspannend erworbener Kompetenzen erwarten die Akteure aus verschiedenen gesellschaftlichen Bereichen, dass sowohl ergebnisorientierte Ziele, beispielsweise in Form von Zertifizierungen, als auch entwicklungsorientierte Ziele, etwa bei der beruflichen Planung und Laufbahnentwicklung, unterstützt werden können. Referenz einer formalen Anerkennung der Lernergebnisse sind die nationalen Qualifikationsstandards. Die Validierungspraxis und die damit verbundenen Intentionen hinsichtlich der arbeitsbezogenen Kompetenzbewertung unterscheiden sich in hohem Maße zwischen den verschiedenen Sektoren. Im Gesundheitssektor geht es vorwiegend darum, neues, geeignetes Personal zu gewinnen; im gewerblich-technischen Bereich liegt der Schwerpunkt auf der Weiterentwicklung *(Upskilling)* der Mitarbeiterkompetenzen und im Baugewerbe sollen den Nutzerinnen und Nutzern auf diese Weise neue Beschäftigungsmöglichkeiten in verwandten Branchen eröffnet werden. Generell steht hinter den meisten Verfahren der Feststellung erworbener Kompetenzen das Ziel eines staatlich anerkannten Abschlusses. Zunehmend folgen diesen Verfahren jedoch konkrete Schritte der weiteren individuellen Kompetenzentwicklung.

Eine Mischform der skizzierten Modelle stellt die Bewertung und Anerkennung erworbener Kompetenzen durch ein Unternehmen dar. Das unternehmensfinanzierte *Erkenning van Verworven Competenties*-Verfahren der Feststellung und Anerkennung von Kompetenzen kann ausschließlich von dem jeweils Vorgesetzten initiiert

5 Knowledge Centre on Identification, Recognition and Accreditation of Competences (www.kenniscentrumevc.nl)

6 Valuation/Validation of Prior Learning (VPL)

werden. Ausschlaggebend hierfür ist die Einschätzung, dass die Anerkennung der erworbenen Kompetenzen einer Mitarbeiterin/eines Mitarbeiters für das Unternehmen von Nutzen ist. Als ein Good Practice-Beispiel in den Niederlanden gilt das portfoliobasierte Verfahren zur Validierung von Arbeitsplatzlernen bei einem großen internationalen Stahl- und Aluminiumproduzenten. Initiiert wird der Erkenning van Verworven Competenties-Prozess vom jeweiligen Vorgesetzten, sofern die Anerkennung der tatsächlich erworbenen Kompetenzen im Unternehmen benötigt wird. „The aim is to bring individual employees' qualification levels to the appropriate level for the type of work they are doing" (WINTER/NELISSEN 2005, S. 1). Die Teilnehmenden erhalten mit dem Zertifikat zugleich einen staatlich anerkannten Abschluss. Im Unterschied zum oben beschriebenen französischen Validierungsmodell können interessierte Mitarbeiter das Verfahren jedoch nicht selbst beantragen, sondern nur die Vorgesetzten. Mit diesem Prozedere soll sichergestellt werden, dass die Validierung im Interesse des Unternehmens liegt. Durchgeführt wird die berufsbegleitende Kompetenzbewertung je nach angestrebtem Abschlussniveau von regionalen Berufsbildungszentren und/oder einer privaten Bildungseinrichtung. Letztere begleitet die Portfolioentwicklung und evaluiert die persönlichen Kompetenzen des Teilnehmenden, wobei das Lernpotential im Mittelpunkt steht. Dem Verfahren liegt ein Kompetenzkonzept zugrunde, nach dem Kompetenz maßgeblich definiert wird über Arbeitsanforderungen und -prozesse, deren Bewältigung andere, wie Vorgesetzte und Kollegen, dem jeweiligen Teilnehmer zutrauen. Daher sind Befragungen von Vorgesetzten, Kollegen, Mitarbeitern ein wesentlicher Bestandteil des unternehmensspezifischen *Erkenning van Verworven Competenties*-Verfahrens, um die Kompetenzressourcen eines Kandidaten zu erfassen.

Eine Reihe von Unternehmen in den Niederlanden hat zwischenzeitlich Verfahren zur Feststellung und Anerkennung erworbener Kompetenzen eingeführt (DUVEKOT/EGGERT, 2005). Das Verfahren beginnt üblicherweise mit einem Interview zu der Bildungs- und Berufssituation, das von den Personalentwicklungs- bzw. Bildungsverantwortlichen eines Unternehmens durchgeführt wird; häufig folgt daraufhin die Erstellung eines Portfolios, um die Erfahrungen und die Expertise eines Mitarbeiters zu dokumentieren. Auf dieser Grundlage begleitet ein Gutachterausschuss den Beschäftigten am Arbeitsplatz, um einige Arbeitsproben zu beobachten, die teilweise auch visuell dokumentiert werden. Kommt der Ausschuss zu einem positiven Ergebnis, erhält der Arbeitnehmer ein Zertifikat. In einigen Fällen wird die oder der jeweilige Vorgesetzte in den Prozess der Zertifizierung einbezogen und um spezifische Hintergrundinformationen gebeten. In einem alternativen Verfahrensablauf wird noch während des Interviews eine Kompetenzfeststellung und -bewertung vorgenommen. Gelangt der Interviewer zu der Einschätzung, dass die Kompetenzen dem angestrebten Qualifikationsniveau entsprechen, wird ein Prüfungstermin angesetzt, andernfalls erhält der Teilnehmer ein Weiterbildungsangebot. Die Verfahren werden nahezu durchgängig von Vertretern regionaler Berufsbildungszentren durchgeführt. Die meisten Unternehmen halten sich an die Regelungen und Vorgaben des Berufsbildungsgesetzes *(Wet Educatie en Beroepsonderwijs)* – eine wesentliche Vorbedingung, da ein staatlich anerkannter Abschluss verliehen wird.

Entsprechend richtet sich auch bei einem bedeutenden niederländischen Nahrungsmittelproduzenten die neue Qualifikationsstruktur nach den nationalen gesetzlichen Rahmenbedingungen. Mit der Einführung des Verfahrens zur Anerkennung erworbener Kompetenzen sollen bei den Beschäftigten Anreize zu mehr Reflexion geschaffen sowie Anpassungen an notwendige Veränderungen schneller bewältigt werden.[7] Darüber hinaus strebt das Unternehmen mit dieser Maßnahme eine bessere Beschäftigungsfähigkeit der Mitarbeiterinnen und Mitarbeiter an. Die Implementierung des *Erkenning van Verworven Competenties*-Verfahrens erfolgte in Kooperation mit einem regionalen Berufsbildungszentrum. Die teilnehmenden Beschäftigten sollen auf Basis einer Liste von insgesamt 80 Aufgaben angeben, welche der aufgelisteten Arbeiten und Tätigkeiten sie in den letzten Jahren ausgeführt haben. Es folgen ein kriterienorientiertes Interview und ein Assessment, bei welchem die Teilnehmenden verschiedene Aufgaben ausführen. Sowohl ein interner als auch ein externer Prüfer bewerten die Kompetenzen des Teilnehmers. Zwischen 2001 und 2003 nahmen insgesamt 32 Mitarbeiterinnen und Mitarbeiter des Unternehmens an dem Verfahren teil, von denen etwa die Hälfte ein Zertifikat ohne weitere Bildungsmaßnahmen erhalten hat (Duvekot/Eggert 2005, S. 158; Zoon 2005, S. 6).

Im Arbeitsbereich steht die Kompetenzfeststellung im Spannungsfeld der unterschiedlichen Interessenlagen der Akteure, so einer allgemeinen beziehungsweise überbetrieblichen Anerkennung der Gesamtheit der erworbenen Kompetenzen, welche die Beschäftigungsfähigkeit und Flexibilität der Arbeitnehmerinnen und Arbeitnehmer sichert, einerseits und der Autonomie der Unternehmen hinsichtlich ihrer Personalentwicklungsmaßnahmen wie der Bindung qualifizierter Mitarbeiterinnen und Mitarbeiter an das Unternehmen andererseits.

3.4 Arbeitsbezogene Kompetenzfeststellung in Norwegen

Norwegens Entwicklung einer Strategie des lebenslangen Lernens ist unter der Bezeichnung „Kompetenzreform" weithin bekannt. Zu den wesentlichen Reformzielen gehören die Dokumentation und Bewertung der Gesamtheit erworbener Kompetenzen eines Erwachsenen, die sogenannte *Realkompetanse*. Die Einführung eines nationalen Systems der Validierung nonformellen und informellen Lernens ist hier-

7 www.kenniscentrumevc.nl/evc_nl/c234f57dac89c7515659aa36dbefec22.php

bei ein zentrales Vorhaben, mit dem Ziel die so erworbenen Kompetenzen verstärkt institutionalisierten Bildungsleistungen gleichzustellen. Mit der Reform soll generell eine höhere Partizipation Erwachsener an Bildungs- und Lernmöglichkeiten erreicht werden, wobei insbesondere eine bessere Beschäftigungsfähigkeit von Geringqualifizierten auf dem Arbeitsmarkt angestrebt wird.

Um diese Ziele umzusetzen, wurde das nationale *Realkompetanse*-Projekt (1999–2002) durchgeführt. Ein Eckpunkt des Projektes war, dass die Validierung außerhalb des traditionellen, formalen Prüfungswesens stattfinden sollte. Weiter sollten Methoden zur Anerkennung der erworbenen Kompetenzen entwickelt werden, welche die Gleichwertigkeit der anerkannten Kompetenzen zu den formalen Bildungs- und Lernleistungen sicherstellen. Das *Realkompetanse*-Projekt vertrat einerseits einen Bottom-up-Ansatz und förderte eine große Bandbreite von lokalen Programmen und Akteuren, um Erfahrungen mit neuen Validierungsmethoden und Verfahrensabläufen zu sammeln. Andererseits wurden während der dreijährigen Projektlaufzeit die Grundlagen eines nationalen Dokumentations- und Validierungssystems entwickelt. Differenziert wird hierbei zwischen einer *Realkompetanse*-Dokumentation und einer staatlich anerkannten Dokumentation. Während Erstere ein Zertifikat über individuelle Realkompetenzen eines Erwachsenen darstellt, setzt Letztere die Kompetenzen in Beziehung zu den Anforderungen und Standards des Bildungssystems. Bei der Validierung handelt es sich schließlich um das Verfahren, bei dem die individuellen Kompetenzen in Bezug auf verschiedene Anwendungsbereiche bewertet werden. Zu diesen Referenzbereichen zählen Sekundarbildung, höhere Bildung, berufliche Qualifizierung, Weiterbildung, Arbeitsplatz und freiwilliger Bereich. Die große Bandbreite der Lernkontexte stellt entsprechend unterschiedliche Anforderungen an die Dokumentation und Validierung von Kompetenzen.

Seit Anfang 2000 werden die Aktivitäten zur Implementierung der Reformanstrengungen in drei Bereichen vorangetrieben: im Bildungs- und Ausbildungssystem, auf dem Arbeitsmarkt und in der Zivilgesellschaft. Die Entwicklung der Rahmenbedingungen, Institutionen und Instrumente in den genannten Bereichen ist jeweils unterschiedlich weit fortgeschritten (Skule/Ure 2004; Mohn 2005).

Die Auswertung der Erfahrungen aus dem *Realkompetanse*-Projekt führte dazu, einige allgemeine Prinzipien und Verfahrenselemente für ein nationales System der Dokumentation und Validierung gesetzlich festzuschreiben. Mit dieser Maßnahme soll die nationale Gleichwertigkeit zwischen den Verfahren in den verschiedenen Bereichen sichergestellt werden. Daher wurden neben dem gesetzlich verankerten Anspruch jedes erwerbsfähigen Erwachsenen auf Dokumentation und Bewertung der Gesamtheit seiner erworbenen Kompetenzen eine Reihe allgemein verbindlicher Prinzipien eingeführt (Pettersen 2003, S. 18):

- gute Erreichbarkeit und Zugänglichkeit für die interessierten Bürger,
- ein transparenter, nachvollziehbarer Verfahrensablauf,
- ein systematischer Zugang zu Informationen und Beratung,
- Richtlinien für die Dokumentation,
- Richtlinien und Standards für die Bewertung.

„The principles are based on the understanding that the recognition of competence is voluntary and has to be perceived by the individual as beneficial. It has to be easy in use, transparent and in line with European developments. The principles are anchored in legislation that comprises the Education Act, the Working Environment Act and the University and College Act“ (Mohn 2005, S. 130).
Allgemeine Prinzipien und Standards gehören zu den Instrumenten der Qualitätssicherung und sollen Vertrauen in das System schaffen. Die Verfahren der Dokumentation und Bewertung sollen als konsistent und nutzerfreundlich wahrgenommen werden und einen erkennbaren Nutzen haben. Das sogenannte nationale Verfahren der Kompetenzvalidierung sieht bereichsübergreifend die generellen Verfahrensschritte „Information und Beratung“, „Identifizierung und Systematisierung“, „Bewertung“, „Dokumentation und Nachweis“ vor und macht darüber hinaus auch Vorgaben für die Ausgestaltung der einzelnen Schritte in den verschiedenen Bereichen.[8] Es hat sich allerdings herausgestellt, dass die eingesetzten Bewertungsmethoden von Fall zu Fall an die jeweiligen Bedürfnisse und Verwendungszwecke der Nutzer angepasst werden müssen. Die Verfahrensschritte werden bei der Kompetenzbewertung im Arbeitsleben und im zivilgesellschaftlichen Sektor lediglich empfohlen, während sie im Bildungsbereich verbindlich vorgeschrieben sind.

Aufgrund der (qualitativ) heterogenen Verfahrensweisen und Instrumente der Kompetenzfeststellung in den Unternehmen und Betrieben konkretisiert der nationale Ansatz in seinen Empfehlungen zudem das Vorgehen für die arbeitsbezogene Kompetenzbewertung:

- Beschreibung der Ausgangssituation und Anforderungen der Organisation;
- Zielvereinbarung und Festlegung der Zuständigkeiten zwischen Arbeitgeber und Arbeitnehmern;
- Auswahl der Methoden und Instrumente;
- Informationsarbeit innerhalb des Unternehmens;
- Entwicklung von Instruktionen und Begleitmaterial für die Erstellung der Dokumentation durch den Arbeitnehmer;
- Bestätigung der Kompetenzdokumentation durch den Arbeitgeber;

8 Mohn gibt einen Überblick über die einzelnen Verfahrenselemente für die Bereiche Arbeitsleben, Zivilgesellschaft, höhere Sekundarbildung und Höhere Bildung.

- Folgemaßnahmen zur beruflichen Weiterentwicklung als Angebot an den Arbeitnehmer;
- Prozesskontinuität: regelmäßiges Update der Kompetenzdokumentation.

Bei der norwegischen Kompetenzreform stand vor allem das Recht des Einzelnen auf Dokumentation der Gesamtheit seiner Lernleistungen im Vordergrund. Dementsprechend ist die Kompetenzdokumentation ausschließlich Eigentum des Arbeitnehmers, der allein über deren Verwendung entscheidet.

Insbesondere bei der privatwirtschaftlichen Arbeitgebervereinigung herrschte Skepsis gegenüber der Entwicklung neuer Validierungsinstrumente (Skule/Ure 2004). Die Bedenken gingen vor allem dahin, dass Beschäftigte die Validierung ihrer erworbenen Kompetenzen zum Anlass finanzieller Forderungen nehmen würden. Insgesamt neun Pilotprojekte, die auf den Arbeitsmarkt oder das Arbeitsleben allgemein gerichtet waren, starteten im Rahmen des *Realkompetanse*-Programms. Dabei vereinbarten die Sozialpartner ausdrücklich, dass die Löhne und Gehälter von dieser Initiative unberührt bleiben sollten. Im Ergebnis wurde eine Reihe von Instrumenten entwickelt, unter anderem eine Selbsteinschätzung, welche im Weiteren Gegenstand eines Gesprächs, der Bewertung und Validierung ist. Die Erfahrungen führten zu der Empfehlung, dass mindestens ein Curriculum Vitae und ein vom Arbeitgeber unterzeichneter Kompetenzpass für die Validierung eingereicht werden sollten, mit dem die Aufgaben und Tätigkeiten des Arbeitnehmers sowie dessen Verantwortlichkeiten im Unternehmen bestätigt werden.

Der Versuch, das Modell eines arbeitsbasierten Kompetenzpasses als Ausgangspunkt eines Validierungsprozesses im Bildungssystem zu verwenden, verdeutlichte die bestehenden Unterschiede zwischen der Bewertung erworbener Kompetenzen im Arbeitsleben einerseits und im Bildungsbereich andererseits. Während Unternehmen vornehmlich daran interessiert sind festzustellen, welche Aufgaben ein Mitarbeiter oder Bewerber in Relation zu den unternehmensspezifischen Anforderungen und Abläufen bewältigen kann, geht es den Institutionen des formalen Bildungssystems in erster Linie darum, die Kompetenzen eines Bewerbers in Relation zu einer spezifischen curricularen Ordnung zu erfassen. Damit wird das Problem des Transfers eines Kompetenzpasses, der in einem Arbeitskontext entwickelt wurde, in das Programm des jeweiligen Bildungskontextes aufgeworfen.

Auch wenn einige der neuen Instrumente von Personalentwicklern und Beschäftigten positiv aufgenommen wurden, sind sie in der Praxis bislang nicht sehr verbreitet. Dafür werden verschiedene Faktoren verantwortlich gemacht, beispielsweise die seitens der Arbeitnehmer bestehenden Vorbehalte gegenüber einer Nutzung der Informationen in Zeiten zunehmenden Personalabbaus. Das geringe Interesse bei den Unternehmen wird auf ungünstige Einschätzungen der Kosten-

Nutzen-Kalkulationen *(Returns on Investment)* zurückgeführt. „The most important reason however might be that companies do not perceive that the pay-off is sufficiently high to expend the required resources. All in all, neither Unions nor employers appear to have a sufficiently strong interest in propelling this work forward with much energy (Skule/Ure 2004, S. 8).

Das norwegische Institut für Erwachsenenbildung (VOX) erwägt eine weniger branchenbezogene Ausgestaltung eines künftigen Kompetenzpasses. Diese Strategie führt möglicherweise zu einem gemeinsamen Rahmen und einem einheitlichen Format eines bereichs- und branchenübergreifenden Kompetenzpasses, während im Anhang unterschiedliche Instrumente für unterschiedliche Branchen, Berufsgruppen oder ehrenamtliche Organisationen angeboten werden könnten. Weder für den Arbeitsmarktbereich noch für den zivilgesellschaftlichen Bereich wurden neue gesetzliche Regelungen geschaffen, mit denen die Validierung nonformell und informell erworbener Kompetenzen der Arbeitnehmer eines Unternehmens obligatorisch würde. Auch erhalten diese Bestrebungen bislang wenig Unterstützung durch die Arbeitgeber.

4 Instrument for Competence Assessment – ein Instrument zur arbeitsbezogenen Kompetenzfeststellung

Abschließend soll auf das *Instrument for Competence Assessment* (ICA) von Lantz und Friedrich näher eingegangen werden, das auf die Erfassung eines möglichst vollständigen arbeitsbezogenen Kompetenzprofils zielt. Bewertungsrelevant ist hierbei das jeweils erreichte Niveau kognitiver Komplexität. Aufgabe des ICA ist es, „to make a systematic assessment of what and how much has been learned by an individual employee at a certain point of time during his/her career within an enterprise (a learning one or not)" (Lantz/Friedrich 2003, S. 185). Dieses Instrument ist hier von Interesse, da es ein Modell darstellt, das nicht branchen- bzw. ebenenspezifisch ist, sondern fallweise konfiguriert werden kann.

Das ICA soll es den Nutzern (individuellen Lernern, Trainern, Arbeitgebern, Sozialpartnern) ermöglichen, Erkenntnisse über vorhandene Kompetenzen sowie über Kompetenzniveaus zu individuellen Kompetenzprofilen zu verdichten. Diese liefern die Grundlage für die Entwicklung oder Anpassung betrieblicher Qualifizierungsprogramme oder für allgemeine Maßnahmen zur Stärkung der Beschäftigungsfähigkeit von Arbeitnehmerinnen und Arbeitnehmern. Methodologische Prämisse des von den Autoren vorgeschlagenen Evaluationsverfahrens ist die These, dass individuelle Lernleistungen nur dann angemessen erfasst werden können, wenn man ihre kulturelle, organisationale und temporale Situiertheit in methodisch geeigneter Weise berücksichtigt. Standardisierte Interviews oder die Abfrage bestimmter beruflicher

Qualifikationen seien ohne konkreten Kontextbezug dafür ungeeignet: „The subjective meaning of work activities, i. e. the link between activity and objective in a social context, needs to be captured“ (ebd., S. 186). Daran knüpft die grundlegende Unterscheidung zwischen „reaktivem“ und „proaktivem Lernen“: Während reaktives Lernen ausschließlich die Fähigkeiten umfasst, die zur Erfüllung bestimmter, gegebener Arbeitsaufgaben erforderlich sind, soll proaktives Lernen prinzipiell Lernhorizonte eröffnen und Teil eines idealiter lebenslangen Entwicklungsprozesses sein. Mittels eines eher eklektischen Zugriffs auf psychologische und soziologische Handlungstheorien projizieren Lantz und Friedrich diese Differenz dann in ein vor allem entwicklungspsychologisch (namentlich – jedoch ohne ausdrücklichen Bezug – von Piagets Modell der kognitiven Evolution) inspiriertes hierarchisches Modell tätigkeitsbezogener „kognitiver Komplexität“. Von einfachen Arbeitsroutinen über zweckrationale Handlungsorientierungen in konkreten Arbeitssituationen (konkret-operativ) bis zu reflexiven, selbststeuernden Handlungsformen wachsen die kognitiven Anforderungen an den einzelnen Akteur und steigt damit das Lernniveau. Durch das Konzept der „kognitiven Komplexität“ kann der zweigeteilte Lernbegriff für die Unterscheidung von Kompetenzen und Kompetenzniveaus im ICA reformuliert werden, „since one aspect of learning can be regarded as making transitions between levels. Both reactive and proactive learning are taken into account, which is a prerequisite for going beyond what is formally required in a given job“ (ebd., S. 187).

ICA ist ein interviewbasiertes Assessmentverfahren, für das der Interviewleitfaden in gedruckter Form oder als CD-Rom in verschiedenen Sprachen vorliegt. Es bezweckt, wie gesagt, Lernerfolge zu einem bestimmten Zeitpunkt durch die Erstellung eines individuellen Kompetenzprofils zu erfassen. Das Kompetenzprofil wiederum gibt einerseits Auskunft über die vorhandenen Kompetenzen und andererseits über das jeweils erreichte Kompetenzniveau. Zu Operationalisierungszwecken stützen sich die Autoren auf ein von Mansfield und Mitchell (1996) entwickeltes Modell, welches eine allgemeine Beschreibung der Arbeitstätigkeiten an den meisten modernen Arbeitsplätzen gibt und diese heterogenen Arbeitsbereichen zuordnet. Dies ermöglicht die vergleichsweise einfache Identifikation eines Wechsels von Arbeitsrollen über die Deskription von Arbeitstätigkeiten, wodurch die methodologisch weit schwierigere Operationalisierung von Kompetenzen vermieden werden kann. Zudem eröffnet es einen Weg, sogenannte „soft skills“ bei der Erstellung des Kompetenzprofils mit zu berücksichtigen. Lantz und Friedrich unterscheiden sieben Aufgabenbereiche mit differenzierten Tätigkeitsprofilen:

1. funktioneller Aufgabenbereich: technisch-fachliche Fertigkeiten und Kenntnisse zur Erledigung funktioneller Arbeitsaufgaben;
2. Kontingenzmanagement: Fähigkeiten zur Bewältigung unerwarteter Situationen oder Aufgaben;

3. Aufgabenmanagement: Fähigkeit zur Strukturierung und Koordination der anfallenden Arbeitsaufgaben;
4. Aufgabenreflexion: Kenntnis und Berücksichtigung der physischen Handlungsbedingungen, aus denen spezifische Arbeitsanforderungen hinsichtlich Gesundheit, Sicherheit und Ökologie folgen;
5. Qualitätsmanagement: handlungsrelevantes Wissen über arbeitsbezogene Qualitätsansprüche und deren produkt- oder tätigkeitsrelative Varianz;
6. Arbeitsorganisation: Fähigkeit zur Optimierung des Arbeitsprozesses im Rahmen organisationaler Vorgaben durch anforderungsgerechtes Handeln bei gleichzeitiger Ausnutzung der gegebenen Freiräume;
7. Arbeitsbeziehungen: Erhaltung und Nutzung interner und externer Beziehungen zur Effektivierung der Arbeitsergebnisse und Optimierung der Organisationsprozesse.

Das halb strukturierte Interview besteht aus zwei Teilen. Während der erste Teil allgemeine Fragen zum Arbeitsplatz enthält, zielen die Fragen des zweiten Teils auf die einzelnen genannten Aufgabenbereiche (strukturierter Teil des Interviews). In diesem Teil geht es nicht nur um die tatsächlich vorhandenen Kompetenzen, sondern vor allem um das jeweils erreichte Kompetenzniveau. Die Fragen behandeln in Zweck-Mittel-Relationen fassbare Beschreibungen von Arbeitstätigkeiten, Arbeitskontexten und Arbeitsergebnissen. Hinsichtlich der verschiedenen Aufgabenbereiche sollen, mithilfe einer operationalisierten Kognitionshierarchie, zwischen einfachen Arbeitsroutinen und autonomer Aufgabenreflexion oder gegebenenfalls Aufgabenänderung unterschiedliche Kompetenzniveaus identifiziert werden. Die Auswertung schließt mit einem individuellen Kompetenzprofil und einem Feedback für die Interviewten ab.

5 Ausblick

Die mannigfaltigen Entwicklungen auf dem Gebiet der Konzeption von Verfahren und Standards zur arbeitsbezogenen Kompetenzmessung zeigen, wie sehr – nicht zuletzt im Zusammenhang mit den Initiativen zum „lifelong and lifewide learning" – die Feststellung erworbener Kompetenzen im Kontext beruflicher Qualifizierung an Bedeutung gewonnen hat. In Europa wurde in den letzten Jahren erheblicher Handlungsbedarf bei der Umsetzung des Lebenslangen Lernens für alle gesehen, ein Befund, dem zahlreiche Aktivitäten zur Entwicklung von Verfahren der Kompetenzbewertung auf unterschiedlichen Ebenen (organisational, regional, national, supranational etc.) folgten. Europäische Initiativen und die wachsenden Bestrebungen, nationale Konzepte zu internationalisieren, bilden hierbei einen wichtigen Schritt auf dem Weg zu einem europaweit geteilten Rahmenkonzept von arbeitsbezogenen Kompetenzen, das in Unternehmen, Wirtschaftsbranchen und Bildungssystemen gleichermaßen Verwendung finden kann.

Aspekte der Verwertung und Verwertbarkeit erzeugen hierbei ein Spannungsfeld. Ganz überwiegend sind die Ergebnisse einer Kompetenzfeststellung Eigentum der Nutzerinnen und Nutzer, die allein über deren weitere Verwendung entscheiden. Für die Akteure des Bildungsbereichs, des Handlungsfelds Arbeit und der Zivilgesellschaft nehmen die systematische Reflexion und Bewertung der Lernbiografie im Rahmen eines Bilanzierungsprozesses erworbener Kompetenzen jenseits bereichsspezifischer Interessen inzwischen übereinstimmend an Bedeutung zu. Die Akzeptanz des Bilanzierungsergebnisses über die jeweiligen Bereichsgrenzen hinweg jedoch fällt, wie sich verallgemeinernd festhalten lässt, vor allem mit Blick auf die ökonomische Verwertbarkeit, bislang eher gering aus (z. B. Käpplinger/Reutter 2004; Skule/Ure 2004); daran ändert auch die Verankerung eines Rechtsanspruchs auf Dokumentation der Gesamtheit erworbener Kompetenzen für den Einzelnen, wie dies beispielsweise in Norwegen der Fall ist, nur wenig. Die damit zusammenhängende, ursprünglich in Norwegen vorherrschende Idee eines für alle Bereiche einheitlichen Bewertungssystems erworbener Kompetenzen wurde im Übrigen auch durch die empirischen Erfahrungen mit der Kompetenzreform infrage gestellt (Skule/Ure 2004, S. 9).

Durch diese unterschiedlichen Bezugsebenen wird die Übersetzung eines Kompetenzpasses, der beispielsweise in einem Arbeitskontext entwickelt wurde, in das Programm eines anderen Kontextes, beispielsweise des Bildungskontextes, notwendig. Die Auswertung der norwegischen Erfahrungen führte zu dem Schluss, dass dieser Transfer den Spielraum für Aushandlungsprozesse zwischen den Beteiligten absteckt und dass arbeitsbezogene Kompetenzbewertungen die Position des Arbeitslebens in diesen Verhandlungen stärken können. Die zentrale Herausforderung für die weiteren Arbeiten liegt demzufolge weniger darin, nach einem einzigen umfassenden Standard und einer einzigen Methode zu suchen, als vielmehr Übersetzungsinstrumente für die verschiedenen Bewertungskonzepte und Bewertungsmethoden der verschiedenen gesellschaftlichen Teilsysteme zu entwickeln.

Für den Einzelnen bedeutet dies, sich über den Prozess des Lernens als solchen bewusst zu werden, insbesondere über sein oder ihr Lernen und über die Relationen von Lernen und Bildung. Thomas, Collins und Plett (2002) sehen den vielleicht bedeutsamsten Aspekt dieses Prozesses in der Erfahrung des Aushandelns mit dem Bildungssystem.[9] Die Input-/Output-Relationen von Bildungssyste-

9 Zur Studie über Erfahrungsdimensionen von Prior Learning Assessment and Recognition (PLAR) von Thomas, Collins und Plett (2002) siehe Internationales Monitoring „GruFo" Statusbericht 11 (2004-2) auf der Internetseite http://www.abwf.de

men und Lernern werden auf Reziprozität umgestellt. Das Bildungssystem produziert in dieser Relation nicht in erster Linie Wissen und Können als spezifisches Ergebnis, sondern vielmehr dessen Bewertung und Anerkennung. Umgekehrt ist Nichtwissen und Nichtkönnen nicht der spezifische Input der Lerner. Diese werden für das Bildungssystem in neuartiger Weise zu einer relevanten Umwelt. Daraus folgt die Möglichkeit, bis zu einem bestimmten Grad mit dem Bildungssystem über die vorhandenen Lernerfahrungen und deren Niveaueinstufung zu verhandeln. Insbesondere dies macht die besondere Qualität der Anerkennung der Gesamtheit erworbener Kompetenzen aus, weil sie den formalen Systemen einen Perspektivenwechsel und mehr Flexibilität und Durchlässigkeit gegenüber vielfältigen Lernstilen und Lernorten abverlangen.

Literatur

ARNSWALD, Ulrich u. a.: Machbarkeitsstudie im Rahmen des BLK-Verbundprojektes „Weiterbildungspass mit Zertifizierung informellen Lernens". Berlin 2004

CHARRAUD, Anne-Marie: Validation in France: VAE in progress. In: DUVEKOT, Ruud; SCHUUR, Kees; PAULUSSE, Jos (Hrsg.): The unfinished story of VPL. Valuation & Validation of Prior Learning in Europe's learning cultures. Utrecht 2005, S. 117–124

DELAMARE LE DEIST, Françoise; WINTERTON, Jonathan: What is Competence? Human Resource Development International 8 (1). London 2005, S. 27–46

DUVEKOT, Ruud; EGGERT, Jana: VPL in the voluntary sector in the Netherlands. In: DUVEKOT, Ruud; SCHUUR, Kees; PAULUSSE, Jos (Hrsg.): The unfinished story of VPL. Valuation & Validation of Prior Learning in Europe's learning cultures. Utrecht 2005, S. 145–174

ERRAUT, Michael: National Vocational Qualifications in England – Description and Analysis of an Alternative Qualification System. In: STRAKA, Gerald A. (Hrsg.): Zertifizierung nonformell und informell erworbener beruflicher Kompetenzen. Münster 2003, S. 117–123

ERTL, Huber: Anerkennung beruflicher Qualifikationen im Rahmen des Systems der National Vocational Qualifications. In: STRAKA, Gerald A. (Hrsg.): Zertifizierung nonformell und informell erworbener beruflicher Kompetenzen. Münster 2003, S. 69–81

GUTSCHOW, Karin: Erfassen, Beurteilen und Zertifizieren nonformell und informell erworbener beruflicher Kompetenzen in Frankreich: Die Rolle des bilan de compétences. In: STRAKA, Gerald A. (Hrsg.): Zertifizierung nonformell und informell erworbener beruflicher Kompetenzen. Münster 2003, S. 127–139

HAASE, Klaudia: Entwicklung zur Bestimmung von Kompetenzen – Konzepte und Praxis. In: Arbeitsgemeinschaft Betriebliche Weiterbildungsforschung e.V./Projekt Qualifikations-Entwicklungs-Management (Hrsg.): Internationale Trends des Erwachsenenlernens. Monitoring zum Programm >Lernkultur Kompetenzentwicklung<. Münster 2005, S. 253–297

HAASE, Klaudia: Kompetenzentwicklung und Kompetenzbewertung in Unternehmen. Internationales Monitoring „Grundlagenforschung/Kompetenzmessung“. Bonn 2006. – URL: www.didaktik-und-diagnostik.de/static/common/files/39/Statusbericht%20 GruFo%2016, %20Maerz%202006.pdf (Stand: 06.02.2009)

HAASLER, Bernd; SCHNITGER, Meike: Kompetenzerfassung bei Arbeitssuchenden – eine explorative Studie unter besonderer Berücksichtigung des Sektors privater Arbeitsvermitllung in Deutschland. ITB-Arbeitspapiere Nr. 57. Bremen 2005. – URL: http://www.itb.uni-bremen.de/downloads/Publikationen/Arbeitspapiere/AP_57.pdf (Stand: 06.02.2009)

HANDLEY, David: Assessment of Competencies in England's National Vocational Qualification System In: STRAKA, Gerald A. (Hrsg.): Zertifizierung nonformell und informell erworbener beruflicher Kompetenzen. Münster 2003, S. 57–67

HERMES, Siegfried: Qualität und Qualitätssicherung von Workplace Learning – Internationale Forschungstrends unter besonderer Berücksichtigung angelsächsischer und skandinavischer Entwicklungen. In: ABWF Quem (Hrsg.): Internationales Monitoring Lernkultur – Kompetenzentwicklung. Jahressachstandsberich 2005. Berlin 2005, S. 7–36

KÄPPLINGER, Bernd; REUTTER, Gerhard: Ergebnisse des LiWE-Projektverbundes „Transparenz und Akzeptanz berufsrelevanter Kompetenzen – Instrumentarien und Umsetzungsstrategien“. Bonn 2004

LANTZ, Annika; FRIEDRICH, Peter: Learning in the workplace – an instrument for competence assessment. In: The Learning Organization 10(2003)3, S. 185–194

LAYTE, Maureen: ePortfolios in the Workplace. International Conference, Vortrag gehalten am 6. Juli 2007, York. – URL: inflow.eu.com/UserFiles/File/Conference/ PPT%208%20Maureen%20LayteEIfEL%20EIPIL%20ePortfolio%20Pres.ppt (Stand: 06.02.2009)

MC ADAM, Rodney; CROWE, Julie: Assessing the business and employee benefits resulting from the implementation of NVQs. In: Education and Training 46 (2004) 3, S. 138–152

MOHN, Torild Nilsen: Validation in Norway: results and challenges. In: DUVEKOT, Ruud; SCHUUR, Kees; PAULUSSE, Jos (Hrsg.): The unfinished story of VPL. Valuation & Validation of Prior Learning in Europe's learning cultures. Utrecht 2005, S. 125–144

MRS CONSULTANCY: Informal Learning Opportunities in the Workplace. Desktop Research Summary. Northallerton 2005

PETTERSEN, Bård: Validation of Non-Formal, Informal and Formal Competence in Norway. In: Golden Riches – Nordic Adult Learning, 1. Göteborg 2003, S. 16–20

SAIP s.a.s.: Validation and certification of non formal and informal competencies and labour market: contexts and trends in the Europe Union: Workingpaper. Anzio (Roma) 2005

SIMMONDS, M.: Modell zur Anerkennung informellen Lernens am Arbeitsplatz. Pap-Inflow-WP03.1.2- UK [De]. North Yorkshire 2005

SKULE, Sveinung; URE, Odd Bjørn: Lifelong learning – Norwegian experiences. Identification and validation of non-formal and informal learning. Fafo-paper Nr.21. Oslo 2004

THÖMMES, Jürgen: Bilan de competences. In: ERPENBECK, J.; ROSENSTIEL, L. von (Hrsg.): Handbuch Kompetenzmessung. Stuttgart 2003, S. 545–555

WINTER, James; NELISSEN, Emmy: A European Inventory on Validation of Non-Formal and Informal Learning: Examples of Good Practise – Corus Group. Birmingham 2005

WINTERTON, Jonathan; DELAMARE LE DEIST, Françoise; STRINGFELLOW, Emma: Prototype Typology of Knowledge, Skills and Competences. Thessaloniki 2005

ZOON, Cohen: A European inventory on validation of non-formal and informal learning. Netherlands. Birmingham 2005

Internetadressen

www.eipil.net
www.inflow.eu.com
www.aks-international.com
www.abwf.de

Autorin

Dipl.-Psych. Klaudia Haase
Geschäftsführerin
didaktik & diagnostik
Gesellschaft für angewandte Bildungsforschung mbH
Oppenhoffstraße 10
53111 Bonn
Tel: 0228/9359940
Fax: 0228/93599420
haase@didaktik-und-diagnostik.de

Gabriele Fietz, Gisela Westhoff

Ergebnisse berufspädagogischer Handlungsforschung zur Kompetenzentwicklung in Wirtschaftsmodellversuchen

Abstract

Flexibilität und Gestaltungsoffenheit beruflicher Aus- und Weiterbildung auf der Basis des Berufsprinzips ermöglichen es, Lerninhalte und -methoden an betrieblichen und branchenbezogenen Erfordernissen zu orientieren sowie den Qualifikations- und Kompetenzerwerb der Auszubildenden und Beschäftigten zu fördern. In dem Maß, in dem das Lernen über den Kontext formaler Lehrveranstaltungen hinaus im Prozess der Arbeit stattfindet, gewinnen kompetenzorientierte Ansätze an Bedeutung. 28 bundesweite Einzelprojekte des Modellversuchsprogramms „Flexibilitätsspielräume für die Aus- und Weiterbildung" erarbeiten mithilfe der berufspädagogischen Handlungsforschung Konzepte, Modelle und Instrumente zur Verbesserung der Berufsbildungspraxis bezogen auf die gestaltungsoffene Berufsbildung und erweitern den wissenschaftlichen Diskurs in diesem Kontext. Die Ergebnisse jedes Projektes werden unter wissenschaftlicher Begleitung in der Praxis erprobt und in die Fachöffentlichkeit transferiert. Gestaltungsoffenheit impliziert auch Entwicklung und Implementierung innovativer Kompetenzmodelle, wie sie in den Projekten des Modellversuchsprogramms aufzufinden sind. Der Beitrag stellt an einigen Beispielen die Unterschiedlichkeit der in den Einzelprojekten verwendeten Kompetenzansätze dar, entwickelt ein Kriterienraster zur Einordnung und Systematisierung der verschiedenen Ansätze als Basis für eine weitere Nutzung der Modellprojektergebnisse durch Unternehmen und Partner der beruflichen Bildung.

1 Kompetenzentwicklung und Gestaltungsoffenheit in der beruflichen Aus- und Weiterbildung

Der Programmarbeitskreis „Flexibilitätsspielräume für die Aus- und Weiterbildung" (Kurztitel „Flexibilität), der als gemeinsames Diskussionsforum der Einzelprojekte dient, stellt den Erfahrungs- und Informationsaustausch der Ergebnisse, Strategien und Ziele der Arbeiten zur Gestaltungsoffenheit sicher" (www.bibb.de/de/4929.htm). Wie sich nach einer Umfrage im Kreise der Modellversuchsträger herausstellte, fokussieren viele Modellversuche dieses Arbeitskreises die Entwicklung und Erprobung von Modellen zum Kompetenzerwerb und zur Kompetenzfeststellung (vgl. WESTHOFF 2007, S. 28–32). Dabei zeigt sich eine große Heterogenität der in den Modellprojekten verwendeten Kompetenzansätze[10].Das liegt zum einen daran, dass Kompetenzen in unterschiedlichen Kontexten (z. B. in der Berufsausbildung oder in der Organisationsentwicklung) auch unterschiedlichen Definitionen folgen (WESTHOFF 2006 und 2007). Die Fülle unterschiedlicher Definitionen und Spezifizierungen, die von der verbreiteten Untergliederung in personale, methodische, soziale und professionelle Kompetenzen bis hin zu differenziertesten Spezifizierungen reicht, ist zum anderen aber auch auf die unterschiedlichen Anforderungen zurückzuführen, die im jeweiligen Kontext handlungsrelevant sind. Die Kompetenzen werden jeweils mit Blick auf die Bewältigung aktueller (und sich ändernder) situativer Anforderungen an „kompetentes Handeln“ beschrieben. „Die“ Kompetenz ähnelt daher einer Gleichung mit zwei sich dynamisch ändernden Variablen: verschiedene und sich ständig ändernde Anforderungen sind durch entsprechend angepasstes Handeln – bzw. veränderte Handlungsstrategien – zu bewältigen. Die breite Palette der in den Modellprojekten aufscheinenden Kompetenzbegriffe belegt die These, wonach es „die“ endgültige Definition von „Kompetenz“ nicht geben wird. (ERPENBECK/HEYSE 1999, S. 50)

2 Minimalkonsens als Arbeitsgrundlage

Vor diesem Hintergrund hat sich der Arbeitskreis „Flexibilität“ in einem ersten Schritt das Ziel gesetzt, einen Minimalkonsens des Kompetenzbegriffs als gemeinsame Arbeitsgrundlage herzustellen. Da sich viele Definitionen der „Kompetenz“ durch eine Abgrenzung von der „Qualifikation“ nähern, wurde darüber ein gemeinsames Verständnis gesucht. Kompetenzen umfassen zwar auch das in formalen Ausbildungsgängen wie etwa der Schule oder einer beruflichen Ausbildung erworbene und in der *Qualifikation,* beispielsweise einem schulischen Abschluss, bescheinigte Wissen und Können. Dieses stellt jedoch nur eine Teilmenge der Kompetenzen des Einzelnen dar. Der von verschiedenen Autoren festzustellende Perspektivwechsel vom Qualifikations- zum Kompetenzbegriff ist nach Erpenbeck und Sauer als „Reaktion auf die zunehmende Dynamik, Komplexität und Unvorhersehbarkeit heutiger wirtschaftlicher und politischer Prozesse unumgänglich geworden“ (ERPENBECK; SAUER 2000, S. 289 ff.). Damit sei eine Entwicklung vom fremd- zum selbstorganisierten

10 „Bevor eine nähere Umschreibung und Klärung des Kompetenzbegriffes vorgenommen wird, muss darauf hingewiesen werden, dass der Terminus Kompetenz keineswegs einheitlich definiert ist und sich dessen Auslegung – je nach fachlichem bzw. wissenschaftlichem Kontext – deutlich unterscheiden kann. Darüber hinaus findet der Begriff in den letzten Jahren – insbesondere in den Bereichen „Bildung" und „Beschäftigung" – eine geradezu inflationäre Verwendung, was die Schnittmenge der unterschiedlichen Deutungsvarianten keineswegs verkleinert, sondern vielmehr zu einem Definitionspluralismus geführt hat." (Enggruber/Bleck, 2005).

Aktionsgrad der Arbeit vollzogen worden. Vor diesem Hintergrund definieren Enggruber und Bleck:

> *„Qualifikation bezeichnet das Arbeitsvermögen eines Menschen, das sich aus der Summe der für die Ausübung einer bestimmten Berufstätigkeit notwendigen Fertigkeiten, Fähigkeiten und Wissensbestände zusammensetzt. Sie lässt sich ihrem Zweck entsprechend definieren und im Sinne von Leistungsparametern überprüfen.*
> *Kompetenz beschreibt die Fähigkeiten oder Dispositionen des Menschen, die ihn in die Lage versetzen, ein Handlungsziel in gegebenen Situationen aufgrund von Erfahrung, Können und Wissen selbstorganisiert zu erreichen. Sie ist nicht direkt überprüfbar, sondern nur aus der Realisierung der Dispositionen zu erschließen – insbesondere bei der kreativen Bewältigung neuer, nicht routinemäßiger Anforderungen. Das Interesse an Kompetenz ist eher subjektzentriert."* (Enggruber; Bleck 2005, S. 8)

Kompetenzen umfassen auch den großen Bereich der informell erworbenen Fähigkeiten, Fertigkeiten und Kenntnisse sowie auch die Persönlichkeitsmerkmale und Eigenschaften des Einzelnen, die ihn in der Summe in die Lage versetzen, erfolgreich zu handeln. In einer Art „Minimaldefinition" wird als „Kompetenz" all das verstanden, was jemanden in die Lage versetzt, ein Handlungsziel in gegebenen Situationen aufgrund von Erfahrung, Wissen und Können selbstorganisiert zu erreichen (Erpenbeck; von Rosenstiel 2003). Diese sogenannte „Handlungskompetenz" wird zumeist in fachliche, soziale, personale und methodische Kompetenzen unterschieden. Individuelle Handlungskompetenz ist nach Enggruber/Bleck die „Disposition, die in den vier Kompetenzkategorien erlangten Werte, Erkenntnisse und Verhaltensweisen im beruflichen und im persönlichen Lebensbereich anzuwenden sowie zielorientiert umzusetzen." (Enggruber; Bleck 2005, S. 10 ff.)

In der Definition der Kultusministerkonferenz (KMK) wird „Handlungskompetenz" als die Bereitschaft und Befähigung des Einzelnen verstanden, „sich in beruflichen, gesellschaftlichen und privaten Situationen sachgerecht durchdacht sowie individuell und sozial verantwortlich zu verhalten." (KMK 2007, S. 10) Auch hier sind die oben angeführten Dimensionen aufzufinden, zudem wird der Aspekt der transversalen Kompetenzen berücksichtigt: Handlungskompetenz untergliedert sich in die Dimensionen Fach-, Human- und Sozialkompetenz, diesen gemeinsam sind die Querschnittsdimensionen Kommunikative Kompetenz und Methoden- und Lernkompetenz.

Tabelle 1: **Kompetenzdimensionen der Kultusministerkonferenz (nach KMK 2007, S. 10)**

Handlungskompetenz Bereitschaft und Befähigung des Einzelnen, sich in beruflichen, gesellschaftlichen und privaten Situationen sachgerecht durchdacht sowie individuell und sozial verantwortlich zu verhalten.		
Fachkompetenz Bereitschaft und Befähigung, auf der Grundlage fachlichen Wissens und Könnens Aufgaben und Probleme zielorientiert, sachgerecht, methodengeleitet und selbstständig zu lösen und das Ergebnis zu beurteilen.	**Humankompetenz** Bereitschaft und Befähigung, als individuelle Persönlichkeit die Entwicklungschancen, Anforderungen und Einschränkungen in Familie, Beruf und öffentlichem Leben zu klären, zu durchdenken und zu beurteilen, eigene Begabungen zu entfalten sowie Lebenspläne zu fassen und fortzuentwickeln. (...)	**Sozialkompetenz** Bereitschaft und Befähigung, soziale Beziehungen zu leben und zu gestalten, Zuwendungen und Spannungen zu erfassen und zu verstehen sowie sich mit anderen rational und verantwortungsbewusst auseinanderzusetzen und zu verständigen. Hierzu gehört insbesondere auch die Entwicklung sozialer Verantwortung und Solidarität.
Querschnittsdimensionen: **Methodenkompetenz – Kommunikative Kompetenz – Lernkompetenz**		

Diese Aufteilung der KMK dient als Orientierung für die Strukturierung der Modellversuchsergebnisse und deren Weiterentwicklung; sie ist auch mit dem Blick auf Europa und im Zusammenhang mit der Entwicklung eines Europäischen Qualifikationsrahmens gangbar, zumal tatsächlich keine umfassende und allseits konsensfähige Definition von „Kompetenz" in Sicht ist, die entscheidend über die „Minimaldefinition" des vom CEDEFOP[11] entwickelten Glossars zur Terminologie der beruflichen Bildung in Europa hinausgeht. Bei der Heterogenität der beruflichen Aus- und Weiterbildung ist das nicht anders zu erwarten und könnte auch zu einer Einschränkung der Vielfalt führen, die zur Bewältigung der Handlungsanforderungen der Institutionen und der Individuen notwendig ist. Die Anlehnung an die Definition der KMK dient als Minimalkonsens und Grundlage für die gemeinsamen Aktivitäten des Arbeitskreises „Flexibilität".

3 Gestaltung der Flexibilitätsspielräume in den neuen Berufen – kompetenzbasierte Ansätze

Die Zusammenschau der unterschiedlichen Modellprojekte des Programms „Flexibilitätsspielräume" ergibt ein weitreichendes und überaus vielfältiges Themenspek-

11 Competence: Ability to apply knowledge, know-how and skills in an habitual or changing situation. Quelle: European Centre for the Development of Vocational Training www.cedefop.eu.int

trum zu Fragen der Kompetenzentwicklung (vgl. Tabelle 2). Dies unterstreicht die Notwendigkeit einer differenzierten Betrachtung der unterschiedlichen Ansätze und Strategien der Erhebung, Entwicklung und Dokumentation von Kompetenzen, um trotz offener begrifflicher Fragen erstens eine Ordnung in die Vielfalt der Ansätze zu bringen und zweitens die Ergebnisse einer praktischen Nutzung zuzuführen. Letzteres könnte erreicht werden, indem die unterschiedlichen diagnostischen und/oder entwicklungsorientierten Ansätze zu einem Set von Instrumenten zusammengetragen werden, die auf unterschiedliche Bedarfe der beruflichen Bildung antworten und daher in der Breite Anwendung finden.

Tabelle 2: **Themenspektrum zur Kompetenzentwicklung im Kontext der Flexibilität und Gestaltungsoffenheit beruflicher Bildung (eigene Darstellung)**

Die Analyse der Kompetenzentwicklung in den Berufsbiografien von
- Aus- und Weiterbildnern/Lehrern,
- ausbildenden Fachkräften,
- Aus- und Fortzubildenden.

Bedingungen und Fördermöglichkeiten der Kompetenzentwicklung, z. B.:
- im Aus- und Weiterbildungsprozess,
- unmittelbar am betrieblichen Ausbildungs-/Arbeitsplatz,
- im sozialen Umfeld.

Dokumentation und Förderung der Kompetenzentwicklung in den Berufsbildungsinstitutionen, z. B.:
- in den Unternehmen,
- bei den Bildungsdienstleistern,
- in den beruflichen Schulen,
- bei den zuständigen Stellen nach dem BBiG (Kammern ...),
- bei den Bundes- und Regionalagenturen.

Von den europäischen Nachbarn lernen: Intensivierung des Dialogs.

Unter Berücksichtigung dieser thematischen Vielfalt wurde im BIBB-Arbeitskreis „Flexibilität“ ein Kriterienraster zur Kategorisierung aller Modellprojekte erarbeitet (Tabelle 3 illustriert dieses am Beispiel von ausgewählten Modellprojekten aus der Pilotstudie im Sommer 2007)[12].

Auf der horizontalen Ebene des Rasters werden die verschiedenen Ansätze nach ihrer primären Zielsetzung differenziert. In Bezug darauf lassen sich die Ver-

12 Die umfassende Befragung aller Projekte des Programms erfolgte im Spätherbst 2007 und im Frühjahr 2008, sodass an dieser Stelle noch nicht über die Ergebnisse berichtet werden kann. Sie werden in einer Publikation, die sich in der Vorbereitung befindet, dargestellt und diskutiert.

fahrensweisen zum einen danach klassifizieren, ob sie eher auf Erhebung oder auf die Entwicklung von Kompetenzen ausgerichtet sind, ob ein summativer oder ein formativer Ansatz überwiegt. Die analytische Trennung – summativ/formativ – wird in der Praxis etlicher Modellprojekte, in denen beide Seiten ineinandergreifen, aufgehoben. Je nach Gewichtung der Zielsetzung – Förderung des Kompetenzerwerbs oder Feststellen des aktuellen Stands – besteht die Möglichkeit, die Modellversuche beiden Perspektiven zuzuordnen. Weiter lassen sich die Verfahren der Kompetenzerhebung noch in Bezug auf den Stellenwert ausdifferenzieren, den sie auf einer von Erhebung über Beschreibung, Dokumentation bis hin zu Validierung und Zertifizierung von Kompetenzen reichenden Skala einnehmen. Letzteres ist in dem Raster nicht abgebildet, kommt jedoch in der Beschreibung der Verfahren zum Tragen.

Die Antwort auf die zentrale Frage, nach dem Verständnis beruflicher Handlungskompetenz, das den jeweiligen Verfahren zugrunde liegt, wurde durch die Orientierung an der Definition der KMK (KMK 2000, S. 9) und der Anlehnung an den europäischen Qualifikationsrahmen gefunden und in das Kriterienraster auf der vertikalen Ebene zuoberst aufgenommen.

Ein weiterer Gesichtspunkt für die Diskussion der Kompetenzfeststellung und -entwicklung ist die Frage, wer die Erfassung und Bewertung der Kompetenzen vornimmt: Bei vielen Verfahren steht Selbstevaluation im Mittelpunkt: Arbeitnehmer geben selbst – anhand mehr oder weniger strukturierter Fragebogen oder anderer Erhebungsmethoden – Auskunft über ihre Kompetenzen und bewerten selbst den Stand ihrer Fähigkeiten. Dies ermöglicht in der Regel ein hohes Maß an Authentizität, die jedoch zur Berücksichtigung der Validität ein externes Korrektiv erfordert. Dem begegnen ergänzende Verfahren, die größeren Wert auf die Erhebung und Einschätzung von Kompetenzen durch Dritte legen: Fremdevaluation, durch Vorgesetzte und/oder externe Gutachter. Auch in den Modellversuchen zur Gestaltungsoffenheit wird vielfach eine Kombination von Selbst- und Fremdevaluation angewandt, wobei je nach Situation Spielraum für die Gewichtung der jeweiligen Seiten bleibt. Diese reflektierte Praxis findet sich in dem Kriterienraster, das für die Analyse und Dokumentation der Arbeiten entwickelt wurde, wieder.

In Bezug auf den Nutznießer, die Ausrichtung an den primären Interessen von Unternehmen oder der Perspektive des Einzelnen und seiner beruflichen Entwicklung setzen verschiedene Verfahrensweisen unterschiedliche Schwerpunkte: Unternehmerorientierte Verfahren stellen Kompetenz(entwicklungs)bedarfe des Unternehmens in den Mittelpunkt. Arbeitnehmerorientierte Verfahren legen den Schwerpunkt darauf, die Kompetenzen Einzelner zu erheben und – bisweilen auch unabhängig vom bestimmten Unternehmenskontext – zu dokumentieren.

Tabelle 3: **Synoptische Darstellung von Kompetenzansätzen verschiedener Modellprojekte: Kriterienraster (eigene Darstellung)**[13]

Perspektive / Kriterien	Kompetenzfeststellung			Kompetenzentwicklung			
Name des Modellversuchs	F L E X K O M	T B Q	V O K A L	F L E X K O M	K O M P L A N	T B Q	V O K A L
Handlungskompetenz/Schwerpunkte (Gewichtung: max. 3 Kreuze)							
Fachkompetenz		x	x		x	x	x
Sozialkompetenz	xx		xxx	xx	x		xxx
Personalkompetenz	xxx	xx	xxx	xxx	x	xx	Xxx
Methodenkompetenz (Querschnittskompetenz)	xxx	x	xx	xxx	x	x	xx
Lernkompetenz (Querschnittskompetenz)	xxx		xxx	xxx	x	x	xxx
Adressat des Verfahrens							
Organisation	x	X	X	x	X		X
Individuum	x	X	X	x	X	X	X
Vorrangiger Nutznießer des Verfahrens							
Organisation		X	X		X	X	X
Individuum	X	X		X	X	X	X
Bildungs-/Lebens-/Erwerbsphase:							
Berufsvorbereitung					X		
Berufsausbildung	X		X	X	X		X
Weiterbildung		x	X			x	X
Übergangsphasen Wiedereinstieg ins Erwerbsleben							
Arbeitsprozess	X	x	X	X	X	x	X
Durchführungsart							
standardisiertes Verfahren	X	x	X	X	X	x	X
Qualitative Instrumente	X	x	X	X	X	x	X
Quantitative Instrumente							
Laufende Pflege des Verfahrens	X	x	X	X	X	X	X

13 Näheres zu den übrigen namentlich abgekürzten Modellprojekten in der Matrix sind in der angegebenen Literatur und z. B. unter www.bibb.de/flexibilitaet zu finden. Die Abkürzungen stehen für die Namen von vier Einzelprojekten; auf drei von ihnen wird hier näher eingegangen.

4 Aus der Theorie und Praxis von Wirtschaftsmodellprojekten

Wie differenziert der Kompetenzbegriff verwendet wird, wie genau er auf unterschiedliche Kontexte zugeschnitten werden muss und wie unterschiedlich der Umgang mit Kompetenzen in der Praxis erfolgt, soll hier an ausgewählten Beispielen des Programms „Flexibilität" verdeutlicht werden. Die beiden Modellprojekte aus dem Handwerk betonen, wie durch institutionelle und individuelle Kompetenzentwicklung ein Beitrag zur Innovation traditionell ausgerichteter Wirtschaftssegmente geleistet werden kann. Am Beispiel des Modellprojekts „Kompetenzentwicklungsplanung durch strategische Ausbildung" (KOMPLAN) wird aufgezeigt, dass die Verbindung personeller und institutioneller Kompetenzentwicklung für beide Seiten essentiell ist und es wird ausgeführt, wie diese gelingen kann. Das Modellprojekt „Transparenz beruflicher Qualifikationen für den Personaleinsatz in KMU" (TBQ) steht im Kontext des „Lebenslangen Lernens". Es verdeutlicht, wie durch die Verzahnung von Kompetenzentwicklung und Kompetenzfeststellung – von summativen und formativen Elementen – Dokumentation und Förderung von Prozessen kontinuierlicher Wissenserneuerung geleistet werden kann.

4.1 Die Modellversuche „IMI" und „flexkom" zur Aus- und Weiterbildung im Handwerk

Beide Modellversuche finden im Handwerk statt und zeigen exemplarisch Wege auf, die es ermöglichen, in diesem Wirtschaftssegment, das sich in besonderer Weise der Tradition und der Innovation verpflichtet sieht, neue Konzepte der beruflichen Aus- und Weiterbildung zu erforschen, zu erproben und zu implementieren.

Der Modellversuch der Zentralstelle für die Weiterbildung im Handwerk mit dem Titel „Internetgestütztes Managementinformationssystem für das Bildungsmanagement in ÜBS (IMI)" fokussiert u. a. die Organisationsentwicklung von Bildungsstätten und macht deutlich, dass diese Prozesse eng mit der Kompetenzentwicklung verknüpft sind (www.imi-net.de; www.zwh.de). Dem Kriterienraster entsprechend liegt hier der Fokus auf der Entwicklung der Kompetenz über die Institutionen, deren multiplikatorische Funktion in der Breite genutzt wird.

Anders der Modellversuch „Kompetenzen für die eigenständige und flexible Gestaltung der Berufslaufbahn – flexkom" der Handwerkskammer Rheinhessen: Hier steht die Unterstützung und Förderung von Auszubildenden im Fokus. Flexkom entwickelt und erprobt in 11 Betrieben des Handwerks Ansätze für die Erstausbildung, wie Auszubildende zusätzlich zur Fachausbildung die Fähigkeiten aufbauen können, die sie brauchen, um ihr berufliches Schicksal selbstständig in die Hand zu nehmen. Zu einer solchen „berufsbiografischen Gestaltungsfähigkeit" gehören:

Lernkompetenz, Fähigkeiten zur eigenen Kompetenzerkenntnis und deren weiterer Entwicklung, Selbstmarketing und die Fähigkeit, den beruflichen Weg als Entwicklungsprozess zu verstehen und zu gestalten („biografische Perspektive“: vgl. www.flexkom.info). Wenn sich auch die zentralen Zielgruppen für die Erforschung, Erprobung und Umsetzung der Kompetenzentwicklung unterscheiden, verbindet beide Modellversuche der Erwerb und die Feststellung von Kompetenzen als Konzept der Nutzung der gestaltungsoffenen Berufsbildung im Hinblick auf eine Modernisierung und Zukunftsfähigkeit der Berufsbildung im Handwerk.

4.2 Der Modellversuch „KOMPLAN"

Das Verfahren steht im Kontext des Übergangsmanagements sowie der Förderung der Umsetzung der gestaltungsoffenen Ausbildung für Unternehmen und Jugendliche. Es soll die Ausbildungskompetenz beider Zielgruppen im Vorfeld der Ausbildung (strategische Ausbildungsplanung) sowie während der Ausbildung (strategische Ausbildungsumsetzung) fördern. Ausbildungskompetenz umfasst die erforderlichen Kompetenzen, die Prozesse vor und während der Ausbildung als (Selbst-)Lernprozesse im Hinblick auf eine tragfähige Berufsreife (berufliche Handlungskompetenz) aufseiten der Jugendlichen und personalbasierte Betriebskompetenz (betriebliche Handlungskompetenz) aufseiten der Unternehmen zu begreifen und zu gestalten. Sie beinhaltet im Wesentlichen (Selbst-) Reflexionsprozesse, die durch das Verfahren initiiert und unterstützt werden. Kompetenzfeststellung und -entwicklung erfolgen handlungsorientiert im Sinne einer beruflichen bzw. betrieblichen Entwicklungsplanung und setzen sich in einem Kontinuum von Bedarfsermittlung, Zielsetzung und Umsetzungsentscheidungen wechselseitig voraus.

Unternehmen sollen die bereitgestellten Selbstlerninstrumente unterstützen, Ausbildung als Sicherung des künftigen Fachkräftebedarfes begreifen, sie strategisch planen, kompetenzbasierte betriebliche Anforderungsprofile für potenzielle Auszubildende erstellen und eine Ausbildung mit partizipativem Charakter strategisch umsetzen.

Ausbildungsverantwortliche in KMU erarbeiten sich systematisch die erforderlichen Kompetenzen zur

- Ausbildungswahl, d. h. zu einer ausbildungsbezogenen Personalentwicklungsstrategie, die u. a. die Unternehmensentwicklung und den künftigen Personalbedarf reflektiert und den Ausbildungsberuf konkretisiert,
- Ausbildungsentscheidung, d. h. zur Einschätzung des betrieblichen Ausbildungspotenzials, die u. a. rechtlich/institutionelle Rahmenbedingungen sowie die Realisierung von Ausbildungsinhalten der konkreten Ausbildungsrahmenpläne überprüft,

- Ausbildungsrealisierung, d. h. zur Auswahl betriebsgeeigneter Auszubildender, die attraktive Unternehmensprofile mit kompetenzbasierten Anforderungsprofilen für Ausbildungsplatzbewerber erstellen und mit kompetenzbasierten Bewerberprofilen abgleichen.

Jugendliche sollen durch die bereitgestellten Selbstlerninstrumente unterstützt werden, Berufswahl- und Berufsentscheidungsprozesse arbeitsmarktadäquat zu treffen (Tele-Profiling); kompetenzbasierte Bewerberprofile zu erstellen und die Ausbildung aktiv mitzugestalten.
Sie erarbeiten sich systematisch die erforderlichen Kompetenzen zur

- Berufswahl, d. h. zur Entwicklung einer arbeitsmarktbezogenen Berufswahlstrategie, die ihre individuellen Voraussetzungen für Berufe ihrer Wahl reflektiert,
- Berufsentscheidung, d. h. zur Verwirklichung ihres individuellen Ausbildungspotenzials, die u. a. die spezifischen Ausbildungsbedingungen in kleinen Unternehmen berücksichtigt,
- Berufsrealisierung, d. h. zur Auswahl individuell geeigneter Betriebe, die u. a. die Erstellung attraktiver Bewerberprofile für den regionalen Ausbildungsmarkt sowie Analyse der kompetenzbasierten Anforderungsprofile beinhaltet.

Methodisch-didaktisch basiert die Kompetenzunterstützung für beide Zielgruppen auf, durch Flowcharts dargestellte Handlungsanweisungen, die entsprechend der modularen Strukturierung des Lernprogramms in Haupt- und Teilarbeitsschritten systematisch zur Umsetzung der jeweiligen Kompetenzziele heranführen. Alle Arbeitsschritte sind mit Instrumenten – meist in Form von Checklisten – hinterlegt, um die Entscheidungs- und Handlungssicherheit des Nutzers zu unterstützen.

Ausgangslage für die Entwicklung dieses Systems einer strategisch wirksamen Ausbildungskompetenz lag in der offensichtlichen Nichtberücksichtigung der Chancen einer arbeitsintegrierten Ausbildung für die betriebliche Kompetenzentwicklung seitens der bisher nicht ausbildenden kleinen Unternehmen sowie der fehlenden differenzierten und arbeitsmarktbezogenen Auseinandersetzung mit eigenen Voraussetzungen vs. den beruflichen Anforderungen ihres Ausbildungsberufs seitens der Jugendlichen. Durch ein Verfahren, das wechselseitig die Transparenz von betrieblichem Kompetenzbedarf und betrieblichen Entwicklungspotenzialen einerseits und individueller Berufsentscheidung und Ausbildungsvoraussetzungen andererseits herstellt, werden beidseitig die Entscheidungskriterien für die Ausbildung verbessert. Eine klare Zielformulierung kann zur Realisierung der Potenziale beider Parteien beitragen.

Ein internetgestütztes Selbstlern- und Reflexionsprogramm, das Unterstützungsangebote instrumentalisiert und bedarfsorientiert modularisiert, erweist sich als geeignet, eine Verbesserung des regionalen Übergangsmanagements und seine Umsetzung in eine gestaltungsoffene Ausbildung zu realisieren.

Der Modellversuch KOMPLAN zielt dem Raster entsprechend somit auf die Verbindung von personeller und institutioneller Kompetenzentwicklung ab. Es zeigt auf, dass eine Trennung beider Bereiche lediglich zu analytischen Zwecken berechtigt ist. Die Verbindung herzustellen ist ein wesentlicher Auftrag dieses Projektes. (Marchl 2006 und 2007; Zemlin/Albrecht 2007; www.protege.de)

4.3 Der Modellversuch „TBQ"

Die Vielschichtigkeit kompetenzbasierter Ansätze wird auch deutlich an dem Modellversuch „Transparenz beruflicher Qualifikationen für den Personaleinsatz in kleinen und mittleren Unternehmen (TBQ)" (www.f-bb.de).

Das in diesem Modellversuch entwickelte Verfahren steht im Kontext des Lebenslangen Lernens und leistet einen Beitrag zur Dokumentation der kontinuierlichen Wissenserneuerung, die zu weiten Teilen im Arbeitsprozess stattfindet. Dem Ansatz lag der Sachverhalt zugrunde, dass traditionelle Zertifikate aus Weiterbildungsmaßnahmen wenig geeignet sind, das Kompetenzspektrum eines Individuums auszudrücken, weil sie vernachlässigen, dass beruflich relevante Kompetenzen heute zu einem großen Teil außerhalb formeller Bildungsveranstaltungen durch informelles Lernen – in der Praxis am Arbeitsplatz wie auch im privaten Umfeld – erworben werden. Gemäß verschiedenen Studien beruht ein zunehmender Anteil des Wissens und Könnens Erwachsener auf informellen Lernprozessen, die außerhalb formaler Lernumgebungen und ohne die explizite Absicht zu lernen, stattfinden. In Deutschland haben sich 2003 bundesweit „fast zwei von drei Erwerbstätigen (6 %) an mindestens einer Art des informellen Lernens beteiligt. Die Reichweite dieser Arten des beruflichen Lernens liegt damit wesentlich höher als die Teilnahmequote an Lehrgängen oder Kursen der beruflichen Weiterbildung" (Kuwan u. a. 2006, S. 200). Informelles Lernen in Arbeitszusammenhängen vollzieht sich in erster Linie in der Auseinandersetzung mit der Arbeitssituation und den Anforderungen, die sich im Arbeitsprozess ergeben. „Formalisierte Lernangebote wie Seminare stehen mit diesem informellen Lernen in vielfältigen Beziehungen. Sie können es vorbereiten, unterstützen und absichern. Seminarteilnehmer lernen auch und gerade nach einem Seminar weiter, indem sie Gelerntes am Arbeitsplatz praktisch anwenden" (Fietz u. a. 2007, S. 16). Betriebliche Entscheider benötigen daher transparente Daten auch über informell erworbene Kompetenzen, wenn sie ihre Mitarbeiter optimal einsetzen oder neues Personal einstellen wollen. Und für Beschäftigte und Arbeitsuchende ist ein transparenter Nachweis des gesamten Kompetenzspektrums wichtig, um die eigene Karriere erfolgreich gestalten zu können.

Abbildung 1: **Ermittlung informell am Arbeitsplatz erworbener Kompetenzen**

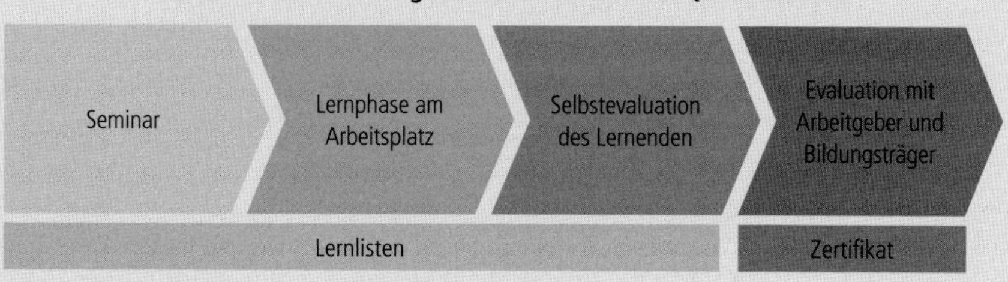

Quelle: Modellversuch TBQ

Ziel ist, die am Arbeitsplatz stattfindenden informellen Lernprozesse bewusst und sichtbar zu machen und auf diese Weise die Transparenz der vorhandenen Kenntnisse, Fertigkeiten und Fähigkeiten zu erhöhen. Der Schwerpunkt liegt auf der Dokumentation und Zertifizierung der konkreten Handlungsmöglichkeiten, die in der betrieblichen Praxis tatsächlich umgesetzt werden. Das Verfahren findet sowohl im Anschluss an organisierte Weiterbildung als auch zur Dokumentation und Zertifizierung im Arbeitsprozess auf informellem Weg erworbener Kompetenzen Anwendung: In beiden Fällen erarbeiten Arbeitnehmer und Betrieb – gegebenenfalls unterstützt durch einen externen Weiterbildungsträger – eine an Tätigkeiten ausgerichtete Transferliste, die in der Schrittfolge „Sammlung des beruflichen Könnens und Berichterstattung, Selbsteinschätzung und Einschätzung des Betreuers, Zertifikatsformulierung“, abgearbeitet wird. Diese Transferlisten „übersetzen“ und konkretisieren die Lerninhalte in einer Aufzählung praktischer Tätigkeiten und konkreter Aufgaben, die typischerweise an den Arbeitsplätzen der Mitarbeiter zu bewältigen sind. Auf Grundlage der mit dem betrieblichen Vorgesetzten vereinbarten Zielvereinbarung unterstützt die Transferliste das selbstverantwortliche Lernen am Arbeitsplatz in zweifacher Hinsicht:

- als Gedächtnisstütze, am Arbeitsplatz möglichst auch optisch präsent, erinnert sie an die Tätigkeiten, in denen der Mitarbeiter seine Fähigkeiten verbessern will;
- als Handlungsanweisung benennt sie konkret die Tätigkeiten, in denen der Mitarbeiter sich verbessern will.

Mit dem Transferprotokoll hält der Lerner die von ihm beherrschten Lerninhalte in Form von für den individuellen Arbeitsplatz relevanten Ergebnissen fest.

Abb. 2 gibt Hinweise zu den Instrumenten, mit denen die Ergebnisse informellen Lernens sichtbar gemacht werden, und verdeutlicht die Rolle der am Prozess beteiligten Akteure.

Abbildung 2: **Verfahren zur Erhöhung der Transparenz von Ergebnissen informellen Lernens am Arbeitsplatz**

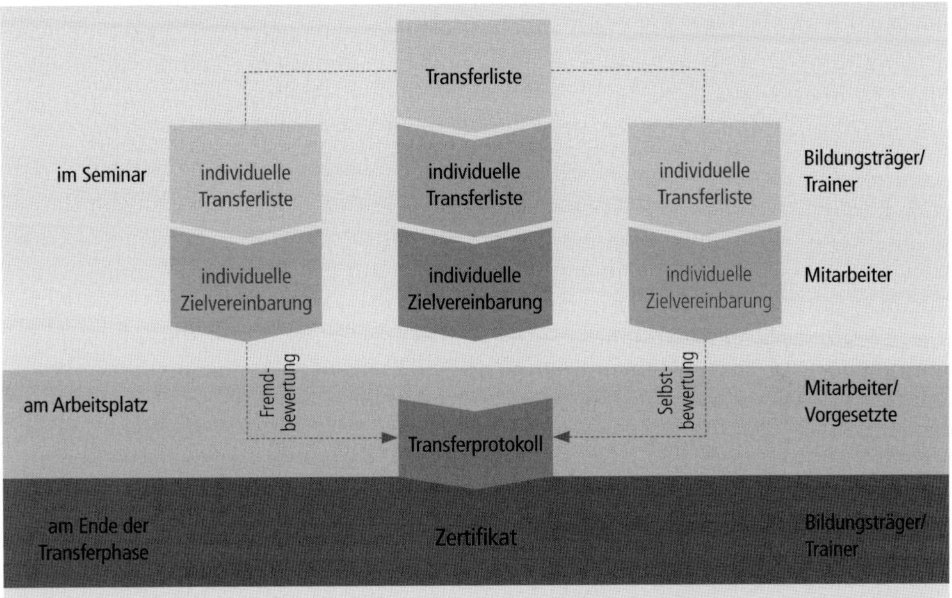

Quelle: Modellversuch TBQ

An dieser Stelle lässt sich aufzeigen, wie der eher summativ ausgerichtete Zweck der Erhebung von Kompetenzen mit dem formativen Ziel der Förderung von Lernprozessen vereinbart werden kann: Während der Umsetzungsphase am Arbeitsplatz bearbeiten die Mitarbeiter ihre Lernziele eigenverantwortlich und selbstgesteuert. Sie sind selbst dafür verantwortlich, Gelegenheiten zum Lernen zu identifizieren und wahrzunehmen sowie Defizite und Hindernisse rechtzeitig zu erkennen. Geeignete Lernwege und -methoden müssen gefunden und eigene Lernfortschritte mit Blick auf die vereinbarten Lernziele und den Zeitrahmen verfolgt und dokumentiert werden.

Durch die Kombination von kontinuierlicher Selbstevaluation durch den Mitarbeiter beim Ausfüllen der Transferlisten und Fremdevaluation durch betriebliche Vorgesetzte und den Bildungsträger wird ein hohes Maß an Validität erreicht. Gleichzeitig bleibt der Aufwand für die drei Akteure – Betrieb, Mitarbeiter und Bildungsanbieter – überschaubar. Die in diesem Modellversuch bereitgestellten Instrumente eignen sich somit besonders für KMU, die sich außer Stande sehen, in größerem Umfang zeitliche und personelle Ressourcen in die Erhebung und Dokumentation der beruflichen Fähigkeiten von Mitarbeitern zu investieren.

Das im Modellprojekt entwickelte Verfahren wurde auch in Unternehmen in England erprobt: Dort trifft es auf eine Situation, in der das im Vereinigten Königreich weitverbreitete „On-the-Job-Training" nach Ansicht vieler Experten der Steuerung bedarf. Ob das Matching der individuellen Kompetenzen mit dem Kompetenzbedarf von Unternehmen gelingt, soll nicht dem einzelnen Mitarbeiter und der Beliebigkeit des „By doing", allenfalls durch zufällige Anleitung erfahrener Kollegen gelernten Inhalts überlassen bleiben.

Um dem Kompetenzbedarf der Unternehmen besser Rechnung zu tragen, richten Sozialpartner und Regierung in England in letzter Zeit Anstrengungen darauf, die dort vorherrschende Outcome-Orientierung durch formative Elemente zu ergänzen. Im Zuge dieser Bestrebungen wurden auch auf der Mikroebene in den Unternehmen Initiativen angestoßen, die auf mehr Durchlässigkeit zwischen verschiedenen Lernformen und Verbindung zwischen Lernprozessen und Validierungsprozessen abzielen. Das TBQ-Verfahren ist dort wegen der komplementären Ausrichtung summativer und formativer Elemente auf besonderes Interesse der betrieblichen Bildungsexperten gestoßen: Indem es auf Outcome-Orientierung ausgerichtet ist und ausschließlich beruflich Relevantes zertifiziert, weist es Gemeinsamkeit mit dem englischen NVQ-System auf. Gleichzeitig wird der Lerner nicht allein gelassen: Der Lernprozess wird begleitet und kontinuierlich evaluiert.

An dem Modellprojekt zeigt sich, dass bezüglich Zwecksetzung, Art der in Betracht zu ziehenden Kompetenzen, Adressaten, Nutznießer und Einsatzmöglichkeiten vielfältige Zugänge möglich sind. Zusammenfassend zeigt das Ergebnis der Analyse mithilfe des für die Modellversuche zur Flexibilität entwickelten Rasters in Tabelle 4 die Vielschichtigkeit kompetenzorientierten Vorgehens im Modellversuch TBQ:

Tabelle 4: **Vielschichtigkeit kompetenzorientierten Vorgehens im Modellprojekt TBQ**

Zwecksetzung	x	Summativ	x	Formativ
Art der Handlungskompetenz	x x x x	Fachkompetenz Methodenkompetenz Personale Kompetenz Lernkompetenz		Soziale Kompetenz
Adressat	x	Selbstevaluation	x	Fremdevaluation
Nutznießer	x	Unternehmen	x	Individuum
Bildungs-/Lebens-/Erwerbsphase	x	Weiterbildung		Ausbildung
Quelle: Eigene Darstellung				

5 Fazit und Ausblick auf weitere Forschungsarbeiten

Die im Arbeitskreis „Flexibilitätsspielräume" zusammengefassten 28 Modellprojekte zur Gestaltungsoffenheit tragen dazu bei, die Kompetenzdebatte durch empirische Ergebnisse zu bereichern und neue Impulse aus der reflektierten Praxis eines breiten Spektrums beruflicher Aus- und Weiterbildung einzubringen. Sie zeigen eine Vielfalt an Möglichkeiten auf, Angebote und Instrumente für verschiedene Zielgruppen beruflicher Aus- und Weiterbildung zu entwickeln und damit die aus der Gestaltungsoffenheit resultierenden Möglichkeiten national – aber auch international zu nutzen (Ernst/Westhoff 2007; Albrecht/Albrecht/Bratoeva 2007; Fietz/Junge; Nicholls/Reglin 2006). An den Modellprojekten spiegelt sich wider, wie unterschiedlich der Kompetenzbegriff in der beruflichen Bildung verwendet wird. In diesem Beitrag wurden Wege skizziert, wie auf eine spezifische Zielgruppe und einen entsprechenden Gegenstandsbereich zugeschnittene Verfahren aufbereitet, weiterentwickelt und einer breiteren Nutzung zugeführt werden können. Mithilfe der hypothesengeleiteten synoptischen Darstellung kann ein gemeinsames Verständnis auf Basis unterschiedlicher Ansätze gefunden werden. Mehr noch: So lässt sich die Fülle an Materialien und empirisch erprobter Ergebnisse aus dem Modellversuchsprogramm im Sinne berufspädagogischer Handlungsforschung aufarbeiten, bezogen auf weitere Perspektiven diskutieren und schließlich der weiteren Verwendung zugänglich machen.

Die folgenden Thesen fassen die Bedeutung der Ergebnisse zusammen, die aus den handlungsgeleiteten Forschungsarbeiten der aufgezeigten Modellprojekte resultieren:

1. Die Modellversuche tragen dazu bei, die Kompetenzdebatte durch reflektierte empirische Ergebnisse aus dem Bereich berufspädagogischer Handlungsforschung anzuregen.
2. Die innovativen Konzepte, Instrumente, und Lernstrategien führen zu selbstständigen, handlungs- und geschäftsprozessorientierten Kompetenzen.
3. Die Netzwerke im Arbeitskreis Flexibilität des gleichnamigen Modellversuchsprogramms unterstützen die Vielfalt der Angebote und Instrumente in diesem berufspädagogischen Handlungsfeld für die unterschiedlichen Zielgruppen der beruflichen Aus- und Weiterbildung.
4. Die gestaltungsoffenen Angebote im Kontext der Flexibilisierung beruflicher Bildung innerhalb des Berufsprinzips können auf diesem Weg national und länderübergreifend genutzt werden.

Literatur

ALBRECHT, Günter; ALBRECHT, Peter; BRATOEVA, Liliya: Bulgarisch-deutsche Ausbildungskooperation. In: BWP 36. (2007) 6, S. 51–53

BUNDESMINISTERIUM FÜR BILDUNG UND FORSCHUNG: Berufsbildungsbericht 1998. Bonn 1998, S. 3 f.

BUNDESMINISTERIUM FÜR BILDUNG UND FORSCHUNG: Berufsbildungsbericht 2005. Bonn 2005, Kapitel 3.3.1

BUNDESMINISTERIUM FÜR BILDUNG UND FORSCHUNG: Berufsbildungsbericht 2006. Bonn 2006, Kapitel 3.3.1

ENGGRUBER, Ruth; BLECK, Christian: Modelle der Kompetenzfeststellung im beschäftigungs- und bildungstheoretischen Diskurs – unter besonderer Berücksichtigung von Gender Mainstreaming. Equal Gemeinschaftsinitiative. Entwicklungspartnerschaft „Arbeitsplätze für junge Menschen in der Sozialwirtschaft". 2005. – URL: www.equal-sachsen-sozialwirtschaft.de/download/Modelle_gesamt.pdf (Stand: 30.08.07)

ERPENBECK, John; HEYSE, Volker: Die Kompetenzbiographie. Strategien der Kompetenzentwicklung durch selbstorganisiertes Lernen und multimediale Kommunikation. Edition QUEM, Band 10. Münster, New York, München, Berlin 1999

ERPENBECK, John; SAUER, Johannes: Das Forschungs- und Entwicklungsprogramm „Lernkultur Kompetenzentwicklung". In: ARBEITSGEMEINSCHAFT QUALIFIKATIONS-ENTWICKLUNGS-MANAGEMENT (Hrsg.): Kompetenzentwicklung 2000: Lernen im Wandel – Wandel durch Lernen. Münster 2000, S. 289–335

ERPENBECK, John; ROSENSTIEL, Lutz von: Einführung. In: ERPENBECK, John; ROSENSTIEL, Lutz von (Hrsg.): Handbuch Kompetenzmessung – Erkennen, verstehen und bewerten von Kompetenzen in der betrieblichen, pädagogischen und psychologischen Praxis. Stuttgart 2003, S. IX–XL

KMK: Handreichungen für die Erarbeitung von Rahmenplänen der Kultusministerkonferenz (KMK) für den berufsbezogenen Unterricht in der Berufsschule und ihre Abstimmung mit den Ausbildungsordnungen des Bundes für anerkannte Ausbildungsberufe. – URL: www.kmk.org/doc/publ/handreich.pdf (Stand: 30.08.07)

KUWAN, Helmut; BILGER, Frauke; GNAHS, Dieter; SEIDEL, Sabine: Berichtssystem Weiterbildung IX Integrierter Gesamtbericht zur Weiterbildungssituation in Deutschland. BUNDESMINISTERIUM FÜR BILDUNG UND FORSCHUNG (Hrsg.). Bonn, Berlin 2006, S. 200

MARCHL, Gabriele: Förderung der Ausbildungskompetenz von KMU und Jugendlichen. Innovationstransfer durch Zusammenarbeit von wissenschaftlicher Begleitung, Durchführungsträger und fachlicher Betreuung. In: WESTHOFF, Gisela (Hrsg.): Gestaltung der Flexibilitätsspielräume in der Berufsbildung: gestaltungsoffene Aus- und Weiterbildung durch Handlungsforschung fördern. Konstanz 2008

ERNST, Helmut; WESTHOFF, Gisela: Transfer und Auslandsmodule unterstützen die interkulturelle Kompetenzentwicklung. In: BWP 36 (2007) 3

FIETZ, Gabriele; JUNGE, Annette; KOCH, Christiane; KRINGS, Ursula: Transparenz beruflicher Qualifikationen. Bielefeld 2007

FIETZ, Gabriele; JUNGE. Annette; NICHOLLS, Bill; REGLIN, Thomas: Promoting Visibility of Competences – the EXEMPLO Toolkit for SMEs. Impuls 25. Bonn 2006

SCHÖNGEN, Klaus; WESTHOFF, Gisela: Ausbildung in jungen Dienstleistungsbranchen – empirische Ergebnisse und Modellversuchspraxis. In: WALDEN, Günter (Hrsg.): Qualifikationsentwicklung im Dienstleistungsbereich Herausforderung für das duale System der Berufsausbildung. Bielefeld 2007

TRIEBEL, Claas; LANG-VON WINS, Thomas: Kompetenzen kennen und nutzen. In: clavis magazin (2007) 2. Hrsg.: Projekt KP IQ

WESTHOFF, Gisela (Hrsg.): Gestaltung der Flexibilitätsspielräume in der Berufsbildung: Ausbildende Fachkräfte und selbst organisiertes Lernen. Konstanz 2006

WESTHOFF, Gisela: Neue Ansätze der Kompetenzentwicklung – Ergebnisse aus Modellversuchen im Programm Flexibilitätsspielräume. In: BWP 36 (2007) 6

WESTHOFF, Gisela (Hrsg.): Gestaltung der Flexibilitätsspielräume in der Berufsbildung: gestaltungsoffene Aus- und Weiterbildung durch Handlungsforschung fördern. Konstanz 2008

ZEMLIN Petra; ALBRECHT, Peter: Modularisierung in der gestaltungsoffenen Ausbildung – Chancen und Grenzen, Ergebnisse des Workshops 1. In: Tagungsdokumentation 15./16.05.07 Duisburg. – URL: www.bibb.de/flexibilitaet (Stand: 06.02.2009)

Internetadressen

www.kmk.org/doc/publ/handreich.pdf
www.bibb.de/de/4929.htm
www.imi-net.de
www.zwh.de
www.flexkom.info
www.projekt-vokal.de
www.f-bb.de
www.jobstarter.de
www.cedefop.eu.int
www.protege.de

Autorinnen

Gisela Westhoff
Bundesinstitut für Berufsbildung
Arbeitsbereich 3.3
Robert-Schuman-Platz 3
53175 Bonn
Tel.: 0228/1071509
Fax: 0228/1072995
westhoff@bibb.de

Gabriele Fietz
Forschungsinstitut Betriebliche Bildung (f-bb)
Obere Turnstraße 8
90429 Nürnberg
Fax: 0911/2777950
fietz.gabriele@f-bb.de

Anhang

Liste der Autorinnen und Autoren

Prof. Dr. Erich Barthel,
Frankfurt School of Research and Management, Management Research Centre, Prodekan und Professor für Unternehmenskultur und Personalführung, Frankfurt am Main

Dr. Barbara Burger,
Premium AEROTEC GmbH, Augsburg

Dr. Uwe Elsholz,
Institut für Technik, Arbeitsprozesse und Berufliche Bildung, Technische Universität Hamburg-Harburg

Prof. Dr. John Erpenbeck,
Steinbeis-Hochschule Berlin
Gabriele Fietz,
Forschungsinstitut Betriebliche Bildung (f-bb), Nürnberg

Dr. phil. Bernd Geißel,
Wissenschaftlicher Mitarbeiter,
Institut für Erziehungswissenschaft und Psychologie, Abteilung Berufs-, Wirtschafts- und Technikpädagogik, Universität Stuttgart

Dipl.-Sozw. Eva Geithner,
Universität Erlangen-Nürnberg, Fachbereich Wirtschaftswissenschaften, Lehrstuhl für Psychologie, insb. Wirtschafts- und Sozialpsychologie, Nürnberg

Dr. Julia Gillen,
Vertretung der Professur für Bautechnik, Holztechnik, Farbtechnik & Raumgestaltung/Berufliche Didaktik, Institut für Berufliche Fachrichtungen, Fakultät Erziehungswissenschaften, Technische Universität Dresden

Mario Gottwald,
Forschungsinstitut Betriebliche Bildung (f-bb), Nürnberg

Daniela Gröschke,
Institut für Arbeitswissenschaft (IAW), Lehrstuhl Arbeitsmanagement und Personal, Ruhr-Universität Bochum

Dipl.-Gwl. Tobias Gschwendtner,
Wissenschaftlicher Mitarbeiter, Institut für Erziehungswissenschaft und Psychologie, Abteilung Berufs-, Wirtschafts- und Technikpädagogik, Universität Stuttgart

Dipl.-Psych. Klaudia Haase,
Geschäftsführerin, didaktik & diagnostik. Gesellschaft für angewandte Bildungsforschung mbH, Bonn

Thomas Mattes,
Frankfurt School of Research and Management, Gastwissenschaftler, Management Research Centre, Frankfurt am Main

Prof. Dr. Klaus Moser,
Universität Erlangen-Nürnberg, Fachbereich Wirtschaftswissenschaften, Lehrstuhl für Psychologie, insb. Wirtschafts- und Sozialpsychologie, Nürnberg

Prof. Dr. Dieter Münk,
Leiter des Arbeitsbereichs Berufspädagogik mit dem Schwerpunkt Berufsbildung in Europa, Technische Universität Darmstadt

Prof. Dr. Reinhold Nickolaus,
Abteilungsleiter, Institut für Erziehungswissenschaft und Psychologie, Abteilung Berufs-, Wirtschafts- und Technikpädagogik, Universität Stuttgart

Thomas Reglin,
Forschungsinstitut Betriebliche Bildung (f-bb), Nürnberg

Dr. Andreas Saniter,
Institut Technik und Bildung, Universität Bremen

Prof. Dr. Eckart Severing,
Geschäftsführer Forschungsinstitut Betriebliche Bildung (f-bb), Nürnberg

Dr. phil. Margit Stein,
Wissenschaftliche Projektmitarbeiterin, Lehrstuhl für Sozialpädagogik und Gesundheitspädagogik und Zentralinstitut für Ehe und Familie in der Gesellschaft (ZFG), Katholische Universität Eichstätt-Ingolstadt

Gisela Westhoff,
Bundesinstitut für Berufsbildung, Arbeitsbereich 3.3, Bonn

Prof. Dr. Uta Wilkens,
Institut für Arbeitswissenschaft (IAW), Lehrstuhl Arbeitsmanagement und Personal, Ruhr-Universität Bochum

Dr. Olaf Zawacki-Richter,
FernUniversität Hagen, Vertretung des Lehrstuhls für Bildungstechnologie

Zur Arbeitsgemeinschaft Berufsbildungsforschungsnetz

Die Arbeitsgemeinschaft Berufsbildungsforschungsnetz (AG BFN) ist ein freiwilliger Zusammenschluss von Einrichtungen, die Beiträge zur Berufsbildungsforschung aus unterschiedlichen wissenschaftlichen Disziplinen leisten. Ziel der Arbeitsgemeinschaft ist es, die wissenschaftliche Zusammenarbeit zu verbessern, den Austausch von Forschungsergebnissen, Meinungen und Erfahrungen zu unterstützen, relevante Forschungsfelder zu identifizieren und den wissenschaftlichen Nachwuchs zu fördern.

Dabei wird die AG BFN vom Kommunikations- und Informationssystem Berufliche Bildung (KIBB; www.kibb.de) unterstützt. Im KIBB-Portal befinden sich eine Präsentationsplattform der AG BFN (www.agbfn.de) mit einer Dokumentation ihrer Veranstaltungen. Die AG BFN führt in regelmäßigen Abständen ein „Forum Berufsbildungsforschung“ und in unregelmäßigen Abständen themenorientierte Workshops durch. Die Ergebnisse werden durch das Bundesinstitut für Berufsbildung veröffentlicht. Zu den Foren und Workshops werden auch Nichtmitglieder der Arbeitsgemeinschaft eingeladen. Mitglieder der AG BFN können ihre Forschungsaktivitäten in der Wissenslandkarte des KIBB-Portals vorstellen. Zudem bietet KIBB einen Bereich für Ankündigung und einen Zugang zur Literaturdatenbank Berufliche Bildung, einem Gemeinschaftsprojekt der AG BFN.

Die AG BFN wurde am 7. September 1991 in Nürnberg gegründet. Gründungsmitglieder sind die Sektion für Berufs- und Wirtschaftspädagogik (BWP) der Deutschen Gesellschaft für Erziehungswissenschaften (DGfE), das Bundesinstitut für Berufsbildung (BIBB) und das Institut für Arbeitsmarkt- und Berufsforschung der Bundesanstalt für Arbeit (IAB). Hinzu kamen Vertreterinnen und Vertreter der Landesinstitute, einschlägiger Forschungsinstitute in privater und öffentlicher Trägerschaft. Die Aktivitäten der AG BNF werden vom Bundesministerium für Bildung und Forschung (BMBF) gefördert.

Die Arbeitsgemeinschaft vertritt derzeit etwa 700 Berufsbildungsforscherinnen und -forscher. Eine Kooperation mit weiteren wissenschaftlichen Gruppierungen und Gesellschaften, die Berufsbildungsforschung betreiben, wird angestrebt. Die Mitglieder verpflichten sich zu folgenden Arbeitsgrundsätzen: Sie

- leisten Beiträge zur grundlagen- oder anwendungsorientierten Berufsbildungsforschung,
- unterziehen ihre Forschungsarbeiten einer kontinuierlichen Qualitätsentwicklung,
- veröffentlichen die Ergebnisse ihrer Arbeit,
- beteiligen sich am wissenschaftlichen Diskurs,
- fördern den wissenschaftlichen Nachwuchs und
- bringen sich aktiv in die Aktivitäten der AG BFN ein.

Voraussetzung für einen Mitgliedschaft ist eine aussagefähige Selbstdarstellung mit einem Nachweis von Veröffentlichungen zur Berufsbildungsforschung sowie einer Verpflichtung auf die Arbeitsgrundsätze. Über die Aufnahme entscheidet der Vorstand.

In dieser Schriftenreihe erschienene Veröffentlichungen:

SCHAPFEL-KAISER, Franz: Klassifizierungssystem der beruflichen Bildung – Entwicklung, Umsetzung und Erläuterungen (AG BFN, Band 1). Bundesinstitut für Berufsbildung in Zusammenarbeit mit der AG BFN (Hrsg.). Bonn 2005

ZÖLLER, Arnulf (Hrsg.): Vollzeitschulische Berufsausbildung – eine gleichwertige Partnerin des dualen Systems? (AG BFN, Band 2). Bundesinstitut für Berufsbildung in Zusammenarbeit mit der AG BFN (Hrsg.). Bonn 2006

ECKERT, Manfred; ZÖLLER, Arnulf (Hrsg.): Der europäische Berufsbildungsraum – Beiträge der Berufsbildungsforschung; 6. Forum der Arbeitsgemeinschaft Berufsbildungsforschungsnetz (AG BFN) vom 19.–20. September 2005 an der Universität Erfurt (AG BFN, Band 3). Bundesinstitut für Berufsbildung in Zusammenarbeit mit der AG BFN (Hrsg.). Bonn 2006

NICKOLAUS, Reinhold; ZÖLLER, Arnulf (Hrsg.): Perspektiven der Berufsbildungsforschung – orientierungsleistungen der Forschung für die Praxis: Ergebnisse des AG BFN-Expertenworkshops vom 15. bis 16. März 2006 im Rahmen der Hochschultage Berufliche Bildung in Bremen (AG BFN, Band 4). Bundesinstitut für Berufsbildung in Zusammenarbeit mit der AG BFN (Hrsg.). Bielefeld 2007

DIETRICH, Hans; SEVERING, Eckart (Hrsg.): Zukunft der dualen Berufsausbildung – Wettbewerb der Bildungsgänge; Schriften zur Berufsbildungsforschung der Arbeitsgemeinschaft Berufsbildungsforschungsnetz (AG BFN) (AG BFN, Band 5). Bundesinstitut für Berufsbildung in Zusammenarbeit mit der AG BFN (Hrsg.). Bielefeld 2007

MÜNK, Hans Dieter; WEIß, Reinhold (Hrsg.): Qualität in der beruflichen Bildung: Forschungsergebnisse und Desiderata. Schriften zur Berufsbildungsforschung der Arbeitsgemeinschaft Berufsbildungsforschungsnetz (AG BFN) (AG BFN, Band 6). Bundesinstitut für Berufsbildung in Zusammenarbeit mit der AG BFN (Hrsg.). Bielefeld 2009.

Skill assessment methods other than traditionally-used examinations and certification are increasingly in demand in day-to-day vocational training practice in enterprises. The question of what vocational training research can contribute to the development of methods that are both reliable and practicable is accordingly also increasingly important.

As players in the vocational training field, enterprises play a decisive role in assessing skills. As demanders on the labour market, enterprises are dependent on skill assessments being trustworthy and genuinely informative.

The articles in this publication help identify the theoretical foundations, examine the status quo of skill assessment in enterprises and outline practicable solutions and unanswered questions.